Swift 实战之旅：精通 iOS 应用开发

Paul Deitel
［美］ Harvey Deitel　著
Abbey Deitel

王河云　译

电子工业出版社
Publishing House of Electronics Industry
北京·BEIJING

内 容 简 介

本书通过应用程序例子的方式讲解 iOS 开发。本书共 9 章，每章开始都先介绍该应用程序是做什么的，并展示一些相应的截图；然后简单介绍使用到的技术及其架构；最后介绍如何创建应用程序的用户界面和资源文件，展示完整的源代码，并逐一讲解并分析它们。

第 1 章主要回顾 iOS 平台相关的一些基础知识、Swift 语言的一些关键特性，以及 iOS 开发相关的开发工具和 SDK；第 2 章~第 8 章，每章都包含一个完整编码的应用程序。这些例子从简单到复杂，功能非常丰富；第 9 章不仅详细介绍了 iTunes Connect 的使用，还介绍了如何推广和运营应用程序。

本书适合那些对 iOS 开发感兴趣或想要通过练习并提高自己开发能力的开发者。

Authorized translation from the English language edition, entitled IOS 8 FOR PROGRAMMERS：AN APP–DRIVEN APPROACH WITH SWIFT, Third Edition, 0133965260 by Paul Deitel, Harvey Deitel, Abbey Deitel, published by Pearson Education, Inc, publishing as Prentice Hall, Copyright©2015 Pearson Education.

All rights reserved. No part of this book may be reproduced or transmitted in any form or by any means, electronic or mechanical, including photocopying, recording or by any information storage retrieval system, without permission from Pearson Education, Inc.

CHINESE SIMPLIFIED language edition published by PEARSON EDUCATION ASIA LTD., and PUBLISHING HOUSE OF ELECTRONICS INDUSTRY Copyright ©2015.

本书中文简体字版专有出版权由 Pearson Education（培生教育出版集团）授予电子工业出版社，未经出版者预先书面许可，不得以任何方式复制或抄袭本书的任何部分。

本书贴有 Pearson Education（培生教育出版集团）激光防伪标签，无标签者不得销售。

版权贸易合同登记号 图字：01–2015–4565

图书在版编目（CIP）数据

Swift 实战之旅：精通 iOS 应用开发/（美）戴特尔（Deitel, P.），（美）戴特尔（Deitel, H.），（美）戴特尔（Deitel, A.）著；王河云译 .—北京：电子工业出版社，2016.1
书名原文：iOS 8 for Programmers：An App–Driven Approach with Swift (3rd Edition)
ISBN 978–7–121–27781–8

Ⅰ. ①S…　Ⅱ. ①戴…　②戴…　③戴…　④王…　Ⅲ. ①程序语言–程序设计　Ⅳ. ①TP312

中国版本图书馆 CIP 数据核字（2015）第 295800 号

策划编辑：张　迪
责任编辑：底　波
印　　刷：三河市华成印务有限公司
装　　订：三河市华成印务有限公司
出版发行：电子工业出版社
　　　　　北京市海淀区万寿路 173 信箱　邮编：100036
开　　本：787×1092　1/16　印张：19.5　字数：499 千字
版　　次：2016 年 1 月第 1 版
印　　次：2016 年 1 月第 1 次印刷
印　　数：3 000 册　定价：58.00 元

凡所购买电子工业出版社图书有缺损问题，请向购买书店调换。若书店售缺，请与本社发行部联系，联系及邮购电话：(010) 88254888。

质量投诉请发邮件至 zlts@phei.com.cn，盗版侵权举报请发邮件至 dbqq@phei.com.cn。
服务热线：(010) 88258888。

译 者 序

  苹果公司在 2014 年全球开发者大会上发布了 Swift，仅发布 1 个月，Swift 就进入了 TIOBE 当月编程语言排行榜的前 20 名。就在 2015 年全球开发者大会上，苹果公司宣布将 Swift 开源。相信在不久的将来，在开源世界的推动下，可以想象，Swift 会有更多的使用场景。

  本书的作者 Harvey M. Deitel 博士在计算领域有超过 40 年的工作经验。他所出版的书籍已经被翻译成十多种语言，并且他所成立的公司为众多全球 500 强企业提供信息技术、编程语言等技术支持。

  本书的写作方式有别于一般的编程类书籍，本书通过 7 个真实可用的例子来介绍 Swift 语言和 iOS 8 的新特性。对于有经验的 iOS 开发者，本书可以让他们很快地熟悉 Swift 的各种用法并快速开发出可用的应用程序。对于完全没有经验的 iOS 开发者，也可以从头了解 iOS 系统的相关特性以及如何使用 Swift 进行开发。

  本书在翻译过程中得到了编辑和同事的无私支持和帮助。在此，对他们表示感谢！

  由于译者的专业水平和时间有限，错误和不当之处在所难免，恳请广大读者批评指正。我们在 Github（https://github.com/edison0951/iOS8 – For – Programmers – With – Swift）上建立了一个勘误列表，如果读者在阅读本书时发现了任何问题，可以通过这个地址进行反馈。

译　者

2015 年 10 月

追忆 Amar G. Bose，麻省理工学院的教授和 Bose 公司的创始人兼董事长：

成为你的学生是一种特权，作为 Deitel 公司的下一代成员，我们无数次听到我们的父亲谈及你的课堂是如何启发他去做他最擅长的工作。

你告诉我们，只有追逐那些真正困难的问题，那么伟大的事情才有可能会发生。

Harvey Deitel
Paul 和 Abbey Deitel

商　　标

　　DEITEL、竖起两个大拇指的虫子和 DIVE – INTO 字符是 Deitel & Associates 有限公司注册的商标。Apple、iOS、iPhone、iPad、iPod touch、Xcode、Swift、Objective-C、Cocoa 和Cocoa Touch 是被苹果公司注册的商标。

　　Java 是甲骨文公司或它的关联公司注册的商标。其他商标名称可能被各自领域的其他所有者注册。

　　Google、Android、Google Play、Google Maps、Google Wallet、Nexus、YouTube、AdSense 和 AdMob 是 Google 公司的商标。

　　微软公司和（或）其相应的软件供应商不会出于任何目的将对文档中包含的信息和相关图片作为它们任何服务的一部分。所有的这些文档和相关的图片被认为"本来如此"，它们并不提供任何的保证。

　　微软公司和（或）其相应的软件供应商特此声明不承担所有其他保证或说明，不论是明示、暗示或法定形式，以及包含适销性或特定用途的适用性，标题和侵权内容。

　　在任何情况下，对于任何特别的、间接的或附带损坏或任何因使用造成的数据或利润的损失和损害，微软和（或）其相应的软件供应商都负有责任，无论是一个合同行为、过失行为或者其他的侵权行为，以及由于连接使用服务或提供信息的服务的性能导致的。

　　本书所包含的文档和相关图形可能包含技术错误或排版错误。我们会定期对这些变更进行更新。在任何时候，微软和（或）其相应的软件供应商对本书中所描述的产品或项目会进行相应改进或修改。部分的屏幕截图可能只在指定的软件版本中才能够看到。

　　Microsoft® 和 Windows® 是微软公司在全球注册的商标。屏幕截图和相关图标的转载都需要微软公司许可。本书并没有被微软公司赞助也没有经过其同意。

　　整本书中使用了许多的商标。我们只是将商标符号放置在出现商品名称的地方，只是要表达我们将商标的名称用在了一篇文章中，并无意侵犯商标以及商标所有者的利益。

前　　言

欢迎来到 iOS 8 应用程序开发世界，在这里，读者可以用到苹果公司新近发布的 Swift 编程语言、Cocoa Touch 框架，以及 Xcode 6 开发工具。

本书将会给专业的开发人员带来最先进的移动计算技术，而且特别之处在于我们是用 App 例子的方式来讲解的。书中提供了 7 个经过充分测试的完整的 iOS 8 应用程序，绝对不是代码片段。我们一直都很青睐用例子来教学，在应用程序开发的世界里，最好的例子便是真实的、可运行的应用程序。

从第 2 章到第 8 章，每章都有一个应用程序。在这些章节中，我们会先简单介绍一下应用程序，然后从测试的角度展示一个或者多个例子以及一些技术概述，之后我们会进行详细的源代码说明。当然我们不会面面俱到，我们的目标是让开发者在 Xcode 6、Swift 语言和 Cocoa Touch 框架的帮助下，能快速开发应用程序。所有的源代码都可以在 http://www.deitel.com/books/iOS8FP1 下载。我们强烈建议读者在阅读本书的同时利用源代码进行练习。因为每一个介绍的技术都在最终的应用程序中使用，请读者按顺序学习。

本书是整个系列的第 1 卷，里面包含 7 个完整的应用程序，它们的功能都非常丰富。这些应用程序涵盖的主题从简单的可视化程序（没有代码）到由浅入深的 Swift 程序。

iPhone 和 iPad 的爆发式增长给开发者带来了机遇

随着 iPhone 和 iPad 销量的快速增长，给 iOS 开发者带来了巨大的机遇。第一代 iPhone 在 2007 年 6 月发售，前 5 个季度总共卖出了 610 万台。紧接着在 2013 年 9 月同时发售了 iPhone 5s 和 iPhone 5c，在发售的三天时间内就卖出了 900 万台。最近的 iPhone 6 和 iPhone 6 Plus 在 2014 年 9 月发售，仅仅一天就预售了 400 万台，是 iPhone 5 预售的 2 倍。在 iPhonc 6 和 iPhone 6 Plus 发售一个星期后，总销量达到了 1000 万台。

iPad 的销量也十分惊人，第一代 iPad 在 2010 年 4 月发售，80 天之内卖出了 300 万台，到 2011 年 9 月，全球卖出了超过 4000 万台，带有 Retina 屏的 iPad mini（第二代 iPad mini）和 iPad Air（第五代 iPad）也在 2013 年 10 月发售。仅仅 2014 年第一个季度，苹果公司就卖出了 2600 万台 iPad。

现在，App Store 拥有超过 130 万个 App，超过 750 亿次下载，iOS 开发者的潜力是巨大的。

SafariBooksOnline 电子书和在线视频课程

如果读者订阅了 SafariBooksOnline(www.safaribooksonline.com)，赶紧获取本书的电子版和在线视频课程吧。无论是大公司、大学、图书馆，还是个人，对于那些喜欢视频课程和电子书的人们，Safari 订阅服务非常流行。

版权说明和代码授权

本书所包含的代码和应用程序的版权都属于 Deitel & Associates 公司。这些应用程序例子支持 Creative Commons Attribution 3.0 授权（http://creativecommons.org/licenses/by/3.0）。特别提示：它们不能以任何方式在教育教程、教科书、出版物和电子书籍中再使用，无论是收费还是免费的。此外，对于本书中的这些程序和文档，作者和出版社并没有做出任何明显的或者隐晦的保证。对使用这些程序导致的任何意外和间接损失，作者和发行商概不负责。欢迎读者在自己的应用程序中使用本书的应用程序已经实现了的功能。如果读者有任何问题，请用 deitel@deitel.com 邮箱联系我们。

面向的读者

本书是 Deitel 开发者系列的一部分，它针对那些熟悉面向对象编程语言，如 Objective-C、Java、C#或者 C++等有经验的开发者。熟悉 Objective-C 是有帮助的，但不是必需的。如果读者还没有用过这些语言，也没有关系。通过阅读代码和代码练习，以及运行应用程序并观察结果，读者也能学习到大量的 iOS 8 应用开发技巧，以及 Swift 和 Cocoa Touch 面向对象编程的特性。我们会在第 1 章简单回顾一下面向对象编程的基本概念。我们假定读者对 OS X 比较熟悉，读者需要用一台 Mac 来开发 iOS 程序。本书不包括 OS X 的相关知识。

本书并不是 Swift 教程，但在 iOS 8 应用开发中也包含了大量的 Swift 知识。如果你对学习 Swift 感兴趣，可以查看我们的其他书籍，如：

已经出版的 *Swift for Programmers*（www.deitel.com/books/swiftfp）。在 SafariBooksOnline.com，Informit.com，Amazon 的 Kindle 以及其他电子平台可以看到。

Swift 基础：第 Ⅰ，Ⅱ 和 Ⅲ 部分的在线视频课程（www.deitel.com/books/LiveLessons）会在 SafariBooksOnline.com，Informit.com，Udemy.com 和其他流行的电子平台上看到。

iOS® 8 for Programmers and Swift for Programmers 学术版本

本书是为专业人士、学生和对学习和教学 iOS 8 应用程序开发的教师（以一种更深入和宽广的方式来对待 Swift）而设计的。用 ISBN 0-13-408775-5 可以很方便地订购学术版。学术版包括：

- *Swift™ for Programmers*（纸质版）
- *iOS® 8 for Programmers: An App-Driven Approach with Swift™, Volume 1, 3/e*（纸质版）
- 学术包代码访问卡：*Swift™ for Programmers*
- 学术包代码访问卡：*iOS® 8 for Programmers: An App-Driven Approach with Swift, Volume 1, 3/e*

学术包包括两张访问代码卡（需要一起使用），通过它们，读者可以访问合作伙伴的网站，其中包括自我考核的问题（有答案）、简短回答的问题、编程练习、编程项目和选择观看视频，让读者可以快速地使用 Xcode 6、可视化编程和基本 Swift 的 iOS 8 编程。

单独订购书籍和辅导资源

用下面的 ISBN 可以单独购买纸质版和代码访问卡。

- *Swift™ for Programmers*（纸质版）：ISBN 0-13-402136-3
- *Swift™ for Programmers* 学术包单独的代码访问卡：ISBN 0-13-405818-6

- *iOS® 8 for Programmers*：*An App – Driven Approach with Swift*™（纸质版）：ISBN 0 – 13 – 396526 – 0
- *iOS® 8 for Programmers*：*An App Driven Approach with Swift*™，*Volume* 1，3/e 学术包单独的代码访问卡：ISBN 0 – 13 – 405825 – 9

教师辅导

在培生的教师资源中心可以使用教师辅导，辅导的内容主要包括：
- 解决方案手册是一些简短的回答练习。
- 测试包含多项选择的项目文件的考试问题（包括答案）。
- 包含本书源代码和表格的幻灯片。

请不要写信请求访问培生的教师资源中心。要访问写这本书讲师的课程，读者可以从普通的培生销售人员那里获取密码（www.pearson.com/replocator）。对于"项目"练习，我们不提供解决方案。

本书的重要特性

下面是本书的一些重要特性。

以应用程序作为例子

从第 2 章到第 8 章，每章都包含一个完整编码的应用程序。我们会介绍应用程序是干什么的，并展示应用程序截图，测试应用程序，简单介绍使用到的技术以及架构。然后，我们创建应用程序的用户界面和资源文件，展示完整的源代码，并详细讲解它们。我们也会讨论 Swift 的编程概念，并演示如何在应用程序中调用 Cocoa Touch 的 API。

Swift 编程语言

在 2014 年苹果公司全球开发者大会上发布的最重要的内容应该要算 Swift 了。尽管仍然可以用 Objective – C 来开发应用程序，但是 Swift 将会是苹果公司未来主推的语言。

之前，我们书籍的例子都是用 Objective – C 编写的，现在本书的所有例子都使用 Swift 来编写。Swift 是一种非常现代的语言，和 Objective – C 相比，它有更干净、简洁的代码风格，更多的错误预防处理。以我们自己使用 Swift 的经验来看，比起用 Objective – C，我们可以更快地完成应用程序开发，而且代码量也会少很多。

在编写本书时，苹果公司还没有发布 Swift 的编码规范，如果到时发布了，我们也会遵循的。在本书中，我们将苹果公司的 Objective – C 编码规范和 Deitel 的编码规范混合使用。

Cocoa Touch 框架

Cocoa Touch 是用于开发 iOS 应用程序的一组可重用的组件。虽然它大部分都是用 Objective – C 编写的，但我们还是会用到 Cocoa Touch 的许多特性。苹果公司通过一种称为"桥接"的技术，很容易就达到了这个效果。当我们用 Swift 调用一个 Cocoa Touch 方法并接收它的返回值时，这一切都是透明的，该方法好像就是用 Swift 写的。

iOS SDK 8

本系列书籍的第 1 卷和第 2 卷所涵盖的大部分功能都是使用的 iOS 8 软件开发工具包（SDK）的。

Xcode 6

苹果公司的 Xcode 集成开发环境（IDE）及其给 Mac OS X 开发的相关工具，结合 iOS 8 软件开发工具包（SDK），它们便能够满足开发和测试 iOS 8 应用程序的需求。

工具

当应用程序在运行时，它可以检查内存泄漏，监控处理器（CPU）的使用和网络活动，并查看对象在内存中的分配情况。

iOS 人机界面指南

我们鼓励读者去阅读苹果公司的 iOS 人机界面指南（简称 HIG），当读者在设计和开发应用程序时，请遵循它们。HIG 讨论了人机接口的原理、应用程序设计策略、用户体验的指导方针，以及 iOS 技术使用指南等。当我们在开发应用程序时，会逐个介绍 HIG 的相关内容。9.3 节会简单概述 HIG，之后会详细讨论苹果公司的应用程序商店所能够接受的应用程序的一些特性和功能，并列举一些苹果公司拒绝应用程序的原因。

多媒体

本书中的应用程序使用了 iOS 8 部分多媒体功能，包括图形、图像、动画和音频。我们将在第 2 卷中使用视频功能。

iOS 应用程序设计模式

本书严格遵循苹果公司的应用程序编码标准，当然也包括设计模式，如模型 – 视图 – 控制器（MVC），委托模式、目标 – 行为模式和观察者模式。

特性

源代码

所有的源代码例子都可以在下面的链接中下载：

> http://www.deitel.com/books/iOS8FP1/

文档

开发 iOS 8 应用程序用到的一些免费文档都可以在下面的链接中找到：

> http://developer.apple.com/ios.

主题

每一章都以一个主题列表开头。

图片

包括丰富的表格、源代码清单和 iOS 屏幕截图。

本系列图书第 2 卷

本系列图书的第 2 卷将附加一些应用程序开发章节。关于第 2 卷的状态和最新近况，请访问：

> http://www.deitel.com/books/iOS8FP2

关于 iOS 8 基础训练的在线视频课程

我们的 iOS 8 基础训练在线视频课程将告诉读者如何利用 iOS 的软件开发工具包（SDK）、Swift 编程语言、Xcode 和 Cocoa Touch 创建强大的 iOS 应用程序。它包括超过 10 小时的专家培训，内容都是和本书同步的。关于 Deitel 在线视频课程的更多信息，可以访问 www. deitel. com/livelessons 或者给我们发邮件 deitel@ deitel. com。如果读者订阅了 Safari 在线读书（www. safaribooksonline. com），可以直接访问我们的在线视频课程。如果想获取免费 10 天的试读机会，可以访问下面的链接：

http://www.safaribooksonline.com/register

致谢

Barbara Deitel 花费了大量时间来研究 iOS 8 和它的一些相关技术，我们表示由衷的感谢。

培生教育团队

我们非常荣幸可以与普伦蒂斯·霍尔出版社的专业出版人员进行合作。我们非常感谢培生科技集团的主编 Mark L. Taub 做出的非凡努力，他是一位非常专业的同事，我们有着 19 年的师徒友谊。Kim Boedigheimer 从 iOS 社区招募了一些杰出的开发者来评审手稿，整个评审过程都是她在负责。我们选择了封面艺术家 Chuti Prasertsith 来设计封面。John Fuller 负责管理本书的出版工作。

审稿人

为了能更好地改进，我们希望审稿人能仔细检查文字和程序，提出更多的建议。

iOS 8 版本审稿人

Scott Bossak（Thrillist 传媒集团的 iOS 开发主管）、Charles E. Brown（与苹果公司和 Adobe 有合作关系的独立开发者）、Matt Galoway（Effective Objective – C 2.0 的作者和 iOS 开发者）、Michael Haberman（伊利诺伊大学讲师，软件工程师）、Rob McGovern（独立开发者）和 Rik Watson（惠普企业服务的技术主管）。

早期 iOS 版本审稿人

Cory Bohon（CocoaApp. com 网站的独立开发者和著 Mac | Life 的作者）、Scott Gustafson（Garlic 软件有限责任公司的所有者和开发者）、Firoze Lafeer（Capital One 实验室的核心开发者）、Dan Lingman（www. nogotog – ames. com 网站的合伙人）、Marcantonio Magnarapa（www. bemyeye. com 移动总监）、Nik Saers（SAERS 的 iOS 开发者）、Zach Saul（Retronyms 创始人）和 Rik Watson（Lockheed Martin 公司高级软件开发工程师）。

与作者保持联系

对读者阅读这本书后所提出的任何评论、批评、纠错以及改进意见，我们都非常感谢。请将所有反馈发给我们（deitel@ deitel. com）。

我们会及时回复。关于本书的一些更新，请访问下面的链接：

http://www.deitel.com/books/iOS8FP1

读者也可以订阅 Deitel 公司的 Buzz：

http://www.deitel.com/newsletter/subscribe.html

加入 Deitel 公司的社交网络：
- Facebook® （http://www.deitel.com/deitelfan）
- Twitter® （@deitel）
- LinkedIn® （http://linkedin.com/company/deitel-&-associates）
- Google+ （http://google.com/+DeitelFan）
- YouTube® （http://youtube.com/DeitelTV）

好啦，现在你已经拥有了它！我们希望读者能好好享受本书，就像我们很享受写作本书一样。

Paul、Harvey 和 Abbey Deitel 献上

关于作者

Paul Deitel

Deitel & Associates 公司的首席执行官和首席技术官，毕业于麻省理工学院（MIT），他在那里学习了信息技术。他拥有 Java 程序员认证和 Java 开发人员认证。在 2012 年至 2014 年，他荣获微软最有价值专家称号（MVP）。他还给全球的许多客户提供了数以百计的编程课程，这些客户包括思科、IBM、西门子、戴尔、Sun、Fidelity、肯尼迪航天中心的 NASA、国家严重风暴实验室、白沙导弹试验场、Rogue Wave 软件公司、浪潮、波音、SunGard、北电网络、彪马、iRobo、Invensys 等。他和他的父亲 Harvey Deitel 博士所编写的编程语言教科书/专业书籍/视频等，是世界上销量最好的。

Harvey Deitel 博士

Deitel & Associates 公司的董事长兼首席战略官，在计算机领域有超过 50 年的经验。Deitel 在麻省理工学院的电气工程系获得博士学位和硕士学位，在波士顿大学获得数学博士学位。他有着非常丰富的高校教学经验，在成立 Deitel & Associates 公司前，他在波士顿大学的计算机科学系担任主席。1991 年，和他的儿子 Paul 成立了 Deitel 公司。书籍一被出版便获得了国际认可，它们被翻译成日语、德语、俄语、西班牙语、法语、波兰语、意大利语、简体中文、繁体中文、韩语、葡萄牙语、希腊语、乌尔都语和土耳其语。Deitel 博士已经给企业、学术机构、政府部门和军方提供了数以百计的编程课程。

Abbey Deitel

公司的总裁，毕业于卡内基梅隆大学的泰珀商学院，她在那里获得了工业管理学士学位。Abbey 管理公司的日常经营已经超过 17 年了，她为公司贡献了大量已出版书籍，其中就包括写给程序员的 Swift，和 Paul、Harvey 一起合著了 *iOS 8 for Programmers: An App-Driven Approach with Swift, Volume 1, 3/e*、*Android for Programmers: An App-Driven Approach, 2/e*、*Internet & World Wide Web How to Program, 5/e*、*Visual Basic 2012 How to Program, 6/e* 和 *Simply Visual Basic 2010, 5/e*。

关于 Deitel® & Associates 公司

Deitel® & Associates 公司由 Paul Deitel 和 Harvey Deitel 创立，是一家国际公认的写作和

前言

企业培训机构,其业务领域包括移动应用开发、计算机编程语言、对象技术和互联网和网络软件技术。公司培训的客户包括许多世界范围内的大公司、政府机构、军事部门和学术机构。公司提供的教师指导培训课程已经被放到了客户的网站上,它涵盖了全球主要的编程语言和平台,包括 Swift、Objective – C、iOS 的应用程序开发、Java、Android 应用程序开发、C++、C、Visual C#、Visual Basic、Python、对象技术、互联网和网络编程以及越来越多的其他编程语言和软件开发课程。

通过与培生公司的普伦蒂斯·霍尔出版社社长达 40 年的出版合作,Deitel & Associates 公司现在可以出版前沿的编程教材、各种专业书籍、各种各样的电子书以及在线视频课程。联系 Deitel & Associates 公司和作者,可以发邮件至 deitel@ deitel.com。

想了解更多关于 Deitel 公司的深入系列企业培训课程,请访问:

http://www.deitel.com/training

想获取全球范围内的现场指导,以及在组织内部进行培训,请发邮件至 deitel@ deitel.com。

个人希望购买 Deitel 的书籍和在线视频培训课程可以通过 www.deitel.com 网站。企业、政府、军队和学术机构希望批量购买,请直接与培生公司联系。欲了解更多信息,请访问:

http://www.informit.com/store/sales.aspx

在开始阅读之前

这里给出了读者在阅读本书时必须预览的一些信息。相关的更新文章会放在如下链接中。

http://www.deitel.com/books/iOS8FP1

关于菜单中菜单选项的约定

我们使用 > 符号来表示从一个菜单中选择了一个选项。"文件 > 打开"表示从文件菜单中选择了打开选项。

本书中用到的软件

如果读者要执行我们的应用程序并且编写自己的 iOS 8 应用程序，必须安装 Xcode 6。读者可以从 Mac 应用程序商店安装最新的 Xcode 版本。当第一次打开 Xcode 时，它会下载并安装一些和开发相关的附加特性。关于 Xcode 的最新消息，可以访问如下链接。

https://developer.apple.com/xcode

关于 Xcode 6 工具栏图标的说明

本书的示例代码是在 Yosemite 操作系统上用 Xcode 6 开发的。如果读者正在使用 OS X Mavericks 系统，Xcode 的工具栏图标可能会稍微有些不同。

注册成为苹果公司的开发者

注册成为开发者可以访问在线的 iOS 文档和其他一些资源。苹果公司现在也将 Xcode 的预发布版本（如重大版本）提供给所有注册的苹果公司开发者。如果要注册，可以访问如下链接。

https://developer.apple.com/register

下载预览版的 Xcode，可以访问如下链接。

https://developer.apple.com/xcode/downloads

打开下载的 DMG 文件，双击它便可以运行安装，然后按照屏幕上的指示完成后续操作。

付费开发者计划

iOS 开发者

付费的开发者可以在 iOS 设备上测试应用程序并且可以提交到应用程序商店。如果读者想要分发自己的应用程序，需要成为付费的 iOS 开发者，则可以在下面链接中注册。

> https://developer.apple.com/programs

iOS 企业开发者

组织或者企业可以注册成为企业开发者，请访问

> https://developer.apple.com/programs/ios/enterprise

开发者可以向组织内的所有成员发布 iOS 应用程序。

iOS 大学开发者

一些计划提供 iOS 应用程序开发相关课程的学院和大学可以加入 iOS 大学开发者计划，申请请访问

> https://developer.apple.com/programs/ios/university

有资格的学校可以免费访问所有的开发工具和资源。学生也可以互相分享他们的应用程序并在 iOS 设备上测试它们。

在 Xcode 中添加付费 iOS 开发者账号

Xcode 可以集成读者的付费 iOS 开发者账号，以便读者可以将应用程序安装到 iOS 设备上用于测试。如果读者有一个付费 iOS 开发者账户，则可以将它添加到 Xcode，只需要按照下面的步骤操作。

1. 选择 Xcode > 偏好设置…。
2. 在账号一栏中，单击左下角的加号按钮并选择添加苹果公司 ID…。
3. 输入读者的苹果公司 ID 和密码，然后单击"添加"按钮。

获得示例代码

本书创建的应用程序的最终版本的下载包在

> http://www.deitel.com/books/iOS8FP1

网址中的"下载示例代码和其他精选内容（Download Code Examples and Other Premium Content）"链接中下载，下载的内容是一个 ZIP 文件。当读者单击 ZIP 文件的下载链接后，它默认会被放置在读者账户的下载目录中。我们假定读者会将 iOS8Examples 文件夹放置在读者账户的文档目录中。读者可以使用 Finder 将 ZIP 文件移动到那里，然后双击该文件将其解压。

Xcode 工程

对于每一个应用程序，我们都提供了一个扩展名为 .xcodeproj 的工程文件，读者双击便可以在 Xcode 中打开它。我们将会使用它们来测试这些应用程序。

配置 Xcode 显示行数

许多程序员都发现在编辑器中显示行数是很有帮助的，读者可以按照下面的步骤进行操作。

1. 打开 Xcode，从菜单中选择偏好设置。
2. 选择文本编辑栏，确保编辑子选项栏被选中。
3. 选中行号的复选框。

配置 Xcode 的代码缩进

Xcode 的默认缩进是 4 个空格。读者可以配置自己的缩进偏好。

1. 打开 Xcode，从菜单中选择偏好设置。
2. 选择文本编辑栏，确保缩进子选项栏被选中。
3. 设置自己的缩进偏好。

现在读者要开始阅读《Swift 实战之旅：精通 iOS 应用开发》了。我们希望读者能好好享受这本书！如果有任何问题，请发送邮件给我们（deitel@deitel.com）。

目　　录

第1章　介绍 iOS 8 应用程序开发和 Swift ⋯⋯⋯⋯⋯⋯⋯⋯⋯⋯⋯⋯⋯⋯⋯⋯⋯⋯⋯⋯⋯ 1
1.1　简介 ⋯⋯ 1
1.2　iPhone 和 iPad 的销售数据 ⋯⋯⋯⋯⋯⋯⋯⋯⋯⋯⋯⋯⋯⋯⋯⋯⋯⋯⋯⋯⋯⋯⋯⋯⋯⋯⋯⋯⋯⋯⋯ 2
1.3　手势 ⋯⋯ 2
1.4　传感器 ⋯⋯⋯ 3
1.5　辅助功能 ⋯⋯⋯ 4
1.6　iPhone 6 和 iPhone 6 Plus ⋯⋯⋯⋯⋯⋯⋯⋯⋯⋯⋯⋯⋯⋯⋯⋯⋯⋯⋯⋯⋯⋯⋯⋯⋯⋯⋯⋯⋯⋯⋯ 5
1.7　关于 iOS 操作系统的历史和相关特性 ⋯⋯⋯⋯⋯⋯⋯⋯⋯⋯⋯⋯⋯⋯⋯⋯⋯⋯⋯⋯⋯⋯⋯⋯ 5
1.7.1　iPhone 操作系统 ⋯⋯⋯⋯⋯⋯⋯⋯⋯⋯⋯⋯⋯⋯⋯⋯⋯⋯⋯⋯⋯⋯⋯⋯⋯⋯⋯⋯⋯⋯⋯⋯⋯ 5
1.7.2　iPhone OS 2：引入了第三方应用程序和应用程序商店 ⋯⋯⋯⋯⋯⋯⋯⋯⋯⋯⋯⋯⋯ 6
1.7.3　iPhone OS 3 ⋯⋯⋯⋯⋯⋯⋯⋯⋯⋯⋯⋯⋯⋯⋯⋯⋯⋯⋯⋯⋯⋯⋯⋯⋯⋯⋯⋯⋯⋯⋯⋯⋯⋯ 6
1.7.4　iOS 4 ⋯⋯⋯⋯⋯⋯⋯⋯⋯⋯⋯⋯⋯⋯⋯⋯⋯⋯⋯⋯⋯⋯⋯⋯⋯⋯⋯⋯⋯⋯⋯⋯⋯⋯⋯⋯⋯⋯ 6
1.7.5　iOS 5 ⋯⋯⋯⋯⋯⋯⋯⋯⋯⋯⋯⋯⋯⋯⋯⋯⋯⋯⋯⋯⋯⋯⋯⋯⋯⋯⋯⋯⋯⋯⋯⋯⋯⋯⋯⋯⋯⋯ 7
1.7.6　iOS 6 ⋯⋯⋯⋯⋯⋯⋯⋯⋯⋯⋯⋯⋯⋯⋯⋯⋯⋯⋯⋯⋯⋯⋯⋯⋯⋯⋯⋯⋯⋯⋯⋯⋯⋯⋯⋯⋯⋯ 8
1.7.7　iOS 7 ⋯⋯⋯⋯⋯⋯⋯⋯⋯⋯⋯⋯⋯⋯⋯⋯⋯⋯⋯⋯⋯⋯⋯⋯⋯⋯⋯⋯⋯⋯⋯⋯⋯⋯⋯⋯⋯⋯ 9
1.8　iOS 8 ⋯⋯⋯ 10
1.9　Apple Watch ⋯⋯⋯⋯⋯⋯⋯⋯⋯⋯⋯⋯⋯⋯⋯⋯⋯⋯⋯⋯⋯⋯⋯⋯⋯⋯⋯⋯⋯⋯⋯⋯⋯⋯⋯⋯⋯ 11
1.10　应用商店 ⋯⋯⋯⋯⋯⋯⋯⋯⋯⋯⋯⋯⋯⋯⋯⋯⋯⋯⋯⋯⋯⋯⋯⋯⋯⋯⋯⋯⋯⋯⋯⋯⋯⋯⋯⋯⋯⋯ 11
1.11　Objective-C ⋯⋯⋯⋯⋯⋯⋯⋯⋯⋯⋯⋯⋯⋯⋯⋯⋯⋯⋯⋯⋯⋯⋯⋯⋯⋯⋯⋯⋯⋯⋯⋯⋯⋯⋯⋯ 12
1.12　Swift：苹果公司未来的编程语言 ⋯⋯⋯⋯⋯⋯⋯⋯⋯⋯⋯⋯⋯⋯⋯⋯⋯⋯⋯⋯⋯⋯⋯⋯ 13
1.12.1　关键特性 ⋯⋯⋯⋯⋯⋯⋯⋯⋯⋯⋯⋯⋯⋯⋯⋯⋯⋯⋯⋯⋯⋯⋯⋯⋯⋯⋯⋯⋯⋯⋯⋯⋯⋯⋯ 13
1.12.2　性能 ⋯⋯⋯⋯⋯⋯⋯⋯⋯⋯⋯⋯⋯⋯⋯⋯⋯⋯⋯⋯⋯⋯⋯⋯⋯⋯⋯⋯⋯⋯⋯⋯⋯⋯⋯⋯⋯ 14
1.12.3　避免错误 ⋯⋯⋯⋯⋯⋯⋯⋯⋯⋯⋯⋯⋯⋯⋯⋯⋯⋯⋯⋯⋯⋯⋯⋯⋯⋯⋯⋯⋯⋯⋯⋯⋯⋯⋯ 14
1.12.4　Swift 标准库 ⋯⋯⋯⋯⋯⋯⋯⋯⋯⋯⋯⋯⋯⋯⋯⋯⋯⋯⋯⋯⋯⋯⋯⋯⋯⋯⋯⋯⋯⋯⋯⋯⋯ 14
1.12.5　Swift 应用程序和 Cocoa 框架以及 Cocoa Touch 框架 ⋯⋯⋯⋯⋯⋯⋯⋯⋯⋯⋯⋯ 15
1.12.6　Swift 和 Objective-C 的相互调用 ⋯⋯⋯⋯⋯⋯⋯⋯⋯⋯⋯⋯⋯⋯⋯⋯⋯⋯⋯⋯⋯ 15
1.12.7　其他苹果公司的 Swift 资源 ⋯⋯⋯⋯⋯⋯⋯⋯⋯⋯⋯⋯⋯⋯⋯⋯⋯⋯⋯⋯⋯⋯⋯⋯ 15
1.13　能够只使用 Swift 吗 ⋯⋯⋯⋯⋯⋯⋯⋯⋯⋯⋯⋯⋯⋯⋯⋯⋯⋯⋯⋯⋯⋯⋯⋯⋯⋯⋯⋯⋯⋯⋯ 16
1.13.1　Objective-C 程序员利用 Swift 开发新 App ⋯⋯⋯⋯⋯⋯⋯⋯⋯⋯⋯⋯⋯⋯⋯⋯ 16
1.13.2　Objective-C 程序员使用 Swift 增强现有 App 功能 ⋯⋯⋯⋯⋯⋯⋯⋯⋯⋯⋯⋯ 16
1.13.3　刚开始开发 iOS 应用程序的 Java、C++和 C#程序员 ⋯⋯⋯⋯⋯⋯⋯⋯⋯⋯ 16

		1.13.4	快速发展的愿景	16
		1.13.5	混合 Swift 和 Objective-C 代码	17
	1.14	Cocoa Touch 框架		17
	1.15	Xcode 6 集成开发环境		21
	1.16	面向对象编程回顾		23
		1.16.1	把汽车当作一个对象	23
		1.16.2	方法和类	23
		1.16.3	实例化	23
		1.16.4	重用	24
		1.16.5	消息和方法调用	24
		1.16.6	特性和属性	24
		1.16.7	封装和信息隐藏	24
		1.16.8	继承	24
		1.16.9	协议	24
		1.16.10	设计模式	25
	1.17	在 iPhone 和 iPad 模拟器上测试小费计算器（Tip Calculator）应用程序		25
	1.18	是什么成就一个伟大的应用程序		27
	1.19	iOS 安全		28
	1.20	iOS 出版物和论坛		29
	1.21	小结		29
第 2 章	欢迎应用程序			31
	2.1	介绍		31
	2.2	技术概要		32
		2.2.1	Xcode 和 Interface Builder	32
		2.2.2	标签和图片视图	32
		2.2.3	资源目录和图片集	33
		2.2.4	运行应用程序	33
		2.2.5	辅助功能	33
		2.2.6	国际化	33
	2.3	用 Xcode 创建一个通用应用程序		33
		2.3.1	运行 Xcode	34
		2.3.2	工程和应用程序模板	34
		2.3.3	创建和配置一个工程	35
	2.4	Xcode 的工作台窗口		36
		2.4.1	导航区域	36
		2.4.2	编辑区域	37
		2.4.3	工具区域和查看器	37
		2.4.4	调试区域	37
		2.4.5	Xcode 工具栏	37

	2.4.6	工程导航栏	38
	2.4.7	键盘快捷键	38
2.5	使用Storyboard创建欢迎应用程序的用户界面		38
	2.5.1	给应用程序配置横竖屏	38
	2.5.2	提供应用程序图标	39
	2.5.3	为应用程序的图片创建一个图片集	41
	2.5.4	Storyboard概述和Xcode的工具区域	41
	2.5.5	添加一个图片视图到用户界面	43
	2.5.6	用查看器配置图片视图	44
	2.5.7	添加并配置标签	45
	2.5.8	使用自动布局支持不同尺寸的屏幕和方向	47
2.6	运行欢迎应用程序		48
	2.6.1	在iOS模拟器上测试	48
	2.6.2	在设备上测试（只有付费苹果公司开发者成员才可以）	49
2.7	为应用程序添加辅助功能		50
	2.7.1	打开图片视图的辅助功能	50
	2.7.2	用模拟器的辅助功能查看器配置辅助功能文本	51
2.8	国际化应用程序		52
	2.8.1	在翻译过程中锁定用户界面	52
	2.8.2	导出用户界面的字符串资源	53
	2.8.3	翻译字符串资源	54
	2.8.4	导入和翻译字符串资源	54
	2.8.5	用西班牙语测试应用程序	54
2.9	小结		55
第3章	**小费计算器**		**57**
3.1	介绍		57
3.2	技术概览		58
	3.2.1	Swift语言	58
	3.2.2	Swift应用程序和Cocoa Touch框架	58
	3.2.3	在Swift中使用UIKit和Foundation框架	59
	3.2.4	用Interface Builder创建标签、文本输入框和滑动条	60
	3.2.5	视图控制器	60
	3.2.6	在用户界面控件和Swift代码之间建立连接	60
	3.2.7	视图加载之后运行的任务	60
	3.2.8	用NSDecimalNumber做财务计算	61
	3.2.9	根据特定地区的货币和比率来格式化数字	62
	3.2.10	Swift和Objective-C类型之间的桥接	62
	3.2.11	Swift操作符重载	63
	3.2.12	变量初始化和Swift可选值（Optional）类型	63

3.2.13 值类型和引用类型 · 63
   3.2.14 代码编辑器中的代码补全提示 · 64
3.3 创建应用程序的用户界面 · 65
   3.3.1 创建工程 · 65
   3.3.2 通过配置 Size Classes 来设计一个竖屏 iPhone 应用程序 · · · · · · · · · · 66
   3.3.3 添加 UI 控件 · 67
   3.3.4 添加自动布局约束 · 71
3.4 用 Interface Builder 创建 Outlet · 73
3.5 用 Interface Builder 创建行为（Action） · 75
3.6 ViewController 类 · 77
   3.6.1 import 声明 · 77
   3.6.2 ViewController 类定义 · 77
   3.6.3 ViewController 的@ IBOutlet 属性 · 78
   3.6.4 ViewController 的其他属性 · 79
   3.6.5 覆写 UIViewController 的 viewDidLoad 方法 · 79
   3.6.6 ViewController 的 calculateTip 动作方法 · 80
   3.6.7 ViewController.swift 文件中定义的全局工具函数 · · · · · · · · · · · · · · · 83
3.7 小结 · 84

第 4 章 Twitter 搜索应用程序 86
4.1 介绍 · 86
4.2 测试应用程序 · 87
4.3 技术概述 · 93
   4.3.1 主 – 从应用程序模板 · 93
   4.3.2 网页视图——在应用程序中展示网页内容 · 93
   4.3.3 Swift：数组和字典集合 · 93
   4.3.4 NSUserDefaults——为应用程序设置存储本地键 – 值对 · · · · · · · · · 95
   4.3.5 使用 NSUbiquitousKeyValueStore 类在 iCloud 中存储键 – 值对 · · · 95
   4.3.6 社交框架 · 96
   4.3.7 模型 – 视图 – 视图控制器（MVC）设计模式 · 96
   4.3.8 Swift：遵循协议 · 97
   4.3.9 Swift：暴露方法给 Cocoa Touch 库 · 97
   4.3.10 用于提醒对话框的 UIAlertController 类 · 97
   4.3.11 长按手势 · 98
   4.3.12 这个应用程序中使用到的 iOS 设计模式 · 98
   4.3.13 Swift：外部参数名 · 99
   4.3.14 Swift：闭包 · 99
4.4 创建应用程序的用户界面 · 101
   4.4.1 创建工程 · 101
   4.4.2 检查默认的主 – 从应用程序 · 101

	4.4.3	配置主视图和详情视图	103
	4.4.4	创建模型类	103
4.5	模型类		104
	4.5.1	ModelDelegate 协议	104
	4.5.2	模型类的属性	104
	4.5.3	Model 类的初始化和同步方法	105
	4.5.4	tagAtIndex、queryForTag、queryForTagAtIndex 方法和数量属性	107
	4.5.5	deleteSearchAtIndex 方法	108
	4.5.6	moveTagAtIndex 方法	109
	4.5.7	updateUserDefaults 方法	109
	4.5.8	updateSearches 方法	110
	4.5.9	performUpdates 方法	111
	4.5.10	saveQuery 方法	112
4.6	MasterViewController 类		112
	4.6.1	MasterViewController 类的属性和 modelDataChanged 方法	112
	4.6.2	awakeFromNib 方法	113
	4.6.3	覆写 UIViewController 类的 viewDidLoad 方法和 addButtonPressed 方法	114
	4.6.4	tableViewCellLongPressed 和 displayLongPressOptions 方法	115
	4.6.5	displayAddEditSearchAlert 方法	117
	4.6.6	shareSearch 方法	119
	4.6.7	覆写 UIViewController 类的 prepareForSegue 方法	120
	4.6.8	urlEncodeString 方法	121
	4.6.9	UITableViewDataSource 的回调方法	121
4.7	DetailViewController 类		124
	4.7.1	覆写 UIViewController 类的 viewDidLoad 方法	125
	4.7.2	覆写 UIViewController 类的 viewDidAppear 方法	125
	4.7.3	覆写 UIViewController 类的 viewWillDisappear 方法	125
	4.7.4	UIWebViewDelegate 协议方法	126
4.8	小结		126

第5章 国旗竞猜应用程序 128

5.1	介绍	128
5.2	测试国旗竞猜应用程序	130
5.3	技术预览	132
	5.3.1 从头开始设计一个 Storyboard	132
	5.3.2 UINavigationController 类	132
	5.3.3 Storyboard 连线（Segues）	132
	5.3.4 UISegmentedControl 控件	133
	5.3.5 UISwitch 控件	133
	5.3.6 Outlet 集合	133

5.3.7	使用应用程序的主 NSBundle 获取图片名称列表	133
5.3.8	使用 Grand Central Dispatch 在未来执行任务	133
5.3.9	给视图添加一个动画	134
5.3.10	Darwin 模块——使用预先定义的 C 函数	134
5.3.11	生成随机数	134
5.3.12	介绍 Swift 的一些特性	135
5.4	创建图形用户界面	137
5.4.1	创建工程	137
5.4.2	设计 Storyboard	137
5.4.3	配置视图控制器类	139
5.4.4	为 QuizViewController 类创建用户界面	139
5.4.5	为 QuizViewController 类的用户界面设置自动布局	141
5.4.6	QuizViewController 的 Outlet 属性和相关的行为方法	141
5.4.7	创建 SettingsViewController 的用户界面	141
5.4.8	SettingsViewController 类的 Outlet 和行为方法	143
5.4.9	创建 Model 类	143
5.4.10	添加国旗图片到应用程序	143
5.5	Model 类	143
5.5.1	ModelDelegate 协议	144
5.5.2	Model 类的属性	144
5.5.3	Model 类的初始化和 regionsChanged 方法	145
5.5.4	Model 类的计算属性	147
5.5.5	Model 类的 toggleRegion、setNumberOfGuesses 和 notifyDelegate 方法	147
5.5.6	Model 类的 newQuizCountries 方法	148
5.6	QuizViewController 类	149
5.6.1	属性	149
5.6.2	覆写 UIViewController 的 viewDidLoad 方法并介绍 settingsChanged 和 resetQuiz 方法	150
5.6.3	nextQuestion 和 countryFromFilename 方法	151
5.6.4	submitGuess 方法	153
5.6.5	shakeFlag 方法	154
5.6.6	displayQuizResults 方法	155
5.6.7	覆写 UIViewController 类的 prepareForSegue 方法	156
5.6.8	数组的扩展方法 shuffle	156
5.7	SettingsViewController 类	157
5.7.1	属性	157
5.7.2	覆写 UIViewController 类的 viewDidLoad 方法	158
5.7.3	事件处理和 displayErrorDialog 方法	158
5.7.4	覆写 UIViewController 的 viewWillDisappear 方法	160
5.8	小结	160

第 6 章 大炮游戏应用程序 ································ 162
6.1 介绍 ·· 162
6.2 测试大炮游戏应用程序 ································ 164
6.3 技术预览 ·· 165
6.3.1 Xcode 游戏模板和 SpriteKit ····················· 165
6.3.2 使用 AVFoundation 框架和 AVAudioPlayer 类给游戏添加声音 ··· 166
6.3.3 SpriteKit 框架类 ································· 166
6.3.4 SpriteKit 的游戏循环和动画帧 ··············· 167
6.3.5 物理 ·· 168
6.3.6 冲突检测和 SKPhysicsContactDelegate 协议 ··· 168
6.3.7 CGGeometry 结构体和相关函数 ··············· 169
6.3.8 覆写 UIResponder 的 touchesBegan 方法 ··· 169
6.3.9 根据屏幕的大小确定游戏元素的大小和速度 ··· 170
6.3.10 Swift 语言的特性 ································ 170
6.3.11 NSLocalizedString 函数 ························ 170
6.4 创建工程和类 ··· 171
6.5 GameViewController 类 ································ 172
6.5.1 覆写 UIViewController 的 viewDidLoad 方法 ··· 173
6.5.2 为什么 AVAudioPlayer 是全局变量 ··········· 174
6.5.3 删除 GameViewController 类中自动生成的方法 ··· 174
6.6 拦截器类 ·· 175
6.6.1 BlockerSize 枚举和拦截器类的属性 ········· 175
6.6.2 拦截器的初始化方法 ··························· 175
6.6.3 startMoving、playHitSound 和 blockerTimePenalty 方法 ··· 178
6.7 目标（Target）类 ·· 178
6.7.1 TargetSize 和 TargetColor 枚举类 ············· 179
6.7.2 目标类的属性 ····································· 179
6.7.3 目标类的初始化 ·································· 180
6.7.4 startMoving、playHitSound 和 targetTimeBonus 方法 ··· 181
6.8 大炮类 ··· 181
6.8.1 大炮类的属性 ····································· 181
6.8.2 大炮类的初始化 ·································· 182
6.8.3 rotateToPointAndFire 方法 ····················· 183
6.8.4 fireCannonball 和 createCannonball 方法 ··· 184
6.9 游戏场景类 ··· 185
6.9.1 CollisionCategory 结构体 ······················ 186
6.9.2 场景类的定义以及它的相关属性 ············· 186
6.9.3 覆写 SKScene 类的 didMoveToView 方法 ··· 187
6.9.4 createLabels 方法 ································ 189

   6.9.5 SKPhysicsContactDelegate 协议的 didBeginContact 和支持方法 ········· 190

   6.9.6 覆写 UIResponder 的 touchesBegan 方法 ······························· 192

   6.9.7 覆写 SKScene 的 update 和 gameOver 方法 ···························· 192

 6.10 GameOverScene 类 ·· 194

 6.11 可编程的国际化 ··· 196

 6.12 小结 ··· 199

第 7 章 涂鸦应用程序 ··· 201

 7.1 介绍 ·· 201

 7.2 测试涂鸦应用程序 ·· 202

 7.3 技术总览 ··· 205

   7.3.1 用 UIView 的子类，drawRect 方法、UIBezierPath 类和 UIKit 图形系统来进行绘图 ······ 205

   7.3.2 处理多点触摸事件 ··· 206

   7.3.3 监听移动事件 ··· 206

   7.3.4 将绘制作为一个图片进行显示 ··· 207

   7.3.5 Storyboard 加载初始化 ·· 207

 7.4 创建应用程序的用户界面和添加自定义类 ·· 207

   7.4.1 创建工程 ·· 207

   7.4.2 创建初始化视图控制器的用户界面 ··· 208

   7.4.3 创建颜色视图控制器的用户界面 ·· 209

   7.4.4 创建画笔视图控制器的用户界面 ·· 211

   7.4.5 添加涂鸦类 ··· 212

 7.5 ViewController 类 ··· 212

   7.5.1 ViewController 类的定义、属性和委托方法 ·· 212

   7.5.2 覆写 UIViewController 类的 prepareForSeque 方法 ································ 213

   7.5.3 ViewController 类的 undoButtonPressed、clearButtonPressed 和 displayEraseDialog 方法 ····· 214

   7.5.4 覆写 UIResponder 的 motionEnded 方法 ·· 215

   7.5.5 ViewController 类的 actionButtonPressed 方法 ···································· 215

 7.6 Squiggle 类 ··· 216

 7.7 DoodleView 类 ·· 217

   7.7.1 DoodleView 的属性 ·· 217

   7.7.2 DoodleView 的初始化方法 ·· 217

   7.7.3 DoodleView 类的 undo 和 clear 方法 ·· 217

   7.7.4 覆写 UIView 的 drawRect 方法 ·· 218

   7.7.5 覆写 UIResponder 类的处理触摸事件的方法 ······································· 218

   7.7.6 DoodleView 的图片计算属性 ··· 220

 7.8 ColorViewController 类 ··· 221

   7.8.1 ColorViewControllerDelegate 协议和 ColorViewController 类的开始部分 ······· 221

   7.8.2 覆写 UIViewController 类的 viewDidLoad 方法 ···································· 222

   7.8.3 ColorViewController 的 colorChanged 和 done 方法 ······························· 222

 7.9 StrokeViewController 类 ·· 223

   7.9.1 UIView 的 SampleLineView 子类 ··· 223

	7.9.2 StrokeViewControllerDelegate 协议和 StrokeViewController 类的开始部分	224
	7.9.3 覆写 UIViewController 类的 viewDidLoad 方法	224
	7.9.4 StrokeViewController 类的 lineWidthChanged 和 done 方法	225
7.10	小结	225
第8章	地址簿应用程序	227
8.1	介绍	227
8.2	测试地址簿应用程序	229
8.3	技术预览	231
	8.3.1 添加 Core Data 支持	231
	8.3.2 数据模型和 Xcode 的数据模型编辑器	232
	8.3.3 Core Data 框架的类和协议	232
	8.3.4 UITableViewController 的单元格样式	232
	8.3.5 包含静态单元格的 UITableViewController	233
	8.3.6 监听表示键盘显示和隐藏的通知	233
	8.3.7 通过编程的方式来滑动一个 UITableView	233
	8.3.8 UITextFieldDelegate 协议的相关方法	233
8.4	创建工程并配置数据模型	233
	8.4.1 创建工程	233
	8.4.2 编辑数据模型	234
	8.4.3 生成 NSManagedObject 的子类联系人类	235
8.5	创建用户界面	236
	8.5.1 自定义 MasterViewController 类	236
	8.5.2 自定义 DetailViewController 类	237
	8.5.3 添加 AddEditViewController 类	237
	8.5.4 添加 InstructionsViewController 类	238
8.6	MasterViewController 类	239
	8.6.1 MasterViewController 类、属性和 awakeFromNib 方法	239
	8.6.2 覆写 UIViewController 类的 viewWillAppear 方法和 displayFirstContact-OrInstruction 方法	240
	8.6.3 覆写 UIViewController 类的 viewDidLoad 方法	241
	8.6.4 覆写 UIViewController 类的 prepareForSegue 方法	242
	8.6.5 AddEditTableViewControllerDelegate 协议的 didSaveContact 方法	243
	8.6.6 DetailViewControllerDelegate 协议的 didEditContact 方法	244
	8.6.7 displayError 方法	245
	8.6.8 UITableViewDelegate 协议的相关方法	245
	8.6.9 自动生成的 NSFetchedResultsController 对象和 NSFetchedResultsControllerDelegate 协议的相关方法	247
8.7	DetailViewController 类	249
	8.7.1 DetailViewControllerDelegate 协议	249
	8.7.2 DetailViewController 类的属性	250
	8.7.3 覆写 UIViewController 类的 viewDidLoad 和 displayContact 方法	251

8.7.4 AddEditTableViewControllerDelegate 协议的 didSaveContact 方法 ········· 251

8.7.5 覆写 UIViewController 类的 prepareForSegue 方法 ········· 252

8.8 AddEditTableViewController 类 ········· 252

8.8.1 AddEditTableViewControllerDelegate 协议 ········· 252

8.8.2 AddEditTableViewController 类的属性 ········· 253

8.8.3 覆写 UIViewController 类的 viewWillAppear 和 viewWillDisappear 方法 ········· 254

8.8.4 覆写 UIViewController 类的 viewDidLoad 方法 ········· 255

8.8.5 keyboardWillShow 和 keyboardWillHide 方法 ········· 255

8.8.6 UITextFieldDelegate 协议的 textFieldShouldReturn 方法 ········· 256

8.8.7 返回值为@IBAction 的 saveButtonPressed 方法 ········· 257

8.9 AppDelegate 类 ········· 258

8.9.1 UIApplicationDelegate 协议的 application:didFinishLaunchingWithOptions: 方法 ········· 258

8.9.2 UISplitViewControllerDelegate 协议的相关方法 ········· 258

8.9.3 支持应用程序的 Core Data 功能的一些属性和方法 ········· 259

8.10 小结 ········· 259

第 9 章 应用商店和应用业务问题 ········· 261

9.1 介绍 ········· 261

9.2 iOS 开发者计划：为了测试和提交应用程序，设置用户的开发者账号 ········· 262

9.2.1 设置你的开发者团队 ········· 262

9.2.2 为测试应用程序配置一个设备 ········· 263

9.2.3 使用 TestFlight 进行 Beta 测试 ········· 264

9.2.4 创建明确的应用程序 ID ········· 264

9.3 iOS 人机界面指南 ········· 265

9.4 通过 iTunes Connect 提交应用程序 ········· 266

9.5 给应用程序定价：收费还是免费 ········· 268

9.5.1 付费的应用程序 ········· 269

9.5.2 免费的应用程序 ········· 269

9.6 应用程序如何赚钱 ········· 270

9.6.1 使用应用内购买来销售虚拟商品 ········· 270

9.6.2 应用内广告服务 iAd ········· 272

9.6.3 App Bundles ········· 272

9.6.4 为企业开发定制应用程序 ········· 272

9.7 用 iTunes Connect 管理应用程序 ········· 273

9.8 iTunes Connect 需要的一些信息 ········· 274

9.9 iTunes Connect 开发者指南：提交应用程序到苹果公司的步骤 ········· 275

9.10 推广应用程序 ········· 276

9.11 其他一些流行的移动应用平台 ········· 280

9.12 跨平台的应用程序开发工具 ········· 280

9.13 小结 ········· 281

第1章
介绍 iOS 8 应用程序开发和 Swift

主题

本章，读者将学习：

- iPhone 和 iPad 手势、传感器和辅助功能特性。
- iOS 操作系统的历史以及相关特性。
- iPhone 6、iPhone 6 Plus 和 Apple Watch。
- 开发 iOS 应用程序的关键软件，包括 Xcode 6 集成开发环境、iOS 模拟器、Swift 编程语言和 Cocoa Touch 框架。
- 回顾面向对象编程的相关概念。
- 在 iOS 模拟器上测试应用程序。
- 伟大应用程序的一些特点。
- iOS 安全。
- iOS 开发者相关的一些苹果公司重要的出版物。

1.1 简介

欢迎来到 iOS 8 应用程序开发的世界！我们希望通过本书能带给读者带来一个具有挑战性、有趣和有益的经验。

本书是面向那些熟悉面向对象编程语言，如 Objective–C、Java、C#或者 C++等有经验的开发者。如果读者不了解苹果公司的 Swift 编程语言和 Cocoa Touch 框架，那么通过运行本书介绍的 iPhone 和 iPad 应用程序，学习介绍的相关知识和阅读代码，应该能够收获大量的相关知识。

用例子方式来讲解

整本书我们都会用应用程序例子的方式来讲解，从第 2 章到第 8 章，每章都会有一个应用程序。有些应用程序是通用应用程序，它们可以运行在 iPhone、iPad 和 iPod touch 上。对于之后每一章的每一个应用程序，我们都会先简单介绍它的功能。接下来会简单介绍我们开发应用程序用到的开发工具：Xcode 集成开发环境、Swift 编程语言、Cocoa Touch 框架。我们会用截图的方式介绍每一个应用程序的用户界面。然后，我们会提供包含行号和语法着色的完整源代码，对于关键部分我们会代码高亮。我们还会显示应用程序的多个运行截图。之后我们会详细讲解代码，其中着重强调一些新的编程概念。所有的源代码可以在 http://www.deitel.com/books/iOS8FP1 下载，关于代码授权的细节请在序言中查看。

1.2　iPhone 和 iPad 的销售数据

随着 iPhone 和 iPad 的大规模增长,这也给 iOS 开发者带来了巨大的机遇。

- 第一代 iPhone:2007 年 6 月 1 日发布便带来了巨大的成功。每一个新版本的发布,销量都会出现巨大的增长。根据苹果公司官方公布的数据:在前 5 个季度,第一代 iPhone 卖出了 610 万台。
- iPhone 3G:带有 GPS 的第二代 iPhone 在 2008 年 6 月发布,仅仅第一季度就卖出了 690 万台。
- iPhone 3GS:带有指南针的第三代 iPhone 在 2009 年 6 月发布,仅仅第 1 个月就卖出了 520 万台。
- iPhone 4:2010 年 6 月发售了 iPhone 4,仅仅 3 个星期就卖出了超过 300 万台。
- iPhone 4s:2011 年 10 月发布了 iPhone 4s,仅仅 3 天就卖出了超过 400 万台,在 2012 年的前 3 个月,苹果公司卖出了 3510 万台 iPhone。相比上个季度,利润提高了将近 1 倍。
- iPhone 5:2012 年 10 月发布了 iPhone 5,仅仅 3 天就卖出 500 万台 iPhone。
- iPhone 5s 和 iPhone 5c:在 2013 年 9 月,同时发布了 iPhone 5s 和 iPhone 5c,前 3 天就卖出了 900 万台。在 2014 年 1 月,全球最大的移动网络运营商中国移动开始第一次在中国大陆销售 iPhone,预测中国移动将在 2014 年卖出超过 2000 万台 iPhone。
- iPhone 6:在 2014 年 9 月,iPhone 6 和 iPhone 6 Plus 发布,仅仅第 1 天的预售就超过了 400 万台,两倍于 iPhone 5 同时间的预售数量。iPhone 6 在第 1 个星期就卖出了 1000 台。

iPad 的销量也十分惊人。高德纳公司(Gartner)预测全球的平板销量将从 2013 年的 2.07 亿台增长到 2015 年的 3.21 亿台。下面是 iPad 的一些销售数据。

- iPad 1:第一代 iPad 在 2010 年 4 月发布,前 80 天就卖出了超过 300 万台,直到 2011 年 9 月,全球总共卖出了超过 4000 万台。
- iPad 2:更薄、更轻、更快的 iPad 2 在 2011 年 3 月发布,仅仅一周就卖出了超过 100 万台,到 2012 年年末,iPad 占全球平板市场份额超过 58%。
- 新 iPad:2012 年 3 月发布了第三代,仅仅 3 天就卖出 300 万台。2012 年的第一季度,iPad 的销量就达到了 1180 万台,同比增长了 151%。
- 第一代 iPad Mini 和第四代 iPad:第一代的 iPad Mini 只有 Wifi 版本,屏幕大小是 7.9 寸;第四代 iPad 在 2012 年 11 月发布。在 1 个星期内二者合计卖出了 300 万台。
- 第二代 iPad Mini(也就是高清屏的 iPad Mini)和 iPad Air(第五代 iPad)在 2013 年 11 月发布。仅仅 2014 年第一季度,就卖出了 2600 万台 iPad。

1.3　手势

苹果公司的多点触摸屏幕可以让用户轻松地通过单手指或者多手指触摸去控制设备,如图 1.1 所示。通过代码用户将会学会如何识别和响应手势。

手势	动作	使用场景
单击	点击屏幕一次	打开一个应用程序，单击一个按钮
双击	点击屏幕两次	选择文本进行剪切、复制或者粘贴操作
长按	按住屏幕并且手指在一个地方不动	移动邮件和短信中的光标、移动应用程序的图标等。它也可以用于选择文本进行剪切、复制和粘贴操作
拖动	触摸屏幕并在屏幕上拖动手指	从左到右或者从上到下移动滑动栏，在地图或者网页上移动到不同的区域
滑动	触摸屏幕，然后朝一个方向滑动手指且释放	在一系列选项中翻动各个项目，如照片或者音乐的专辑封面。一个滑动之后会自动停到下一个项目
拂动	触摸屏幕并朝喜欢的方向快速轻弹手指来移动	滚动表视图（如联系人）或者选择视图（如在日历中的日期和时间）。它和滑动不一样，拂动是没有一个特殊的停顿点。如果拂动超过或者低于目标，可以拖动到需要的停止点
捏合	使用两个手指，触摸且捏合手指在一起或者分开手指	在屏幕上进行缩放（如扩大文本和图片）
晃动	晃动设备	撤销或者重做一个动作（如撤销或者重新输入）

图 1.1　iPhone 和 iPad 手势

1.4　传感器

iPhone 和 iPad 包含许多的传感器。

- 加速度计。它允许设备对上/下、左/右和前/后的加速度做出响应。例如，当设备从垂直旋转到水平时，读者可以改变相册、电子邮件、网页等的方向。可以使用加速度计通过晃动或者倾斜设备来控制游戏。也可以通过随机晃动设备来切换音乐库中的歌曲，或者把设备转为水平方向，让水平键盘显示出来从而更方便输入（见图 1.2）。我们将在第 7 章的涂鸦应用程序中使用加速度计，会让用户通过晃动设备来清除当前的绘画。

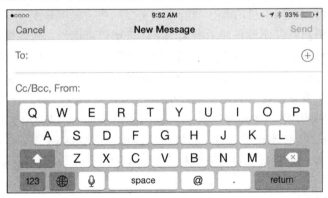

图 1.2　横屏键盘

- 三轴陀螺仪（从 iPhone 4 才开始有）。搭配着加速度计一起工作，使设备变得更加灵敏，当设备在旋转时，应用程序可以在 x、y 和 z 轴（分别对应左/右、上/下和前/后）分别检测运动状态。陀螺仪帮助相机应用程序稳定图像，以便能够拍出更好的图片和视频，帮助提高游戏的控制性等。在第 7 章中，我们会用到陀螺仪。
- 数字电子指南针（从 iPhone 3GS 和 iPad 2 才开始有）。在看地图时，指出设备所朝向的方向。

- 环境光传感器。检测设备周围的光源，并且为了节省电量，设备会自适应屏幕的亮度。
- 近距离传感器。iPhone 近传感器可确定设备是否靠近用户的脸（如打电话）。当 iPhone 完全靠近用户的脸时，屏幕就会关闭，当远离用户的脸时，屏幕就会打开。在 iPad 和 iPod touch 并没有这个传感器。
- 磁性传感器。iPad 的磁性传感器可以感知是否 iPad 的智能保护套被打开还是关闭，并且 iPad 的屏幕也会随着保护套的开关而开关。
- GPS 传感器。为基于地理位置和地图的应用程序提供全球卫星定位数据。
- Touch ID 传感器。同 iPhone 5s 一起发布，它作为一个指纹身份验证功能被集成在主屏按钮内。用户可以用自己的指纹来解锁设备以及在应用程序商店中购买应用程序。iOS 8 之后，应用程序开发人员可以使用 Touch ID 作为应用内安全授权。
- NFC 传感器。只有 iPhone 6 和 iPhone 6 Plus 支持，目前用于苹果公司的移动在线支付 Apple Pay。图 1.3 介绍了苹果支付和 NFC。

1.5 辅助功能

　　iOS 包含了许多的辅助功能（Accessibility）可以帮助有视觉、听觉和身体残疾的用户。VoiceOver 是一个基于手势的多语言屏幕阅读器程序。它可以帮助有视觉障碍的人与屏幕上的程序进行交互，理解这些程序是干什么的，比如，用户触摸屏幕，便可以听到关于他们触摸到的程序的描述，拖动手指还可以听到周围内容的描述。VoiceOver 也可以在键盘上使用，它可以讲出每一个被触摸到的字母或者单词。从 iOS 7 开始，地图应用程序也被集成进 VoiceOver。声音识别技术允许用户可以通过声音来控制手机的一些功能，如打电话和播放音乐。有视觉障碍的人也可以利用手机的蓝牙功能让盲文显示在手机屏幕上。

　　视力比较差的用户可以让设备显示更大的字体来增强可读性，修改黑白比例来增强对比度，或者放大屏幕到 100% ~ 500%（包括主界面和所有的应用程序）。用 3 个手指双击屏幕，向上拖动可以实现放大，向下拖动可以实现缩小。为了设置放大/缩小、对比度等其他功能，用户可以单击系统设置 > 通用 > 辅助功能。

　　对于有听觉障碍的用户，iOS 有隐藏式字幕、多媒体短信（MMS）、可视化和可振动的警告提醒、Face Time 视频通话等。对于身体残疾的用户，Assistive Touch 可以让用户用手写笔（单独销售）或者一个手指实现多点触摸手势。iOS 的个人数字助手 Siri 也提供了大量的声音输入命令。

　　为了帮助有自闭症、注意力缺陷和感觉障碍的用户，引导式访问功能允许用户对设备的应用程序进行一些限制，如禁止在屏幕的特定区域或者整个屏幕进行触摸输入、控制用户访问系统设置、关掉传感器等。可以通过系统设置 > 通用 > 辅助功能 > 引导式访问来设置这些限制。

　　辅助功能相关特性的概述见：

　　　　http://www.apple.com/accessibility/

　　辅助功能编程指南可访问：

```
https://developer.apple.com/library/ios/documentation/UserExperi-
ence/Conceptual/iPhoneAccessibility/Introduction/Introduc-
tion.html
```

1.6 iPhone 6 和 iPhone 6 Plus

在 2014 年 9 月，苹果公司发布了 iPhone 6 和屏幕更大一点的 iPhone 6 Plus，图 1.3 介绍了 iPhone 6 的关键新特性。

特 性	描 述
A8 64 - bit 芯片	这个新的芯片比它的前任提高了 25% 的处理能力，提高了 50% 的图形渲染能力
高清屏	这个新的高清显示屏比之前的更亮、更锐利。玻璃硬度增加，很难划伤或者破碎。iPhone 6 是 4.7 寸的屏幕，1334×750 的像素显示。iPhone 6 Plus 是 5.5 寸的屏幕，1920×1080 的像素高清显示，用它玩游戏比许多游戏机有更高的分辨率
内存	两种 iPhone 都提供了 3 种内存：16GB、64GB 和最新的 128GB
气压计	气压计传感器基于空气压力来确定用户的高度。对于健康和健身应用程序可以使用它来更准确地跟踪用户跑了多远，爬楼梯的数量等
摄像头	iPhone 现在拍摄的照片比其他任何相机都要多（http://www.apple.com/iphone - 6/）。iPhone 6 和 iPhone 6 Plus 新的 iSight 摄像头有 800 万像素。相机的传感器包含了像素聚焦，之前这种技术只会出现在专业相机上，它可以让拍照速度更快，提高自动对焦能力。用户可以记录每秒 60 帧的 1080P 高清视频和每秒 240 帧的 720P 慢动作视频。改进的自动影像防抖技术有助于消除运动模糊。关于新相机的更多信息，请查看 http://www.apple.com/iphone - 6/cameras/
NFC	新的 iPhone 6 和 iPhone 6 Plus 才有，它是一个短程无线连接标准，两个设备之间的通信只需要几厘米。目前，NFC 只能被苹果支付使用，还没有开放给开发人员使用
苹果支付	苹果支付是苹果公司最新的无线支付技术，它使用 NFC 和 TouchID 来确保在合作零售商那里一键支付的安全性。用户可以将已经与自己的 iTunes 账户绑定的信用卡进行关联或者提交其他信用卡进行身份验证。信用卡会被添加到用户的 Passbook 应用程序。信用卡的卡号不会被存储并且其他苹果支付的数据会被加密存储在专门的安全存储芯片上，所以即使用户的手机丢失或被盗，它也不容易被获取。当用户在合作的零售商店支付时，只需从 Passbook 应用程序中选择要使用的卡、触摸主屏按钮进行身份验证并同时将 iPhone 靠近零售商的支持 NFC 的销售终端即可。用于交易的信用卡卡号只使用一次，所以零售商绝不会看到用户的敏感信息，包括姓名、信用卡卡号和安全码。鉴于最近大型零售商的安全违规行为，这一点非常重要。苹果支付也用于在线支付，这样可以解决需要分享用户的信用卡卡号的问题。更多信息，请访问 https://www.apple.com/iphone - 6/apple - pay/

图 1.3 iPhone 6 和 iPhone 6 Plus 的关键新特性

1.7 关于 iOS 操作系统的历史和相关特性

在本节中，我们会简单介绍 iOS 各个版本的历史及其相关特性。虽然 iOS 最初设计用于 iPhone，但它也可以运行在 iPod touch、iPad、Apple TV 以及 Apple Watch 上。iOS 是一个封闭的操作系统，只能运行苹果公司的设备。谷歌的 Andriod 操作系统是开源的，第三方设备都可以使用。iOS 所使用的开源库可以在下面链接查看：

```
http://opensource.apple.com
```

1.7.1 iPhone 操作系统

2007 年 6 月，iPhone 操作系统（后来改名为 iPhone OS，也就是 iOS）和第一代 iPhone

一起发布。该操作系统包含了 iPod（内置媒体播放器）、消息（短信，原来叫文本）、日历、相机、照片、地图以及其他一些内置应用程序。

1.7.2 iPhone OS 2：引入了第三方应用程序和应用程序商店

2008 年发布了 iPhone OS 2 和 iPhone 3G，引入了第三方应用程序。利用 iPhone SDK，开发者可以为 iPhone 和 iPod touch 创建应用程序。使用系统内置的框架，开发人员可以开发一些应用程序，访问手机的核心功能，如联系人。应用程序商店就像一个集市，用户可以在那里下载免费和付费的应用程序。

1.7.3 iPhone OS 3

在 2009 年发布了 iPhone OS 3.0，包含如下新特性：
- 应用程序之间剪切、复制、粘贴文本。
- 横屏键盘。
- 可以用内置的麦克风录音。
- 通过消息，应用程序可以发送图片和视频等多媒体信息。
- Spotlight 可以查找邮件、联系人、日历、日志和音乐。
- iPhone 可以直接连接 iTunes。
- 支持 30 种语言。
- 在手机之间实现蓝牙点对点连接和数据传输。

1.7.4 iOS 4

在 2010 年，iOS 4 和 iPhone 4 同时发布。最引人注目的功能就要算多任务了，它允许某些类型的应用程序在后台运行（如播放歌曲），iOS 4 也新增了许多框架，让开发者可以在自己的应用程序中访问系统的核心功能。比如，利用 Event Kit 框架可以访问日历应用程序中的事件，Core Motion 框架能更好地获取像加速度计、陀螺仪和磁力计这些传感器所采集到的运动数据。iOS 4 还引入了 GCD，它提供了一种全新的异步编程模型，这比传统的多任务模型更加高效。如图 1.4 所示为 iOS 4 的关键特性。

特性	描述
多任务	对于某些应用程序类型（如 GPS 和音频），用户可以同时运行多个应用程序并在它们之间切换而不会丢失数据
FaceTime	利用设备的前置和后置摄像头，可以进行视频通话。从联系人应用程序中选择一个联系人并单击 FaceTime 按钮，或者如果用户已经在打电话，单击 FaceTime 按钮可以切换到视频电话。如果有邀请加入视频通话，会出现在用户的联系人信息上。如果接受邀请，会立即开始视频通话
iAd	移动广告平台可以帮助用户在应用程序内放置应用内的横幅广告而获利。许多应用内广告单击时将在网页浏览器中打开广告客户的网站，将用户带离自己的应用。iAd 会在用户的应用程序内打开一个全屏的视频和可互动的广告内容，当用户看完广告后，可以关闭广告，然后继续使用应用程序。苹果公司会处理所有广告销售并投递给用户的设备。在应用程序中添加了 iAd 服务的开发者会获得 iAd 收入的 70%。在撰写文本时，iAd 可用在法国、德国、意大利、日本、西班牙、美国和英国使用。在第 9 章我们会讨论关于 iAd 的更多细节

图 1.4　iOS 4 的关键特性

第1章 介绍 iOS 8 应用程序开发和 Swift

特　　性	描　　述
苹果公司的推送通知	即使应用程序没有运行,也允许它们接收通知。服务可以被以下场景使用,比如当有新版本可提供下载时通知用户或者向用户发送新闻和消息
高动态范围照片	允许用户获取最佳曝光的照片。为了创建一个高动态范围照片,连续并快速地以高、普通、低3个值曝光3张照片。这3张照片会根据一个算法合并为一张图片。最终的高动态范围照片和原来的照片都会被保存
游戏中心	游戏中心的 API 允许用户创建社交、多人游戏。用户可以和朋友或者世界范围内的其他对手一起玩游戏,追踪他们的分数和其他玩家比较成绩
iTunes 电视节目租赁	以每集 0.99 美元租金租赁电视节目
Folders	通过拖动一个应用程序图标到另外一个图标,可以将应用程序以文件夹形式进行管理
改进的邮箱	在一个收件箱中可以接收多个账户的邮件,组织信息、检查拼写、搜索用户的消息等
iBooks	从 iBooks 商店下载电子书到 iPhone、iPad 或者 iPod touch 进行阅读
创建播放列表	直接在设备上创建自定义音乐播放列表
拼写检查	在邮件、备注、消息等应用中添加了新的拼写检查功能
无线键盘	将用户的设备和无线蓝牙键盘匹配

图 1.4　iOS 4 的关键特性（续）

1.7.5　iOS 5

iOS 5 带来了超过 1000 个新的 API 和一些工具（见图 1.5），细节请访问链接：

```
https://developer.apple.com/library/ios/releasenotes/General/
iOS50APIDiff/
```

特　　性	描　　述
iCloud	iCloud 允许用户存储数据,如音乐、照片和视频、文档和电子邮件("在云中"),然后将数据推送到所有的 iOS 设备。iCloud 存储 API 允许用户创建可以写入和存储用户数据到云中的应用程序。用户可以从他们任意的 iOS 和 Mac 设备访问和修改那些数据,不需要传送文件或者同步设备
游戏中心	用户可以给自己的游戏中心的个人简介添加图片并追踪自己的总分数。用户可以和自己认识的人或者根据自己所玩游戏的相关玩家来比赛
通知中心	将文本、电子邮件、语音邮件、好友请求、股票价格、天气和其他通知放在一个地方。要访问设备的通知中心,只需要从屏幕顶端向下滑动
提醒应用	通过用户的 iCloud 账户,创建的待办事项列表会自动和日历、邮件应用同步。当用户进入或离开一个指定位置时,基于地理位置的警告会提醒用户完成列表中的一个项目
报刊应用	将用户的报纸和杂志应用放到一个文件夹中。当有新的订阅发布时,它们会自动加载到报摊应用。Newsstand Kit 和 Store Kit 框架允许用户创建一些应用程序,它们可以推送（如自动发送）杂志和报纸内容到用户设备的应用程序
相机	在锁屏状态下快速访问照相机应用,按下增大按钮便可完成拍照。用户可以通过自己的 iCloud 账户使用照片流服务自动下载照片到用户的其他 iOS 设备
集成 Twitter	用户可以直接从相机、照片、YouTube、Safari 或地图分享到 Twitter,并且可以将朋友的 Twitter 用户名存储在联系人中。iOS 的 Twitter API 允许用户将 Twitter 集成到自己的应用程序中
Safari 浏览器	改进了浏览器的性能并添加了一些新的功能,如 iPad 上多标签浏览和阅读列表（在任何已经连接到 iCloud 的用户的 iOS 设备中,用户可以将网页保存稍后阅读）
PC Free	通过 WiFi 无线激活和升级 iOS 设备,不需要直接连接到一台计算机
空中打印	对于支持空中打印的打印机,可以从 iOS 设备上的应用程序中完成无线打印
辅助功能	一些新特性包括一个 LED 闪光灯和自定义振动设置,这样用户可以看到或感觉到来电,支持蓝牙盲文显示、声音警报,读出高亮选择文本等

图 1.5　iOS 5 的关键特性

特 性	描 述
邮件	新的格式化功能包括斜体、粗体、下画线和文本缩进。用户还可以标记信息、添加和删除文件夹、搜索消息的内容等。对 iCloud 用户提供免费的电子邮件账号和 iOS 设备同步
Siri 语音助手	第一次是在 iPhone 4s 上使用,Siri 私人助理允许用户通过自己的声音在设备上执行大量的任务。用户可以让 Siri 帮助打电话,口述并发送短信和电子邮件消息,在用户的日历上安排行程和约会,进行网络搜索,在地图上查找一个位置,检查天气等

图 1.5 iOS 5 的关键特性(续)

1.7.6 iOS 6

在 2012 年的全球开发者大会上,苹果公司发布了 iOS 6,包括大约 200 个新特性,如图 1.6所示为针对开发者总结了一些关键更新和增强功能。

特 性	描 述
游戏中心和 Game Kit 框架	一些更新和新特性: • 挑战,允许用户邀请他的朋友挑战一个成就(玩家达成目标)或者一个分数 • 同时提交多个成就 • 支持玩家名称显示 • 成就、排行榜和好友请求的用户界面现在包含在游戏中心用户界面的同一个选项卡中 • 检测哪个玩家有最好的连接状态 • 增加本地玩家授权控制 • 玩家超时支持。用户创建一个玩家列表,当一个玩家超时,就轮到列表中的下一个玩家 • 改进匹配支持,允许用户以编程方式将玩家进行匹配,玩家可以发送和接收匹配的邀请
社交框架	取代了 iOS 5 的 Twitter 框架。社交框架允许用户创建的应用程序可以访问用户的社交媒体账户,主要包括 Facebook、Twitter 和新浪微博(中国最流行的社交媒体网站),通过它们可以发布状态更新和图片。这在第 4 章的 Twitter 搜索应用程序会使用到
地图	增强了地图应用和 Map Kit 框架,包括在用户的应用程序内调用地图应用显示方向和兴趣点,注册提供方向的应用程序是路由应用程序(包括地图),它允许其他应用程序来使用方向,新接口允许应用程序不需要提供路径信息就可以根据方向和兴趣点查询地图
Pass Kit	Passes 用于替代各种票据(如音乐会门票、登机牌)、会员卡、优惠券等,它们通常都需要打印并需要实体兑换和使用(非在线)。Passes 包括用户的信息(如事件的细节、优惠券的描述等),如果有必要,需要条形码或其他数据来兑换。用户通过 Passbook 应用来管理它们。用户的网页服务会创建并通过自己的应用程序、电子邮件或者 Safari 投递给用户
应用内购买	应用内购买的内容是存储在苹果公司的服务器而不是自己托管的。同时,用户也可以在自己的应用程序内购买 iTunes 的内容(如其他应用程序、音乐和书籍)
iAd	专门为 iPad 应用程序而设计的大尺寸横幅
提醒	应用程序可以创建和访问提醒,它们会出现在提醒应用中。这些提醒可以通过时间或者一个位置进行触发
Collection 视图	自定义用户数据的布局,包括动画内容,轻松地创建和管理单元格和视图,批量插入/移动/删除项。设置布局用户界面元素规则
自动布局	布局用户界面元素的指南
状态保持	应用程序可以保存和恢复最近一次使用的用户界面

图 1.6 针对开发者 iOS 6 的一些重要特性

对于用户来说,iOS 6 也包含了许多新的特性。如图 1.7 所示为一些关键用户特性。

特 性	描 述
Facebook 集成	集成了 Facebook 允许用户执行一些任务,如通过通知中心发布更新,在联系人中查看朋友详细信息,在日历中添加事件和从照片应用程序或者相机上传照片,游戏中心的游戏分数和地图中的地理位置

图 1.7 iOS 6 的一些重要特性

特　性	描　述
Siri	Siri 添加的特性包括： 赛事分数、平均击球数、球员统计和团队排名 烂番茄电影网（电影信息），Yelp！（企业名录和评论）和 OpenTable（餐厅预订） 运行应用程序 在 Twitter 上发布推文和更新 Facebook 上的状态 逐向道路导航 汽车集成了 EyesFree 功能，司机便可以向 Siri 询问方向、改变电台等。计划支持这个的汽车制造商包括奥迪、宝马、通用、奔驰、丰田
FaceTime	FaceTime 现在支持移动网络，可以在 iPhone、iPad 和 Mac 设备之间进行视频通话。和 iMessage 相似
Passbook	统一在一个地方存储用户的机票、登机牌、优惠券和会员卡。Passbook 的基于时间和地理位置的服务会在需要时显示它们，条形码可以直接被 iOS 设备扫描。例如，当用户访问相关的业务时，对应的优惠券、会员卡和礼券就会显示，当用户到达机场时登机牌就会显示
地图	新的地图包含的一些特性： 逐向道路导航、实时交通更新和估算到达时间（ETA）。 Siri 可以访问地图，帮助用户追寻位置和方向。 用户可以旋转和倾斜 iOS 设备来改变地图视图。 提供城市地区的高清鸟瞰图。 本地搜索业务列表
照片分享	用户可以从照片应用程序发送照片给使用 iCloud 的朋友们。共享的照片会出现在朋友的 iOS 设备上的照片应用或者在他们 Mac 上的 iPhoto 应用。朋友还可以在网络和苹果电视上查看共享图片。用户和他们的朋友可以给照片添加评论
电话	新的"请勿打扰"的设置允许用户屏蔽所有来电或者只允许某些来电获得通过。用户可以通过短信或者设置回电提醒来快速应答来电

图 1.7　iOS 6 的一些重要特性（续）

1.7.7　iOS 7

iOS 7 在 2013 年 9 月发布，它重新设计了用户界面，并提供了许多新功能，使开发者可以更容易地创建游戏，比如一个新的动画系统，改进的多任务系统等（见图 1.8）。

特　性	描　述
Sprite Kit 框架	一个硬件加速动画系统，它可以让用户更容易地创建游戏。包括物理模拟引擎、图形和动画支持以及声音回放
Game Controller 框架	使用户的应用程序可以使用游戏控制器——直接通过物理上或者蓝牙连接到 iPhone 或者 iPad 的硬件设备
游戏中心	iOS 7 对游戏中心进行了一些改进，包括增加每一个应用程序排行榜的数量，玩家交流（让玩家在多人游戏中保持活跃，即使没有轮到他们）和满足挑战的条件
地图	主要的改进包括 3D 地图和浮层支持，可以从苹果公司请求位置方向等
AirDrop	允许用户和周围的设备之间共享文档、照片等
Inter – App Audio	在多个应用程序之间共享同一设备上的音频文件
Multipeer Connectivity 框架	通过蓝牙、无线 WiFi 网络或者点对点 WiFi 来连接附近的设备
Media Accessibility 框架	在用户的应用程序的媒体文件中管理内建字幕的内容
增强的 Store Kit 框架	现在可以在用户的设备上验证应用内购买
增强的 Message UI 框架	允许用户通过消息应用发送文件
CarPlay	在 iOS 7.1 系统中添加，CarPlay 可以帮助用户打电话、导航、听和口述短信以及在用户的车上播放 iPhone 里面的音乐。只需要将用户的 iPhone 插入汽车内置的控制器（如汽车的触摸屏或按钮）或者使用 Siri 进行语音控制

图 1.8　iOS 7 的关键特性

1.8 iOS 8

2014年6月,苹果公司在全球开发者大会上宣布了iOS 8,并在同年9月发布了正式版。兼容iPhone 4s及其以上版本。它包含了许多新的API,比如更容易开发3D游戏、更复杂的用户界面绘制、一套新的动画系统、改进的多任务系统等(见图1.9)。新增的连续特性允许用户在一个iOS设备上开始任务,在另一个iOS设备完成。用户可以利用iPhone做载体,在iPad和Mac(OS X 10.10或者更高版本)收发短信、接打电话,只要它们都在同一个WiFi网络。未来,除了iPhone、iPod touch、iPad和Apple Watch,Apple TV也有可能运行iOS App。现在用户就应该着手设计根据设备的屏幕大小和方向做自适应用户界面了。iOS 8的模拟器已经包含可变大小的iPhone和iPad "设备",它可以帮助开发者测试适配不同屏幕尺寸的设备。更多信息请访问:

https://developer.apple.com/library/ios/releasenotes/General/WhatsNewIniOS/Articles/iOS8.html

特性	描述
App extensions	在用户的应用程序和其他应用程序之间可以自定义一些功能和内容。例如,在应用程序之间共享内容,编辑照片和视频,在另一个应用程序查看并修改内容(如添加日历条目),执行通知中心的今日视图中的任务,通过其他应用存储文档并分享它们,创建可以被系统使用的自定义键盘
Document Picker	允许用户在多个应用程序之间共享、查看和编辑文档
Cloud Kit	可以在用户的应用程序和iCloud之间共享数据,即使没有一个iCloud账户。数据是被存储在一个与用户应用程序相关联的一个数据仓库中。用户可以使用云工具控制面板来监视和管理用户的数据
Handoff	创建应用程序允许用户在一个iOS设备上启动一个活动,然后继续这个活动在另外一个设备(设备必须使用相同的苹果公司ID)中。例如,用户使用iPad开始玩游戏,然后可以继续在iPhone和Mac上接着玩。关于连续性特性的更多信息,请访问 https://www.apple.com/ios/ios8/continuity/
Health Kit 框架	创建一些应用程序,它们可以追踪用户的健康信息并通过连接的设备进行分享,比如健身追踪器、血压监视器等。用户可以控制自己的应用什么信息可以分享。所有信息都安全地存储在一个中央位置,从而允许新的健康应用来访问用户所有的健康信息
Home Kit 框架	创建应用程序和连接到家庭的设备进行通信(如安全系统、恒温器、电器、照明设备、加热、冷却等)
Photos 框架	包括新的应用程序接口用于检索、显示和编辑照片以及视频、视频回放,用iCloud共享相册等
PhotosUI 框架	帮助用户创建扩展照片应用程序
Touch ID Authentication(本地身份验证框架)	用Touch ID指纹进行身份验证可以提高应用程序身份验证的安全性,而不是输入用户名和密码
SceneKit	更容易地创建3D游戏和用户界面。它包括一个3D物理引擎,允许用户检测碰撞、模拟重力等
SpriteKit	包括创建高级的游戏特效,像素级别的碰撞检测(碰撞检测是基于对象的实际形状,而不是矩形边界框)、SceneKit集成、新动画、新的物理特效等
统一的storyboard	为通用应用程序创建一个storyboard,而不是单独为iPhone和iPad创建。这可以让用户只设计一个用户界面,然后为特定的屏幕尺寸和方向进行自定义

图1.9 iOS 8的一些关键特性

1.9 Apple Watch

2014年9月，苹果公司宣布将在2015年年初发布Apple Watch。Apple Watch利用蓝牙和iPhone 5及其以上的设备配对，它们的操作系统版本都必须是iOS 8以上。Apple Watch不仅可以提供误差在50ms内的精准时间，还可以让用户直接对着手腕接打电话、追踪用户的健康、查看地图、接收通知、利用最新的Apple Pay完成支付、查看天气等。苹果公司的CEO蒂姆库克宣称"苹果手表是苹果公司有史以来设计的最人性化的设备"。

Apple Watch有一块弯曲的高清显示屏，它不仅可以感知触摸和按压，也可以区分点击和按压的不同。用户可以滑动主屏幕找到需要的应用，然后轻轻一点启动它。手表右侧的表盘有一个旋钮，旋转它可以完成缩放、上下滑动等操作。当然用户也可以按旋钮回到主屏幕和连接Siri（苹果公司的智能语音助手）。从屏幕底部向上滑动可以浏览用户自定义的桌面，如天气、音乐、股票等。

当收到一个通知（如电邮和短信）时，手表就会轻震，这时用户只需轻抬手腕就可以阅读屏幕上的信息。地图应用将定位用户当前的位置，通过滑动或者缩放可以查看用户所处区域更多的信息。当用户使用和方向有关的应用时，手表会通过轻微的震动来告诉用户左拐还是右拐，因为手表有不同方向的传感器，所以用户根本不用看地图。

轻按旋钮下边的按键将显示用户的联系人名单，用户可以给某位朋友拨打电话、发送短信，当然也可以发送响指或者心率给朋友。

WatchKit框架可以把iOS 8上的苹果手机应用扩展到用户的Apple Watch上。例如，用户可以给手表发通知，用手表收集用户的健康信息（如脉搏、长跑距离）等。如图1.10所示为已经为Apple Watch设计的一些应用程序。

例 子	描 述
America Airlines	获取登机牌
W Hotels（part of Starwood）	只需要在酒店门上的锁前面挥舞用户的苹果手表，就可以打开酒店房间的门并入住酒店
BMW	查看用户的电动汽车的消费水平和查找停车位
MLB	查询美国职业棒球大联盟的分数
Honeywell thermostats	检查和调整用户家里面的远程恒温器
Fitness app	监控一天所有的健身活动
Workout app	设置特定的练习目标（如跑步、骑自行车等）并追踪进度
Apple TV	控制用户的Apple TV设备

图1.10 Apple Watch的一些应用程序

1.10 应用商店

直到本书写作时，苹果公司的应用商店已经有超过130万个应用程序，超过750亿次下载量。iOS应用程序开发者机会是巨大的，图1.11以分类的方式列出了一些流行的应用程序。打开应用程序商店，看看苹果公司一些有特色的应用程序，这可能会给用户带来一些灵感。开发者将他们的应用程序放到应用程序商店进行销售，70%的收入归开发者所有。许多应用程序开发人员提供免费版本的应用程序让用户试用。之后如果用户喜欢，他们可以购买有更多丰富功能的版本或者虚拟商品。精简版策略和增值服务商业模式将会在 9.5 节详细介绍。

种类	示例应用程序
Books	iBooks®, Kindle, Audio Books from Audible, Goodreads, NOOK
Business	TurboScan, Adobe Reader, Job Search, HotSchedules, SayHi Translate
Catalogs	Emoji, Pokedex Pro Elite, My Movies for iPhone Pro, cPRO
Education	Duolingo, Quizlet, Stack the States™, iTunes U, Fit Brains Trainer
Entertainment	iTube Pro, Netflix, Disney Movies Anywhere, Podcasts, WeFollow
Finance	My Weekly Budget, MileBug, Bank of America, PayPal™, Mint
Food & Drink	Starbucks, GrubHub, OpenTable, Craft Check, Clean and Green Eating
Games	Angry Birds, Cooking Academy, Fruit Ninja, Jaws™, Skee-Ball
Health & Fitness	Sleep Cycle, Fitbit, Lose It!, Weight Watchers Mobile, Fitness Buddy
Kids	Tiny Firefighters, Endless Reader, PlayKids, Toca Pet Doctor
Lifestyle	Lockster, Tinder, eBay, Amazon, CARFAX, Cupid Dating
Medical	Baby Connect, Doctor on Demand, SnoreLab, Epocrates, Pregnancy+
Music	Spotify, Shazam, Pandora Radio, Slacker Radio, Beats Music, Rdio
Navigation	Google Maps, Waze, MapQuest®, Trailhead, MotionX™ GPS Drive
News	CNN, NYTimes, USA Today, WSJ, Flipboard, The Blaze, Yahoo!®
Newsstand	Time Magazine, Forbes Magazine, Women's Health Mag
Photo & Video	Instagram, Camera+, Snapchat, YouTube, iMovie, PicPlayPost
Productivity	Gmail, Dropbox, Evernote, Keynote, Pages, Zippy, Lookup+
Reference	Google® Translate, Dictionary.com, Ancestry, WolframAlpha
Social Networking	Facebook®, Pinterest, Twitter, Skype™, LinkedIn®, WhatsApp Messenger
Sports	ESPN® ScoreCenter, NFL Live Football, Bike Repair, MLB.com At Bat
Travel	Uber, TripIt, Google Earth, Yelp®, Gas Buddy, Kayak, Hotels.com
Utilities	Globo, Scan, Chrome, Text Free with Pinger, Hushed, RedLaser
Weather	The Weather Channel®, WeatherBug®, Smoggy Air Quality

图 1.11　受欢迎的 iPhone 和 iPad 的应用程序商店

1.11　Objective – C

1970 年丹尼斯·利奇在贝尔实验室发明了 C 语言。它变得如此有名，是因为 UNIX 操作系统是用它开发的。在 20 世纪 80 年代早期，布拉德·考克斯和汤姆·洛夫在其公司 Step-Stone 发明了 Objective – C，它在 C 语言的基础上增加了面向对象功能。在 1988 年，NeXT 公司从 StepStone 公司获得了 Objective – C 的授权，开发了一个 Objective – C 编译器和相关库，它们被用来开发 NeXTSTEP 操作系统的用户界面。NeXT 公司开发了 Interface Builder 工具，开发者可以通过拖动的方式来创建图形化的用户界面。在 1997 年，苹果公司收购了 NeXT 公司，之后由于 iPhone 和 iPad 应用程序必须使用 Objective – C 来开发，它就变得非常受欢迎了。

1.12 Swift：苹果公司未来的编程语言

2014 年苹果公司开发者大会最重要的发布内容应该要算 Swift 编程语言了。苹果公司开发者工具团队从 2010 年开始就已经在开发 Swift 了。包括苹果公司内部人士在内，只有少数人知道这个项目。虽然应用程序仍然可以用 Objective－C 开发，但苹果公司声称 Swift 将会是未来 OS X 和 iOS 主要的编程语言。本书中所有的应用程序都使用 Swift。

1.12.1 关键特性

Swift 是一门先进的语言，它的语法比 Objective－C 更简洁。图 1.12 列出了 Swift 的一些关键特性。

Swift 特性	描述
类型推导	虽然 Swift 是一种强类型的语言，在大多数情况下，用户不需要指定一个变量或常量的类型，Swift 可以根据变量或常量的初始值推导出它的类型
改进的 switch 语句	与其他基于 C 语言的 switch 语句不同，Swift 的 switch 语句可以测试任何类型的值。它的判断语句比其他语言更加灵活，每一个条件可以有单独的值、一系列的值或者某一个范围的值。用户还可以指定必须为真的布尔条件来进行匹配
闭包	Swift 通过闭包支持函数式编程（匿名函数，一些语言称之为 lambda 调用）。闭包可以像数据一样进行操作，它们可以被赋值给变量，作为参数传递给函数和作为函数返回值。Swift 标准库的几个全局函数支持闭包作为其参数，比如有一个版本的 sort 函数，接受一个闭包用于比较两个对象从而确定它们的排序顺序
元组	Swift 提供元组，集合的值类型可以是相同的，也可以是不同的。语言提供创建和分解元组的语法
可选值	可选值让用户可以定义可能没有一个值的变量和常量。语言提供一种机制可以检测是否一个可选值有一个值，如果有值，则获取该值。可选值适用于任意的 Swift 类型，而相应的概念在 Objective－C 中是指针，它指向一个对象或者为 nil，但它只适用于引用类型
字典类型	Swift 的字典类型提供键－值对的方式来操作数据
数组，字符串和字典值类型	Swift 的数组、字符串和字典都是值类型（不是引用类型），它们都使用 structs 来实现。当用户将它们赋值给变量、常量、传递给函数或者从函数返回时，值类型的对象都是被复制的。Swift 的编译器优化了值类型的复制操作，只有在必要时才会真正复制
数组边界检查	如果用户访问的元素超过了数组的边界就会发生运行时错误
结构体和枚举值类型	Swift 的 struct 和 enum 类型有许多类的特性，让它们比起它们的 Objective－C 的伙伴更具健壮性。 struct 和 enum 类型的对象是值类型
有多个返回值的函数（元组）	函数可以以元组的形式返回多个不同类型的值
泛型	相比于针对不同类型需要写不同的代码来执行一些特定的任务（如对整型数组求和浮点数数组求和）来说，泛型让用户只用写一次代码，用占位符来表示操作数据的类型。编译器会用实际类型替换到占位符。在一个泛型函数调用中，编译器根据调用函数代码中的参数来确定实际的类型。对于泛型类型，当声明一个泛型类型的对象时，编译器最终会使用用户定义的实际类型。Swift 的数组和字典类型就是泛型，许多的全局函数也是泛型函数。当用户使用泛型函数和类型时，编译时的类型检查会确保用户用的函数和类型是正确的。比如，用户创建了一个整形数组，然后试图将字符串放入该数组会发生编译错误
操作符重载	用户可以定义一些函数来重载现有的操作符从而实现一种新的类型，也可以定义全新的操作符，C#或 C++ 就不行
整数计算时溢出检查	默认情况下，所有整数计算都会进行算术溢出检查，如果发生溢出，会导致运行时错误

图 1.12　Swift 拥有而 Objective－C 没有的一些关键特性

Swift 特性	描述
字符串插值	通过直接在字符串字面量中插入变量、常量和表达式值作为占位符从而创建字符串
嵌套类型	用户可以在其他类型的定义中嵌套定义类型，这通常用于定义枚举或者工具类和隐藏于另一种类型范围的结构体
嵌套函数	用户可以在其他函数的定义中嵌套函数定义，这种嵌套函数在它的闭包函数范围内是可调用的，并且可以从那个函数返回用于其他调用

图 1.12 Swift 拥有而 Objective – C 没有的一些关键特性（续）

1.12.2 性能

在如今的多核系统中，Swift 比 Objective – C 有着更好的性能。在 2014 年苹果公司开发者大会的主题演讲中，苹果公司声称 Swift 代码执行效率比 Objective – C 快 1.5 倍。虽然数组、字符串和字典都是值类型，在传递和赋值时，它们都被复制，Swift 编译器对这种值类型的复制操作进行了性能上的优化。

1.12.3 避免错误

Swift 消除了许多常见的编程错误，让代码变得更稳定和安全（见图 1.13）。像一个赋值操作并不返回值这类的操作，并没有加入 Objective – C 的原因是，那样做并不能向后兼容。

Swift 的一些特性可以避免编程中的一些常见错误

- 每个控制语句的代码都需要被花括号（{}）括起来。这有助于确保用户不会不小心忘记多行语句体的括号。
- 不像 Objective – C、C 和 C++，Swift 没有指针。
- 赋值运算符（=）不会返回一个值。在条件判断中使用 if = 而不是等于运算符（==）会出现编译错误，这样可以防止当用户打算使用等于运算符（==）时却输入了一个 = 的错误。
- 分号是可选的，除非用户需要将多个语句放在同一行。
- 括号在条件控制语句是可选的，使用它可以使代码更容易阅读。
- 变量和常量在使用之前必须初始化，初始化要么是在它们定义时，要么通过初始化方法。
- 默认情况下，在做整数计算时会做溢出检查，如果计算结果溢出则会发生运行时错误。
- Swift 不允许数字类型之间的隐式转换。
- 数组索引（下标）在执行时间时会做边界检查，如果用户访问一个元素超过了数组的边界，会发生运行时错误。
- 自动内存管理消除了大多数的内存泄漏问题，但仍然有可能会发生不再被使用的对象不能被运行时回收。Swift 也有弱引用，对于循环引用的情况可以避免这些对象不会被回收。

图 1.13 一些 Swift 的特性可以消除编程中的一些常见错误

1.12.4 Swift 标准库

Swift 标准库包含了许多 Swift 的内置类型（字符串、数组、字典和各种整数和浮点数类型）、协议（可相等、可比较、可打印）和全局函数（如打印和排序）。当我们在使用它们时，会逐一详细讲解。关于这些类型、协议和全局函数的更多细节，请查看 Swift 标准库文档：

https://developer.apple.com/library/ios/documentation/General/Reference/SwiftStandardLibraryReference

1.12.5 Swift 应用程序和 Cocoa 框架以及 Cocoa Touch 框架

和 Objective-C 一样，Swift 也可以使用 OS X 的 Cocoa 框架和 iOS 的 Cocoa Touch 框架。这些强大的库和内置的组件，可以帮助用户创建能满足苹果公司要求的 iOS 和 OS X 应用程序。这些框架主要是用 Objective-C 开发的（有些是用 C 语言）；苹果公司表示新框架将会使用 Swift 来开发。更多细节可以查看 1.14 节。

1.12.6 Swift 和 Objective-C 的相互调用

用户可以在同一个应用程序中混合 Swift 和 Objective-C 代码，所以用户可以使用 Swift 代码代替现有应用程序的部分功能，而无须重写所有的 Objective-C 代码。大部分的 Cocoa Touch API 仍然是用 Objective-C 开发的，正如我们在这本书中的例子所做的那样，用 Swift 创建的应用程序还是要与 Objective-C 互相调用的。

事实上，用户经常会将一个 Swift 对象传递给一个用 Objective-C 编写的类的方法。Swift 的数值类型和它的 String、Array 和 Dictionary 类型都可以用于等同的 Objective-C 的上下文环境。同样，当需要返回到 Swift 代码时，Objective-C（NSString、NSMutableString、NSArray、NSMutableArray、NSDictionary 和 NSMutableDictionary）也会被当作 Swift 对象对待，这种机制称为桥接，这对开发者是透明的。

苹果公司官方出版的 *Using Swift with Cocoa and Objective-C* 可以在下面链接中下载：

https://developer.apple.com/library/ios/documentation/Swift/Conceptual/BuildingCocoaApps

并且在 iBooks 商店还有相关讨论：
- 使用 Cocoa 或者 Cocoa Touch 框架，建立一个 Swift 工程。
- Swift 和 Objective-C 相互调用——比如 Swift 调用 Objective-C 的 API，利用 Objective-C 创建 Swift 类等。
- 工程中既有 Swift 文件，也有 Objective-C 文件。
- 从传统的 Objective-C 迁移到 Swift 的一些提示。

1.12.7 其他苹果公司的 Swift 资源

除了 1.12.4 节至 1.12.6 节提到的一些文档，苹果公司还提供了其他一些资源帮助我们学习 Swift。
- 官方的 Swift 博客地址：

https://developer.apple.com/swift/blog/

- WWDC 2014 中关于 Swift demo 的一些示例代码：

https://developer.apple.com/wwdc/resources/sample-code/

- 苹果公司发布的 Swift 编程语言（The Swift Programming Language）主要包括 Swift 概述、语言指南（更深入地讲解 Swift 的关键特性）和语法参考（包括了 Swift 语法和每一个细节）。本书在 iBook 商店可供使用：

https://developer.apple.com/library/ios/documentation/Swift/Conceptual/Swift_Programming_Language/

- WWDC 2014 视频下载地址：

https://developer.apple.com/videos/wwdc/2014/

1.13 能够只使用 Swift 吗

本书面向的读者：
- 正在用 Swift 开发新的 iOS 应用程序的 Objective-C 程序员。
- 用 Swift 优化现有 iOS 应用程序的 Objective-C 程序员。
- 刚开始开发 iOS 应用程序，熟悉 Java、C++和 C#的程序员，他们想利用 Swift 来开发应用程序。

他们的最大问题可能就是："我能只用 Swift 开发 iOS 应用程序吗？"让我们把这个问题留给读者自己去思考吧。

1.13.1 Objective-C 程序员利用 Swift 开发新 App

苹果公司鼓励 Objective-C 程序员利用 Swift 来开发新的 App。整个 App 其实都可以使用 Swift 来编写，当然也可以使用 Cocoa Touch 框架（基本上都是用 Objective-C 编写的）。

1.13.2 Objective-C 程序员使用 Swift 增强现有 App 功能

苹果公司鼓励 Objective-C 程序员使用 Swift 来增强现有的 iOS 应用程序。即使用户新的代码只使用 Swift，它们仍然可以与现有应用程序的 Objective-C 代码和 Cocoa Touch 框架进行交互。如果不想将现有的应用程序转换为 Swift，用户可以通过重用的方式保留用户的调试，测试以及性能调优的 Objective-C 代码。关于 Swift 和 Objective-C 的相互调用的问题一定要阅读苹果公司的官方文档 Using Swift with Cocoa and Objective-C（在 1.12.6 节中讨论）。

1.13.3 刚开始开发 iOS 应用程序的 Java、C++和 C#程序员

苹果公司鼓励那些不知道 Objective-C 但是熟悉 Java、C++和 C#的程序员，利用 Swift 去开发新的 iOS 应用程序。苹果公司相信 Swift 可以大大降低开发 iOS 应用程序的门槛。Swift 和其他流行的编程语言的相似性，使得学习 Swift 比 Objective-C 更容易。有时用户可能仍然需要使用 Objective-C 编写的 Cocoa Touch 框架，但苹果公司对这些现有的框架也提供了 Swift 接口。

1.13.4 快速发展的愿景

因为 Swift 非常新，所以发展得非常快速。苹果公司已经开始让 Swift 二进制兼容未来的 Swift 版本和 Objective-C。然而，未来的 Swift 版本在源代码上可能不会兼容旧版本。苹果公司计划提供代码转换器，帮助程序员将现有的 Swift 源代码进行更新，以支持新的语言

特性。

1.13.5 混合 Swift 和 Objective-C 代码

我们相信大多数现有的 iOS 应用程序开发人员将混合使用 Swift 和 Objective-C 代码，而不是将所有的遗留代码都转换为 Swift。在本书中，我们所有的应用程序代码都是用 Swift，在必要的时候，也会使用 Cocoa Touch 框架。

1.14 Cocoa Touch 框架

Cocoa 框架诞生于乔布斯创建的 NeXT 公司的项目。OpenStep 已经开发了一个面向对象编程 API 来构建一个操作系统。在苹果公司收购了 NeXT 公司后，OpenStep 被合并到 Rhapsody 项目，同时许多的基本库就变成了黄箱（Yellow Box）API。Rhapsody 和黄箱 API 都被加入到了 Mac OS X 操作系统和 Cocoa 框架。Cocoa 针对 iOS 产生了一个分支——Cocoa Touch，由于资源的限制（和桌面计算机相比，移动设备有更小的内存、更慢的处理器和有限的电量），所以它相比桌面计算机提供了比较少的功能。在开发 OS X 和 iOS 程序时，用到的 3 个核心框架就是 Foundation、AppKit 和 UIKit 框架，接下来我们将逐一介绍。

Foundation 框架

Foundation 框架存在于 Cocoa 和 Cocoa Touch 框架，其中的 NSObject 定义了对象的行为，Foundation 框架也包含很多其他的类，比如基本数据类型、对数据进行排序、操作文本和字符串、访问文件系统、计算时间和日期、应用程序之间的通知等。

AppKit 框架

Cocoa 的 AppKit 框架主要用于开发 OS X 应用程序的用户界面。AppKit 提供控件（如窗口、菜单、按钮、面板、输入框、对话框）、事件处理、手势支持等。它也支持服务（如电子邮件）之间的内容分享、iCloud 集成、打印、辅助功能（用于身体有残疾的用户）、消息推送、图像处理等。

UIKit 框架

Cocoa Touch 的 UIKit 框架和 AppKit 比较相似，但前者针对移动设备的用户界面开发做了优化。UIKit 还针对移动应用程序的多点触摸、动态事件的事件处理、传感器（如距离、移动、加速计、背景光、陀螺仪）事件处理等提供了接口。

其他 Cocoa Touch 框架

Cocoa Touch 框架允许用户方便地访问 iOS 各个功能，并将其融入自己的应用程序。它也可以帮助用户创建有独特用户体验的 iOS 应用程序。图 1.14 至图 1.17 对 Cocoa Touch 框架做了一个简单的描述。想了解更多其他的框架，请访问 iOS 开发者库的框架章节：

http://developer.apple.com/library/ios/navigation/index.html#section=Frameworks

框架	描述
AddressBookUI	从用户的地址簿显示联系人信息
EventKitUI	在用户的应用程序中显示、编辑和创建日程表事件
GameKit	声音、蓝牙网络和其他功能，可用于游戏或其他应用程序
MapKit	添加地图和卫星图像到基于地理位置的应用程序中。在地图上进行标注，用浮层在地图上标记一个区域等
MessageUI	在应用程序中创建电子邮件消息。在应用程序中创建和发送短信
NotificationCenter	在通知中心显示来自于用户的应用程序的信息并允许用户为自己的应用程序执行一些简单任务（如响应消息）
PhotosUI	iOS 的照片和视频编辑功能整合到自己的应用程序中
Twitter	添加 Twitter 功能到任何应用程序
UIKit	创建和管理用户界面的相关类，包括事件处理、绘图、窗口、视图和多点触摸控件。从第 2 章的欢迎应用程序到之后的整本书我们都会讲到
iAd	在应用程序中放置全屏广告或横幅广告的广告框架

图 1.14　用于创建图形和基于事件的应用程序的 Cocoa Touch 层框架

框架	描述
AVFoundation	用于音频录制和回放的接口（类似于 Audio Toolbox）。包括媒体资源管理和编辑、视频的捕捉和回放、轨迹管理、媒体元数据管理、立体声平移、声音同步和一个 Objective-C 接口，用于检测音频文件的格式、采样率和通道数量。还包括一些类，它们用于播放一系列的媒体对象、读取媒体文件的样本和将样本写到一个数据文件中。在第 6 章的大炮游戏应用程序将使用
AssetsLibrary	访问用户的媒体库框架，包括上传到设备的照片和视频以及存储在用户的照片应用程序中的照片和视频。它也允许应用程序保存新照片和视频到用户的相册中
AudioToolbox	用于音频录制、音频流的回放和警报的接口
AudioUnit	提供 iPhone OS 的音频处理插件接口
CoreAudio	给其他的 Core Audio 接口提供数据类型声明和常量的框架
CoreGraphics	绘图应用程序接口、渲染图像、颜色管理、渐变、坐标空间转换和处理 PDF 文档。在第 6 章的大炮游戏应用程序将使用
CoreMidi	使应用程序能够与 MIDI（乐器数字接口）设备进行交互，比如合成器
CoreText	用于文本布局和字体处理的应用程序接口
CoreVideo	基于 C 的应用程序接口，用于视频播放、编辑和处理
GLKit	提供简化创建 OpenGL ES 应用程序的功能（如游戏）
GameController	使应用程序能够通过外部游戏控制器连接到一个 iOS 设备
ImageIO	支持各种图片格式的读和写
MediaAccessibility	可以访问内建字幕的偏好设置以便当用户为自己的应用的媒体内容呈现内建字幕时是可用的
MediaPlayer	在一个应用程序中发现并播放音频和视频文件
Metal	允许用户的应用程序访问设备的图形处理器来为 3D 图形进行硬件加速并承担 CPU 的部分计算密集型任务
OpenAL	一个开源的三维声音库
OpenGLES	OpenGL 2D 和 3D 的子集，用于移动应用程序的图形处理
QuartzCore	用于创建动画和特效，然后硬件会根据性能来渲染
SceneKit	添加 3D 模型到一个应用程序的用户界面中。一般常用在游戏中
SpriteKit	用于基于 2D 的游戏。提供动画、物理模拟、碰撞检测和事件处理支持。在第 6 章的大炮游戏应用程序中将会使用

图 1.15　用于添加音频、视频、图形和动画到用户的应用程序中的媒体层框架

第1章 介绍 iOS 8 应用程序开发和 Swift

框 架	描 述
Accounts	使应用程序能够在账户数据库中访问用户的账户信息,而不是存储用户的认证信息。用户可以授权你的应用程序访问他们的账户,这样用户就不需要输入用户名和密码
AdSupport	使应用程序能够提供广告和确定用户是否限制了广告跟踪
AddressBook	访问用户通讯录的联系人信息的框架
CFNetwork	在应用程序中根据网络协议来执行一些任务,包括 HTTP、用于身份验证的 HTTP 和 HTTPS 服务器、FTP 服务器、创建加密连接等
CloudKit	用于管理应用程序和 iCloud 之间的数据传输
CoreData	用于执行对象生命周期管理和图形化的管理对象的框架。在第 8 章的地址簿应用程序中使用
CoreFoundation	编程接口的相关库,允许框架和库之间共享代码和数据。第 4 章的 Twitter 搜索应用程序将会介绍它并且整本书都会用到它
CoreLocation	确定一个 iPhone 的位置和方向,然后配置和调度基于位置事件的分发
CoreMedia	用于创建、播放和管理音频和视频
CoreMotion	接收和处理加速度计以及其他运动事件
CoreTelephony	用于获取用户的移动服务提供商的信息
EventKit	允许应用程序访问用户日历应用程序中的数据,可以在日历应用程序中添加和编辑事件
HealthKit	记录和追踪健康和运动数据
HomeKit	支持苹果公司的家庭自动化控制设备协议
JavaScriptCore	在应用程序中执行 JavaScript
MobileCoreServices	包括标准类型和常量
MultipeerConnectivity	使应用程序能够发现并与附近的 iOS 设备提供的服务进行通信。这些通信是通过 WiFi 网络、设备之间点对点的 WiFi 连接或者蓝牙个人区域网络
NewsstandKit	允许应用程序下载和处理报刊内容(如杂志和报纸订阅)
PassKit	用于创建、分发、更新卡片,它们都是由 Passbook 应用来管理的。对于 iPhone 6 和 iPhone 6 Plus,PassKit 现在可以为苹果支付管理信用卡
PushKit	允许应用程序注册和接收从远程服务器传来的数据
QuickLook	显示文件的预览,即便用户的应用程序没有直接支持这些文件格式(如微软的 Office 文档)
Social	使应用程序能够集成社交网络服务来执行一些任务,如代表用户自己发布信息和照片
StoreKit	应用内购买支持处理事务
SystemConfiguration	检测 iPhone 上网络的可用性和状态
UIAutomation	用于集成自动化用户界面测试
WebKit	使应用程序能够直接渲染网页内容而不用打开 Safari 浏览器

图 1.16 Core Services 层框架

框 架	描 述
加速计	处理复杂的数学计算和图像处理。包括函数向量、矩阵数学、数字信号处理、大量数字处理等
蓝牙	和低耗电的蓝牙设备进行通信,如心率检测仪、健身设备、距离传感器等
外部配件	允许 iPhone 通过蓝牙或者扩展码连接器和第三方授权外设进行连接
本地授权	用密码或者 TouchID 允许应用程序对用户进行身份验证(如验证购买)
安全	在应用程序中用于保护数据的框架
系统	BSD 操作系统和 POSIX 应用程序接口函数

图 1.17 访问 iOS 核心的 Core OS 层框架

Web 服务（Web Services）

Web 服务是存储在一台计算机上面的软件组件，它可以被在互联网上的另一台计算机的一个应用程序访问（或其他软件组件）。聚合能够将各种互补的 Web 服务融合在一起，从而实现快速开发应用程序，这些服务通常来自于多个组织或者其他渠道，利用 Web 服务，用户可以创建自己的聚合。以 100 个目的地网站（http://www.100destinations.co.uk）为例，把来自于 Twitter 的照片和微博与谷歌地图相结合，用户便可以通过这些照片探索世界各国。

一个称为可编程网络（http://www.programmableweb.com/）的网站提供了超过 11150 个应用程序接口和 7300 个聚合，它还提供如何创建属于自己的聚合的指南和一些例子。图 1.18 列举了一些流行的 Web 服务。根据可编程网络网站的数据显示，被聚合服务使用最多的 3 个应用程序接口是谷歌地图、Twitter 和 YouTube。关于谷歌提供的 Web 服务，可以在以下链接查看：

http://code.google.com/apis/gdata/docs/directory.html

网页服务资源	它的用途
Google Maps	地图服务
Twitter	微博
YouTube	视频搜索
Facebook	社交网络
Instagram	照片分享
Foursquare	手机签到
LinkedIn	商业社交网络
Groupon	社交商务
Netflix	电影租赁
eBay	网上拍卖
Wikipedia	协同百科全书
PayPal	支付
Last.fm	网络电台
Amazon eCommerce	买书和其他许多产品
Salesforce.com	客户关系管理（CRM）
Skype	网络电话
Microsoft Bing	搜索
Flickr	照片分享
Zillow	房地产定价
Yahoo Search	搜索
WeatherBug	天气

图 1.18　一些流行的网页服务（http://www.programmableweb.com/apis/directory/1?sort=mashups）

我们会在第 4 章使用 Twitter 的 Web 服务。图 1.19 列出了一些非常流行的网络聚合。

第 1 章 介绍 iOS 8 应用程序开发和 Swift

URL	描 述
http://twikle.com/	Twikle 使用社交网络服务来汇聚被分享的非常受欢迎的新闻故事
http://trendsmap.com/	TrendsMap 使用 Twitter 和谷歌地图。它允许用户跟踪推文的实时位置并在地图上查看它们
http://www.dutranslation.com/	Double Translation 聚合网站使用微软的 Bing 和谷歌翻译服务将文本翻译成超过 50 种语言。用户可以比较两者之间翻译的结果
http://musicupdated.com/	用 Last.fm 和 YouTube 的网页服务来更新音乐。用它来追踪用户最喜欢的音乐艺术家的专辑发行、音乐会等更多的信息

图 1.19　一些流行的网页聚合网站

1.15　Xcode 6 集成开发环境

要使用 Swift 编程，必须安装 Xcode 6，它支持 Swift、Objective-C、C++ 和 C 语言。Xcode 的编辑器提供语法高亮、自动缩进、自动完成等。它是完全免费的，可以通过 Mac 应用程序商店下载，更多细节请看前面的章节。图 1.20 列出了 Xcode 6 的几个关键新特性以及一些其他重要特性。之后我们便使用 Xcode 代指 Xcode 6。

特　性	描　述
Xcode 6 的重要特性	
Playground	Playground 是一个 Xcode 窗口，用户输入的 Swift 代码会被立即执行，它允许用户立即修复错误并查看代码执行结果（文本输出、图形、动画等）。用户不再需要构建并运行代码才能调试，当用户在开发应用程序时，这大大节省了时间。Playground 也提供了一些有趣的特性，比如时间线，通过它用户能够看到一个算法的执行时间，例如，用一个滑动条可以查看一个循环的每次递归的结果或者每一帧的动画
Read-Eval-Print-Loop（REPL）	REPL 是与一个正在运行的应用程序进行交互的调试工具。就像 Playground 一样，用户也可以使用它来编写立即执行的语句，但 REPL 不像 Playground 那样可以编写大量的代码或者渲染辅助的结果（如图形和动画），但用户可以使用它来运行 Swift 文件。REPL 可以直接在 Xcode 6 或者 OS X 的终端应用程序中使用
Interface Builder、Storyboarding 和自适应的自动布局设计	Xcode 的 Interface Builder 使用户能够通过拖动技术来创建自己的应用程序的界面。通常，用户在 Storyboard 中创建的用户界面会被图形化的映射成用户切换应用程序界面的路径，它包括每一个场景以及场景之间的切换。默认情况下，新的 iOS Storyboard 会使用 Interface Builder 的自动布局功能，它能够让用户创建出根据设备方向的变化、屏幕大小和用户的语言环境而做出相应变化的用户界面。在 Xcode 6 之前，用户会提供多个 Storyboard 来支持各种大小的设备（如 iPhone 和 iPad）和方向（横向和纵向）。Xcode 6 新增了自适应的自动布局设计，用户只需要用一个 Storyboard 来设计应用程序的用户界面，便可以支持各种设备大小和方向
iOS 8 模拟器	iOS 8 模拟器允许用户在 Mac 上测试 iOS 应用程序。它提供了对各种 iPhone 和 iPad 设备的支持。它还包括可变大小的新 iPhone 和 iPad "设备"，通过调整模拟器窗口的大小可以测试用户自适应的设计布局
Interface Builder 实时渲染	当用户设计用户界面（包括自定义用户界面控件）和编写代码来操作它时，Interface Builder 会展示最终的用户界面，以便用户可以看到应用程序运行时它会是什么样子
视图调试器	视图调试器可以帮助用户查找和解决用户界面问题。当用户使用视图调试器暂停应用程序时，该视图调试器会以 3D 的方式来展示应用程序用户界面，以便用户可以快速查看发生错误的地方。然后用户可以找到相应的代码来解决问题
游戏设计特性	Xcode 现在支持 2D 和 3D 游戏设计以及粒子编辑器，它可用于创建一些复杂的动画（如火、烟、流动的水和烟火）

图 1.20　Xcode 6 关键新特性以及一些其他特性

特性	描述
其他的 Xcode 特性	
LLVM 编译器	LLVM（底层虚拟机 llvm.org），主要由 Chris Lattner 开发，他是 Swift 的创造者。LLVM 是一个快速的、用于 Swift、Objective-C 和其他若干语言的开源编译器，它被完全集成进了 Xcode
Fix-it	Fix-it 功能可以标示代码错误和建议修正用户的类型，用户不需要一开始就构建应用程序。Playground 也使用这个特性
LLDB 调试器	包括一个快速、高效的多核调试引擎
辅助编辑器	当用户将 Xcode 的编辑器分成两部分时，用户可能需要看看辅助编辑器所展示的其他文件。比如，如果用户正打开 Interface Builder 编辑一个用户界面，辅助编辑器会显示相应的源代码，或者如果用户定义一个新的 Swift 类，它继承自一个父类，辅助编辑器会显示该父类
定位模拟	用户可以在模拟器的位置列表中选择一个然后运行基于位置的应用程序，它使用的是 Core Location 框架，该框架可以让应用程序确定设备的位置和方向（如设备正在移动的方向）
版本编辑器	如果用户使用了源代码控制（如 GIT），Xcode 的版本编辑器可以给用户并排展示多个版本的源代码，这样用户可以很容易地比较它们，查看过去的提交日志等
Instruments	Instruments 工具可以帮助用户测试应用程序、监控内存分配、用 OpenGL ES 追踪图形性能、追踪系统的交互过程、定位和找到性能瓶颈等
XCTest	单元测试可以帮助确保应用程序功能中的软件组件是像用户预期的那样。用户可以使用 XCTest 自动测试应用程序的功能，查看测试结果，检查是否有任何问题发生并解决这些问题。更多关于单元测试的信息，请访问 http://bit.ly/TestingWithXcode

图 1.20 Xcode 6 关键新特性以及一些其他特性（续）

iOS 模拟器

iOS 模拟器允许用户在 Mac 上测试 iOS 应用程序，所以用户不需要必须买一个 iOS 设备，然而，如果用户打算发布自己的应用程序，在真机上测试就变得很重要了。并不是所有的设备功能在模拟器上都是可用的。比如，最常用的在 iOS 应用程序相机在模拟器上就不能用。用户可以用 Mac 的键盘和鼠标在模拟器上实现许多的单点触摸和多点触控手势，如图 1.21 所示。

手势	模拟器的行为
单击	点击鼠标一次
双击	点击鼠标两次
长按	点击且按住鼠标
拖动	点击，按住和拖动鼠标
滑动	点击且按住鼠标，在滑动方向移动指针并松开鼠标
拂动	点击并按住鼠标，在拂动方向移动指针并快速松开鼠标
捏合	点击并按住 Option 键，模拟两个触摸点的圆圈将会出现。移动一个圆圈到起点，点击并按住鼠标拖动另一个圆圈到终点位置
两个手指拖动	指针的位置就是两手拖动会发生的地方。按住 Option 键，将圆圈移动到开始的位置。按住 Shift 键并将圆圈移至中心位置，然后松开 Shift 键。按住 Shift 键并用鼠标将圆圈朝两个手指拖动的方向移动，然后同时松开
旋转	指针的位置就是旋转发生的地方。按住 Option 键，将圆圈移动到开始的位置。继续按住 Option 键并按住 Shift 键，移动圆圈到旋转的中心位置并松开 Shift 键。按住鼠标，旋转圆圈到结束位置，松开 Option 键

图 1.21 在 iOS 模拟器中的手势（http://bit.ly/iOSSimulatorUserGuide）

虽然 iOS 模拟器可以模拟方向的变化（横向或纵向模式）以及晃动手势，但并没有方法来模拟加速度计读数以及其他各种传感器读数。用户可以在自己的 iPhone 和 iPad 上安装应用程序来测试这些功能，在 2.6.2 节，用户将了解到如何在设备上安装应用程序。只有成为苹果公司 iOS 开发者的成员，才可以在设备上安装的应用程序进行测试（更多信息请查看本书之前的章节）。

1.16 面向对象编程回顾

如今，对更新、更强大软件的需求增长是非常迅速的，但快速、正确、节省时间地开发软件仍然是一个难以达到的目标。对象，更确切地说是类对象来自于可重用的软件组件。比如日期对象、时间对象、音频对象、视频对象、汽车对象、人类对象等。几乎任何名词按照属性（如名称、颜色和大小）和行为（如计算、移动和通信）这样的方式，它们都可以表示为一个合理的软件对象。软件开发组织使用一种模块化、面向对象的方式来设计和实现软件，这种方式比早些时候流行的像"结构化程序设计"更有效率，而且面向对象的程序通常更容易理解、纠错和修改。

1.16.1 把汽车当作一个对象

假设用户想开车，并且通过踩油门踏板可以让汽车跑得更快。那我们应该怎么做呢？好吧，在用户开车之前，必须有人先把它设计出来。一辆车一般是从工程图纸开始的，类似于一座房子的设计蓝图。这些图纸中就包括油门踏板的设计。油门踏板隐藏了真正使汽车跑得更快的机制，刹车踏板隐藏了如何让汽车变慢，方向盘隐藏了汽车如何转向的机制。这使得人们很少或根本没有关于发动机、制动系统以及转向系统如何工作的相关知识，也可以轻松地开车。

就像用户不能在还在图纸中的厨房里做饭一样，也不能用画出来的汽车引擎来开车。在开车之前，必须先通过汽车的工程图纸来生产它。一辆完整的汽车必须有一个真实的油门踏板来使它更快，但这还远远不够，汽车不会自己加速（我们倒是希望可以），所以司机必须踩下踏板给汽车加速。

1.16.2 方法和类

让我们继续使用汽车的例子来介绍一些面向对象编程的关键概念。当程序执行一个任务时，它需要一个方法。方法中包含了执行这些任务的程序语句。方法会把这些语句隐藏起来，调用者并不知道，这就像汽车的油门踏板隐藏了真正使汽车跑得更快的机制。在 Swift 中，我们创建称之为类的一个程序单元，它包含了需要执行类各种任务的方法。例如，一个类代表一个银行账户，它可能包含获取账户存款的方法、从账号中取钱的方法和查询账户的当前余额的方法。类有点类似于汽车的工程图纸，它包含了油门踏板、方向盘等的设计。

1.16.3 实例化

正如有人在根据汽车工程图纸生产一辆汽车之后，才可以开车，在一个程序运行类的方法定义的任务之前，用户必须先创建一个类的对象。这个过程我们称为实例化。一个对象就是类的一个实例。

1.16.4 重用

就像汽车的工程图纸可以被多次使用来生产许多汽车一样，用户也可以重用一个类多次来创建许多对象。在创建新的类和项目时，重用既节省时间，也节省精力。因为现有的类和组件往往经历了广泛的测试、调试和性能调优，因此重用可以帮助用户创建更可靠和有效的系统。正如通用件在工业革命中起到了至关重要的作用一样，可重用的类在软件革命中也发挥了关键作用。

1.16.5 消息和方法调用

当用户开车时，踩汽车的油门踏板会发送一条消息让汽车执行一个任务，也就是开快点。类似地，用户将消息发送到一个对象。每个消息最后被实现成一个对象的方法调用，让该方法去执行它的任务。例如，程序可能调用一个银行账户对象的存款方法来增加账户的余额。

1.16.6 特性和属性

一辆车，除了有能力来完成任务，它也有一些特性，如颜色、车门的数量、油箱的汽油量、其当前速度和总行驶里程（即其里程表的读数）。就像它的功能一样，汽车的特性也是其工程图的一部分（如里程表和燃油量表）。当用户开一辆真正的汽车时，这些特性也是必不可少的。每辆汽车都维护着自己的特性。例如，每辆汽车都知道自己的油箱里面有多少油，而不是其他汽车油箱里有多少油。

同样一个对象在程序中使用时，也带有它自己的特性。这些特性被定义为这类对象的一部分。例如，一个银行账号对象有一个余额的特性，它代表账户里面还有多少钱。每个银行账户对象知道它的账户有多少余额，而不是银行的其他账户的余额。特性在类中被定义为属性。

1.16.7 封装和信息隐藏

类（和它们的对象）封装它们的属性和方法。一个类（和它的对象）的属性和方法是密切相关的。对象之间可以互相沟通，但它们通常不允许知道其他对象是如何实现的，也就是说，实现的细节被隐藏在对象自身。正如我们所看到的，信息的隐藏是优秀软件工程的关键。

1.16.8 继承

通过继承，一个新的类对象可以方便地产业新的类（称为子类），它包含了现有类（称为超类）的所有特征，子类可以定制和添加属于自己的独有的特征。在我们关于汽车的比喻里，显然一个类对象可以转换成一个更一般的"汽车"类对象。

1.16.9 协议

协议就是描述一个对象可以被调用的一组方法，在其他编程语言中可能称为接口，Swift也支持协议。默认情况下，只要任何一个类实现了某个协议的方法，我们就说它遵循（实现）了这个协议。在 Swift 和 Objective - C 代码中，协议都可以包含可选方法。在 Swift 中，默认情况下，用户必须实现协议的所有方法。

类可以遵循任意数量的协议，就像一辆满足基本驾驶功能的汽车可以实现控制广播、控制供暖和空调系统等。就像汽车制造商实现不同的功能一样，类也可以遵循不同的协议的方法。例如，软件系统包括一个"备份"的协议，它要求必须实现保存和恢复的方法。类可以用不同的方式实现这些方法，这取决于要备份东西的类型，如程序、文本、音频、视频等，以及备份这些东西的设备类型。

1.16.10 设计模式

程序员在使用面向对象的软件开发方式去解决重复问题时，设计模式被证明是一种可重用的架构。在 iOS 应用程序开发中，设计模式在 iOS 应用程序开发者之间建立共同的设计语言。通过遵循众所周知的 iOS 设计模式，利用 iOS 提供的应用程序接口，可以大大缩短用户的应用程序的开发时间。

设计模式的概念起源于建筑领域。在设计建筑时，架构师会使用一系列的建筑设计元素，如拱门和圆柱。在建造一个声音建筑（Sound Buildings）时，拱门和圆柱是一个行之有效的策略，这些元素就被视为建筑的设计模式。

在 iOS 应用程序开发中最常用的设计模式应该是模型－视图－控制器（MVC），它将用户界面（视图）、应用程序数据（包含在模型中）和控制逻辑（控制器）隔离开来。

让我们来思考一下地址簿应用程序。当用户通过应用程序的用户界面添加一个新的联系人的信息，应用程序的控制器会更新模型，它将联系人存储在数据库或文件中。反之，当模型发生变化时，它会通知控制器，显示更新的联系人列表。当用户在创建 iOS 应用程序时，有许多可以使用的常见 Cocoa Touch 设计模式。在之后的章节中，我们会详细讲解遇到的各种设计模式。关于 iOS 和 OS X 开发中最常用的设计模式可以访问：

http://bit.ly/iOSDesignPatterns

1.17 在 iPhone 和 iPad 模拟器上测试小费计算器（Tip Calculator）应用程序

在本节中，用户将在 iPhone 和 iPad 模拟器上运行自己的第一个 iOS 应用程序。小费计算器如图 1.22（a）所示，会针对餐厅的账单计算出可能的小费和账单总额，当你通过数字键盘输入每一个账单数字时，应用程序便会根据一个 15% 的比率来计算相应的小费和账单总额，这个比率也是可以自定义的。通过拖动滑动条，应用程序会更新自定义比率标签，同时在滑动条下面的右边一列上会显示对应的小费和账单总额，如图 1.22（b）所示。我们选择 18% 作为默认的比率，因为在美国许多的餐馆会在 6 人以上的聚会上，增加这一小费比率的建议。

用 iPhone 模拟器测试整个应用程序

下面将会逐步告诉用户如何测试应用程序。

1. 检查用户的设置。确定用户在阅读完序部分内容之后，已经对自己的计算机做了正确的设置。

2. 定位应用程序文件夹。打开文件（Finder）窗口，定位用户保存本章例子的目录。

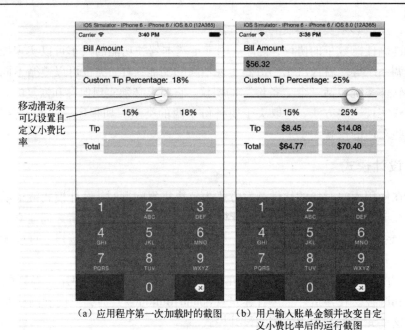

(a) 应用程序第一次加载时的截图　　(b) 用户输入账单金额并改变自定义小费比率后的运行截图

图 1.22　应用第一次加载时的截图，然后用户输入账单金额并改变自定义小费比率

3. 打开小费计算器工程。打开小费计算器目录，然后双击 TipCalculator. xcodeproj 文件，以便在 Xcode 中打开工程。

4. 运行小费计算器应用程序。在 Xcode（见图 1.23）左上角的运行和停止按钮旁边，单击 Scheme 选项选择 iPhone 6 模拟器。然后，单击运行按钮（或者快捷键 Command + R）在模拟器中运行应用程序。

图 1.23　运行按钮和 Scheme 选择器

5. 输入账单总额。通过数字键盘输入总额为 56.32 美金的账单。如果发现输错了，可以单击键盘右下角的删除按钮来清除刚刚的输入。每次用户触摸一个数字按钮或删除按钮，应用程序便会立即读取用户的输入，并将其转换为一个数字，该数字会除以 100，保留两位小数，其结果显示在蓝色的标签上，同时也将显示各种小费和总金额。该应用程序使用了 iOS 的地区特定货币格式化功能，货币的显示格式会根据用户当前语言环境的不同而不同。在美国地区，当用户输入四位数时，会依次显示为 0.05 美元、0.56 美元、5.63 美元和 56.32 美元。

6. 选择一个自定义的小费比率。滑动条允许用户选择一个自定义的比率，在滑动条下面的标签会显示对应的总价和小费。比率的最大值为 25%。当用户拖动滑动条时，滑动条的值会不断变化。应用程序会一直更新小费和总价，直到你不再滑动为止，如图 1.22（b）所示。

7. 关闭应用程序。单击模拟器上的主屏按钮可以关闭应用程序或者单击 Xcode 上的停止按钮或者选中模拟器,单击它菜单栏的退出模拟器选项。

用 iPad 模拟器测试整个应用程序

如果想用 iPad 模拟器来测试这个应用程序,可以单击 Scheme 选项选择 iPad Air 的模拟器。接下来,单击运行按钮便可以在模拟器中运行应用程序。

测试本书的应用程序

在对本书有个大致的了解之后,赶紧去测试一下其他章节的应用程序吧。

1.18 是什么成就一个伟大的应用程序

应用程序商店拥有超过 100 万的应用程序,用户该创建一个怎样的 iOS 应用程序,人们会愿意去发现、下载、使用并且推荐给其他人呢?想一想什么使应用程序变得有趣、有用、有吸引力呢?一个好听的名字、一个有吸引力的图标和一个迷人的描述都可能会吸引人们去查看用户的应用程序。图 1.24 列出了一些伟大应用程序的一些关键特性。

一些应用程序的特性
伟大的游戏
● 好玩
● 有挑战性
● 有难易程度的区分
● 展示用户的分数并使用游戏排行榜来记录高分
● 提供声音和可视化的反馈
● 提供单用户、多用户和网络版
● 高品质的动画
● 利用增强现实进行创新,让真实环境和虚拟组件相结合,这类视频应用程序特别受欢迎
有用的工具
● 提供有用的功能和准确的信息
● 提高个人和企业的生产率
● 让任务变得更便利(如维护一个待办事项清单、管理费用清单)
● 让用户更好地了解应用
● 提供实时信息(如股票价格、新闻、风暴警告、实时交通更新)
● 基于地理位置提供本地化服务(如当地企业的优惠券、最优惠的天然气价格、食品外卖)
通用特点
● 更新最新的 iOS 特性
● 只有在应用程序功能必须使用用户的个人信息时,才需要访问它们
● 不需要用户登录便可以使用 Facebook 或者 Twitter 等社交媒体账户
● 运行正常
● 及时修复 Bug
● 遵循苹果公司的 iOS 人机界面指南(http://bit.ly/iOSMobileHIG)
● 以标准的方式支持标准的 iOS 手势
● 快速启动

图 1.24 伟大应用程序的一些特性

一些应用程序的特性
● 可响应的
● 不会消耗太多的内存、带宽和电量
● 在应用程序商店和用户的设备上使用高质量的图标
● 新颖并且有创造性
● 持久性——用户会定期使用一些功能
● 使用高质量的图形、图片、动画、声音和视频
● 设备一次只显示一屏
● 直观且易于使用（不需要太多的帮助文档）
● 残疾人也可以使用（参见 iOS 的辅助功能编程指南）
● 让用户帮助扩散你的应用程序（例如，你可以让用户在 Facebook 或者 Twitter 上发布他们的游戏分数）
● 为内容驱动的应用程序提供额外的内容（如游戏水平、文章、谜题）
● 针对每个国家本地化应用程序（如翻译程序的文本和音频文件，根据语言环境使用不同的图形等）
● 利用设备的内置功能
● 使用苹果公司的通用应用程序技术优化在各种 iOS 设备上的运行情况。本书中我们将开发一些通用应用程序

图 1.24 伟大应用程序的一些特性（续）

1.19 iOS 安全

作为一个 iOS 应用程序开发人员，保证用户的个人资料安全，这都是开发人员的责任，无论这些信息是存储在应用程序内，还是在互联网传输或者存储在服务器上，应用程序应该只请求和存储必要的信息。比如，如果应用程序不提供基于位置的服务，它就不应该请求或存储用户的位置信息。图 1.25 提供了一个简短的 iOS 安全性问题的讨论。

主题	描述
风险评估和威胁建模	包括普通评估和风险评估，确定潜在的威胁并减轻这些威胁
代码安全	讨论修复安全漏洞的代码，用于验证的代码签名，确保应用程序只执行其预期任务的应用沙盒（如果应用程序的行为可疑或者利用了可疑的行为，它将会被终止）和最小特权原则（将应用程序分成多部分，只授予每一个执行特定任务所需的特权）
身份验证和授权	讨论身份验证（验证用户或者网络的身份）和授权（允许一个用户或者一个服务器执行一个受限制的任务）
加密服务	讨论安全通信和使用加密和解密的方法来存取数据以及数据的安全存储等

图 1.25 iOS 安全主题的概述（http://bit.ly/iOSSecurityOverview）

想了解更多关于 iOS 应用程序开发的安全问题，请访问 iOS 安全指南：

http://images.apple.com/ipad/business/docs/iOS_Security_Feb14.pdf

查找我的 iPhone 功能和远程擦除

iPhone 和 iPad 设备数据。如果用户的设备被盗或者丢失，它可以帮助找到用户的设备。但是，首先用户必须先在设备的系统设置中设置 iCloud。如果用户不知道自己的设备在哪儿，可以登录苹果公司的 iCloud 网站（www.icloud.com/find）。在地图上可以查看到设备的大致位置，让设备播放声音以便于用户能够定位它，也可以让设备显示一个消息来帮助找到设备的人归还给你。如果用户找不到自己的设备，远程擦除功能可以将设备恢复到出厂设置（删除所有个人资料），从而保护自己的个人信息。从 iOS 7 开始，远程擦除所有个人资料和重新激活设备，以及关闭查找个人的 iPhone 应用程序，都必须输入用户的苹果公司 ID 和密码。

1.20 iOS 出版物和论坛

图 1.26 列出了苹果公司 iOS 开发者网站上的一些重要文档。这些大部分都是免费的。当用户开始开发 iOS 应用程序时，可能会有许多的问题，比如开发工具问题、设计问题、安全问题等。图 1.27 列出了几个 iOS 开发者论坛，用户可以在那里获得最新的公告或者问一些问题。

标题	
iOS 应用程序编程指南	Xcode 新特性
iOS 人机界面指南	Xcode 概览
开始	Cocoa 核心功能
用 Objective-C 编程	Cocoa 代表规范
Objective-C 运行时编程指南	SDK 兼容指南
iOS 辅助功能编程指南	示例代码
游戏中心编程指南	iOS 8 新特性
社交框架参考	Swift 标准库参考
Swift 编程语言	

图 1.26 一些重要的在线文档（developer.apple.com）

URL	描述
https://devforums.apple.com/community/ios	登录到用户的开发者账户并访问苹果公司的 iOS 开发者论坛，在那里用户可以提出问题并且能从 iOS 开发者和苹果公司工程师那里得到答案
http://stackoverflow.com/questions/tagged/ios	在 StackOverflow 上搜索 iOS 相关问题或者发布自己的问题
http://iphonedevsdk.com/	几个和 iPhone 开发、教程、示例代码等相关的论坛
http://www.raywenderlich.com/forums/viewforum.php?f=18	包括一个活跃的 iOS 开发论坛，以及一些技巧和教程
http://iosdeveloperforums.com/	讨论关于 iOS 开发、Xcode 使用技巧、游戏开发和相关教程
http://forums.macrumors.com/forumdisplay.php?f=135	一个 iPhone 和 iPad 编程论坛

图 1.27 iOS 论坛

1.21 小结

本章将读者带入了 iOS 的世界。我们讨论了 iOS 操作系统的各种特性，提供了一些流行的应用程序的链接，它们有的是免费的，有的是付费的。学习了各种单点触摸和多点触控手势,以及如何在 iOS 设备和模拟器上运行它们。我们还介绍了各种设备传感器以及它们的功能,也了解了 iOS 设备内置的辅助功能。我们介绍了 Swift 编程语言,并列举了 Cocoa Touch 框架的一些功能,让开发者能够快速开发 iOS 应用程序。读者将会在本系列书籍的第 2 卷中大量使用到它们。我们还介绍了 Xcode 工具集的一些关键特性。我们还快速回顾了一下面向对象技术的相关概念,包括类、对象、方法、属性等。紧接着讲解如何测试小费计算器应用程序。然后,我们讨论了是什么造就了一个伟大的应用程序并介绍了一些关于 iOS 安全性的内容。最后,我们提供了一些重要的在线文档的链接,读者可以在开发者社区中的讨论组和论坛中获得想要的问题的答案。

在第 2 章中,我们将用可视化的编程技术来创建第一个 iOS 应用程序,不需要编码。这个应用程序将显示文本和两幅图像。读者还将了解到 iOS 的辅助功能和国际化。

第 2 章 欢迎应用程序

深入 Xcode：介绍利用 Cocoa Touch、Interface Builder、Storyboard 和自动布局通过可视化的方式来设计用户界面以及通用应用程序、辅助功能和国际化。

主题

本章，读者将学习：

- 了解 Xcode 集成开发环境（IDE）的基本功能，并用它来编写、测试和调试应用程序。
- 用单视图应用程序模板快速开发一个新的应用程序。
- 创建通用应用程序，可以运行在 iPhone、iPod touch 和 iPad。
- 用 Interface Builder、Storyboard 和自动布局可视化设计一个应用程序的用户界面。
- 在一个用户界面中显示文本和图片。
- 支持横竖屏。
- 编辑用户界面控件的属性。
- 在 iOS 模拟器上创建并运行一个应用程序。
- 通过使用 iOS 的 VoiceOver，让应用程序更容易被有视觉障碍的人使用。
- 支持国际化，应用程序可以根据用户的设备设置显示不同的语言。

2.1 介绍

在本章中，我们将创建一个欢迎应用程序，它显示一条欢迎消息和一个 Deitel 公司的虫子图标，用户无须编写任何代码。我们将会使用苹果公司的集成开发工具 Xcode，它是一套苹果公司用来创建和测试 Mac OS X 及 iOS 应用程序的开发工具。然后我们会创建一个通用的应用程序，它可以运行在 iPhone、iPod touch 和 iPad 上。在后面的章节中，我们将会了解可以创建只运行在 iPhone/iPod touch 或者 iPad 上的应用程序。从现在开始，我们将 iPhone/iPod touch 统一称为 iPhone。

我们将使用 Xcode 的 Interface Builder 创建一个简单的 iOS 应用程序（见图 2.1），它允许用户通过拖动技术来创建用户界面，不需要任何的 Swift 代码。用户可以在 iPhone 和 iPad 模拟器上运行自己的应用程序，如果用户是一个付费的 iOS 开发者，那么用户可以在 iOS 设备上运行应用程序。

接下来，我们将以字符串的形式给用户描述图片内容，这样能让有视觉障碍的人更容易使用应用程序。读者将看到，iOS 的 VioceOver 给用户提供辅助性的解说功能。

最后，我们将演示如何本地化应用程序，它会根据用户设备设置的不同而显示不同的语言。为了便于演示，我们将展示一个本地化应用的字符串（包括辅助性字符串）被翻译成西班牙语，然后放入我们的应用程序。之后将用户的 iOS 模拟器设置为西班牙语，运行应用程序。

图 2.1　运行在 iPhone 模拟器上的欢迎应用程序

2.2　技术概要

本节将介绍读者要学习的技术。

2.2.1　Xcode 和 Interface Builder

本章介绍 Xcode 集成开发环境。我们将使用它来创建一个新的工程（见 2.3 节），并且也会使用 Xcode 的 Interface Builder 来创建一个由文本和图片组成的简单的用户界面（见 2.5 节）。Interface Builder 让用户可视化地布局用户界面。用户可以使用它来拖动标签、图片视图、按钮、文本框、滑动条以及其他用户界面控件到应用程序的用户界面上。用户将使用 Interface Builder 的 Storyboard 功能（见 2.5 节）来设计应用程序的用户界面，在以后的应用程序中还会使用 Storyboard 来指定在应用程序的各个场景之间如何过渡。

2.2.2　标签和图片视图

这个程序的文本显示在一个标签上（Cocoa Touch 框架的子框架 UIKit 中的 UILabel 类），图片显示在一个图片视图上（UIImageView 类）。使用 Interface Builder 时，我们将拖动一个标签类和一个图片视图类到用户界面上（见 2.5 节）。它们每一个都占据屏幕宽度的一半，当用户旋转设备时，iOS 的自动布局功能将保持这个尺寸关系不变。读者将看到如何通过编辑用户界面控件的属性（如标签的文本属性和图片视图的图片属性）来定制自己的应用程序。

2.2.3 资源目录和图片集

当用户的应用程序安装在一个 iOS 设备上时，就像其他应用程序一样，它的图标和名称也会出现在 iOS 的主屏幕。作为应用程序设置的一部分，用户需要指定应用程序的图标（见 2.5.2 节）。根据设备大小和分辨率的不同，用户的应用程序的图标也会不一样。例如，iPad 的图标比 iPhone 的图标更大，有高清显示屏的设备图标的高、宽是没有高清显示屏的设备图标的两倍。iOS 支持资源目录，意思就是根据不同设备来管理不同分辨率的图片资源。

资源目录包含图片集，iOS 会根据运行应用程序的设备以及图标被使用的环境来自动选择合适的图片，比如在 iOS 的系统设置、Spotlight 搜索结果或者主屏幕上应用程序的图标。用户还可以创建自己的图片集来管理应用程序中的其他图片资源。

如果用户没有给不同的分辨率提供相应尺寸的图标，iOS 将会自动对用户提供的图片，按照比例缩放图片以达到最接近要求的尺寸。

2.2.4 运行应用程序

创建应用程序之后，我们将在模拟器上运行它，模拟器就是专门用来测试 iPhone 和 iPad 应用程序的。我们还将了解如何在 iOS 设备上运行应用程序（见 2.6.2 节）。

2.2.5 辅助功能

iOS 包含很多辅助功能，让很多残疾人士可以方便地使用这些设备。例如，有视觉障碍的人可以使用 iOS 的 VoiceOver 让设备读出屏幕上的文字（如标签或者按钮上的文本）或者提供帮助他们理解一个用户界面控件的内容和作用。当用户触摸屏幕时，VoiceOver 便会告诉他们触摸的是什么。2.7 节展示了如何启用这些功能以及如何把这些辅助功能配置到应用程序的用户界面控件中。

2.2.6 国际化

iOS 设备在全球范围内被广泛使用。用户的应用程序可能被世界各地的人使用，所以用户应考虑根据各个地区和国家定制界面——这称之为国际化。2.8 节展示了如何为欢迎应用程序的标签提供西班牙语文本和图片视图的辅助字符串，然后展示如何在设置为西班牙语的模拟器中测试应用程序。

2.3 用 Xcode 创建一个通用应用程序

撰写本书的例子使用的是 Xcode 6 和 iOS 8 SDK。在本书开始讨论前，我们假定用户已经很熟悉 Mac OS X，已经安装好了 Xcode。本节概述 Xcode 并向用户展示如何创建一个新的通用应用程序工程。在书中其他部分，我们将介绍更多的 Xcode 功能。了解更多关于 Xcode 的信息，请访问：

> https://developer.apple.com/xcode

2.3.1 运行 Xcode

要运行 Xcode，必须先打开 Finder 窗口，选择应用程序，然后看到 Xcode 的图标，双击这个图标。如果是第一次登录 Xcode，用户将会看到 Xcode 的欢迎界面（见图2.2）。

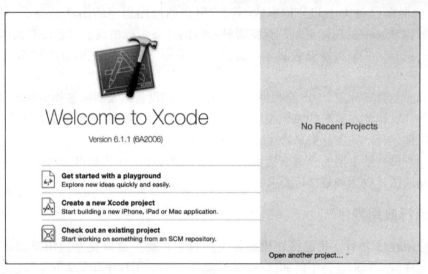

图2.2 Xcode 的欢迎窗口

左边的对话框包含如下链接。
- 从一个 playground 开始。
- 创建一个新的工程。
- 查看已有项目。这个选项允许用户连接到源代码管理（SCM）仓库，它通常用于有多个开发人员的项目，这样便于开发者之间协作。

对话框的右侧显示最近打开的工程列表和 playground，用户也可以通过文件菜单打开它们。除非用户已经创建了自己的第一个项目或者 playground，不然它都是空的。

现在关掉 Xcode 的欢迎界面，如果想再次查看欢迎界面，用户可以选择窗口 > 欢迎来到 Xcode。我们使用 > 符号表示从一个菜单中选择一个菜单项。例如，文件 > 打开…表示从文件菜单中选择打开菜单项。

2.3.2 工程和应用程序模板

一个工程就是一组相关的文件，如 Swift 代码文件和任何媒体文件（如图片、视频、音频）组成一个应用程序。要开始建立一个应用程序，先选择文件 > 新建 > 工程…来创建一个新的工程，或者选择文件 > 打开…打开一个已存在的工程。选择文件 > 新建 > 工程…会显示一个表单，它包含用户将在新的应用程序用到的模板（见图2.3）。表单是一种从窗口的顶部滑下来的对话框。为了节省时间，预配置的模板提供了一些常用的应用程序设计的起点。对话框的左侧显示的模板类别为 iOS 和 OS X 开发。我们在本章要创建的应用程序会使用 iOS 分类下的应用程序模板类别。图2.4 简要描述了图2.3 所示的每个 iOS 应用程序模板。

第 2 章　欢迎应用程序

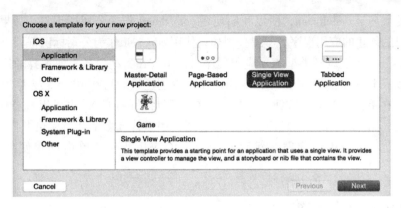

图 2.3　选择工程模板

模　板	模板描述
主-从应用程序	创建一个应用程序，只显示主列表，用户可以选择一个项目查看它的详细信息（与内置的邮件和联系人类似）。对于 iPad 应用程序，这个模板会包含一个分屏视图，主列表和详情列表可以同时显示
基于页面的应用程序	创建一个应用程序，它的内容是逐页显示的（与内置的 iBooks 应用程序类似）
单视图应用程序	创建一个应用程序只显示一屏——就像本章的应用程序一样
多视图应用程序	创建一个带有标签栏的应用程序（与内置的时钟应用程序类似）。用户单击一个标签页可以改变屏幕内容
游戏	创建一个支持 iOS 游戏应用程序接口的应用程序——SceneKit、SpriteKit、OpenGL ES 或者 Metal

图 2.4　Xcode 的 iOS 应用程序模板

2.3.3　创建和配置一个工程

本章，我们要使用单个视图应用程序模板。在图 2.3 所示的对话框中选择这个模板，然后单击 "Next" 按钮，会显示出请为新工程选择选项的表单（见图 2.5）。为这个应用程序设置如下选项（或者用自己的值），单击 "Next" 按钮。

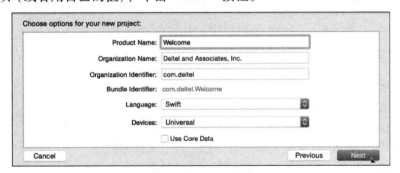

图 2.5　配置欢迎应用程序

- Product Name：Welcome——指定为项目的名称和工程名称。
- Organization Name：Deitel and Associates, Inc. ——也可以是开发者的公司或者机构名称。
- Organization Identifier：com. deitel——大部分都是公司的域名反过来。它结合应用的名称形成一个包标识符，它在各种应用程序设置和应用商店中唯一地标识这个应用程序。

我们的域名是 deitel.com，所以我们使用 com.deitel 作为公司标识符。如果用户是以学习为目的创建的应用程序，苹果公司建议使用 edu.self 作为公司标识符。

- Devices——指定设备类型表示应用程序可以运行在哪些设备上。选择通用表明应用程序可以在 iPhone 和 iPad 上运行。用户还可以创建只运行在 iPhone 或者 iPad 上的应用程序。在单击"Next"按钮后，指定保存工程目录的地址，也可以选择用 Git 来管理源代码，Git 是一个源代码控制系统，它通常用于管理多个开发人员共同完成的项目，但用户也可以使用它管理并跟踪修正自己的应用程序。单击创建便出现新工程的窗口。

2.4 Xcode 的工作台窗口

一个新工程的窗口（见图 2.6）被称为工作台窗口。在工具栏下面分为 4 个主要区域：导航区域、编辑区域、工具区域和调试区域（它并不是最初显示的那样——我们将在后面解释如何显示它）。

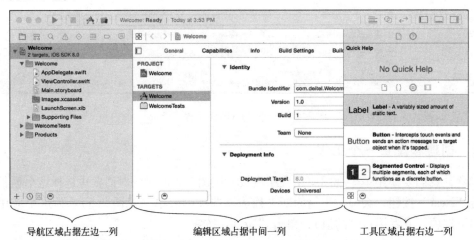

图 2.6 在 Xcode 的工作台窗口打开 Welcome.xcodeproj 文件

2.4.1 导航区域

在导航区域的顶部有一些图标，它们的详细解释如下。

- 工程（ ）：显示工程的所有文件和文件夹。
- 符号（ ）：允许用户浏览工程中类和它们的内容（方法、属性等）。
- 查找（ ）：允许用户通过文本搜索自己工程的文件和框架。
- 问题（ ）：显示工程中的错误和警告，按文件和类型分类。
- 测试（ ）：管理用户的单元测试（关于 Xcode 单元测试的更多信息请访问 http://bit.ly/TestingWithXcode）。
- 调试（ ）：在调试过程中，允许用户查看自己应用程序的线程和方法调用。
- 断点（ ）：管理用户的调试断点，按文件划分。
- 报告（ ）：允许用户查看每一次构建和运行应用程序的日志文件。

用户选择单击导航区域上方的相应按钮可以导航到对应的界面。

2.4.2 编辑区域

导航栏区域的右边是可以编辑源代码和设计用户界面的编辑区域。这个区域会一直显示在用户的工作台窗口。当用户在自己的工程导航栏选择了自己的文件，它的内容就会显示在编辑区域。这里有 3 个编辑器。

- 标准编辑器（≡）：显示被选择文件的内容。
- 辅助编辑器（⊘）：左边显示所选择的文件内容，右边显示相关文件内容。例如，如果用户正在编辑从其他类继承而来的类，辅助编辑器就会显示其父类。
- 版本编辑器（↔）：允许用户对同一个文件的不同版本进行比较（如老版本和新版本）。

2.4.3 工具区域和查看器

工作台窗口的右边是工具区域，其中有各种查看器，它们允许用户查看和编辑自己在编辑区域中选择的内容。用户可以选择的查看器类型取决于用户在 Xcode 中正在操作的是什么。默认情况下，工具区域上半部分显示的是文件查看器（📄）或者快速帮助查看器（❓）。文件查看器显示的是用户在工程中当前选择的文件信息。快速帮助查看器根据上下文提供帮助——出现的文档信息是基于当前在用户界面中选择的控件或者源代码中的光标位置。例如，单击一个方法名称，便会显示方法的描述以及它的参数和返回值。

2.4.4 调试区域

当调试区域显示时，它出现在编辑器的底部区域，它提供步进的方式来控制代码，检查变量等更多内容。我们将分别讨论如何隐藏和显示导航区域、工具区域和调试区域。

2.4.5 Xcode 工具栏

Xcode 的工具栏包含执行应用程序的一些选项如图 2.7（a）所示，如图 2.7（b）所示显示区域显示 Xcode 执行任务的进度（如工程编译状态）和用于显示和隐藏工作台窗口区域的一些按钮如图 2.7（c）所示。如图 2.8 所示对工具栏做了一个概述。

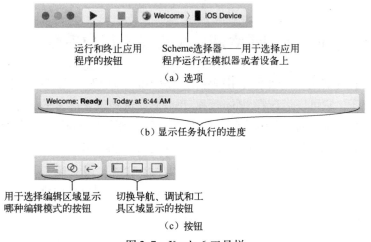

图 2.7　Xcode 6 工具栏

Swift 实战之旅：精通 iOS 应用开发

控 制	描 述
运行	根据当前选择的模拟器或者设备，单击运行按钮开始编译并运行应用程序，如图 2.7（a）所示。长按住这个按钮会显示运行、测试、配置和分析选项。测试选项允许用户在应用程序中运行单元测试。配置选项可以收集用户代码的相关信息并帮助用户定位性能问题、内存泄漏等。分析选项可以检查代码的潜在逻辑错误
停止	停止运行应用程序
Scheme	当运行按钮被单击时，指定应用程序要运行的设备或者模拟器
编辑按钮	单击这些按钮中的一个如图 2.7（c）所示，可以确定哪一种编辑模式应显示在编辑区域
视图按钮	单击这些切换按钮如图 2.7（c）所示，用于确定导航、调试和工具区域哪一个应该显示在工作台窗口

图 2.8 Xcode 6 工具栏元素

2.4.6 工程导航栏

工程导航栏可以访问工程的所有文件（见图 2.6 左侧）。它由一系列的组（文件夹）和文件组成。最常用的组是工程结构组，其名称和工程名称相同。这个组包含用户的工程源文件、媒体文件和支持文件。产品组包含这个工程的最终产品。应用程序文件可以用于测试用户的应用程序，也可用于通过 iOS 应用程序商店分发用户的应用程序。

2.4.7 键盘快捷键

Xcode 提供了许多有用命令的快捷键。图 2.9 显示了一些最有用的快捷键。完整列表请访问 http://bit.ly/XcodeShortcuts。

快捷键	功 能	快捷键	功 能
Shift + ⌘ + N	创建新工程	⌘ + B	编译工程
⌘ + N	在当前工程创建新文件	⌘ + R	编译并运行工程
⌘ + S	保存当前文件	Shift + ⌘ + k	清除工程的编译

图 2.9 常用的 Xcode 键盘快捷键

2.5 使用 Storyboard 创建欢迎应用程序的用户界面

接下来，我们将创建一个欢迎应用程序的用户界面。回想一下，我们之前已经将工程设置为通用应用程序，它可以运行在 iPhone 和 iPad 上。这些设备屏幕的大小是不同的。当我们创建一个新的应用程序时，Xcode 会自动创建一个后缀名为 Storyboard 的文件，它可以让我们设计完美适配各种设备的应用程序用户界面。这个欢迎应用程序只显示文本和图片。在第 3 章中，我们将创建第一个包含 Swift 代码的应用程序。第 3 章我们将会介绍 Interface Builder 和 Storyboard 的其他特性，让用户通过编程的方式与用户界面进行交互。

2.5.1 给应用程序配置横竖屏

众所周知，用户通常会竖屏（长边缘垂直）或者横屏（长边缘水平）握住设备。许多应用程序会根据当前的设备方向来重新布置它们的用户界面。这个应用程序会支持默认的两个方向。

如果要查看关于设备方向的设置，我们必须先在工程的导航栏选择本工程。在编辑区域显示了工程的设置选项（见图 2.10）。在发布信息栏下面的设备方向一项中，确保竖屏、左横向、右横向被选中，如图 2.10 所示的选项都是需要支持的方向的默认设置。注意上下颠倒方向是没有被选中的，如果手机上下颠倒，当用户收到来电时，会很难去接电话。因为这个原因，苹果公司强烈建议 iPhone 应用程序不要支持上下颠倒方向。除了 iPhone 应用程序的上下颠倒方向外，苹果公司建议支持所有可能的方向。

图 2.10　欢迎应用程序工程的发布信息栏的设置

2.5.2　提供应用程序图标

当应用程序被安装在一个设备上时，和其他被安装在此设备上的应用程序一样，它的图标和名称也会出现在 iOS 主屏幕。在这里，我们将添加一个应用程序图标到工程中。由于在 iOS 8 上运行着各种各样的 iPhone 和 iPad，我们需要提供不同大小的图标来支持不同的屏幕尺寸和分辨率。如果不能提供一个特定大小的图标或者提供的图标大小不正确，Xcode 将会给出一个警告提示。

资源目录（Asset Catalog）

在设置选项中，向下滑动到应用程序图标和运行图片这一节（或单击工程的 Images.xcassets 组）将会显示资源目录（见图 2.11），它管理着针对不同设备提供的不同分辨率的图片资源。iOS 会根据运行应用程序的设备和使用图标的上下文环境从图片集中自动选择合适的图像，如 iOS 的系统设置应用程序、Spotlight 搜索结果和主屏幕上应用程序图标。

图标占位符

默认情况下 AppIcon 图片集是被选中的，并且各种 iPhone 和 iPad 应用程序图标用一个空的占位符显示。它们每一个分别标记为 1x、2x 或者 3x。它们代表非高清屏（1x）和高清屏（2x 或者 3x）设备。系统判断的标准是点，1x 图标表示 1 个点等于 1 像素，2x 图标表示 1 个点等于 2 像素，3x（iPhone 6 Plus）图标表示 1 个点等于 3 像素。

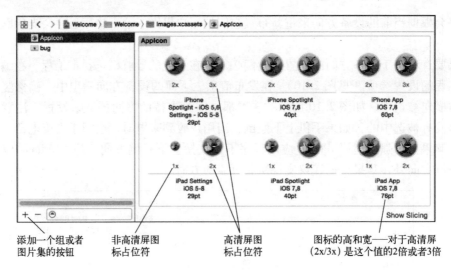

图2.11 在资源目录中选中了 AppIcon 图片集并指定了应用程序图标

图片尺寸

在 1x、2x 或者 3x 下面，资源目录提供了一些关于图标的其他相关信息。比如，iPhone Spotlight，iOS 7，8，40pt 表示这个图标会显示在 Spotlight 的搜索结果中，同时 iPhone 运行的系统要是 iOS 7 或者 iOS 8，那个图标必须有 40（40pt）个点的高和宽。对于 1x 图标，它的尺寸和定义的尺寸一样就可以了，如果是 2x 或者 3x，提供的图片必须是定义尺寸的 2 倍或者 3 倍——分别是 80 或者 120 个点的高和宽。

添加图标到资源目录

打开文件系统窗口，定位本书提供的例子中的图片文件夹，然后拖动各种 DeitelOrange 图标到对应资源目录的占位符处，以便图片可以如图 2.11 所示那样显示。我们提供的每一张图片都是正方形的（如 29×29、40×40 等）。按照如下方式放置图片。

- 对于标记为 1x 的占位符，使用图片的名称应以分辨率相对应。例如，使用 DeitelOrange_29×29.png 作为 29pt 占位符图片，使用 DeitelOrange_76×76.png 图片作为 76pt 占位符图片。
- 对于标记为 2x 或者 3x 的占位符，使用图片的名称应在原有分辨率基础上乘以 2 或者 3。例如，使用 DeitelOrange_80×80.png 和 DeitelOrange_120×120.png 图片分别表示 40pt 的占位符图片。

当我们保存自己的应用程序时，这些图片就会被保存在用户工程的 Images.xcassets 组下。

启动界面

为了改善应用程序的用户体验，启动加载时需要几秒钟，在加载的同时我们还可以指定一个应用程序的启动界面，所以用户不会看到一个空白的屏幕。以前的 iOS 版本启动界面是一张图片。到了 iOS 8，它变成了一个可以根据应用程序正在运行的不同设备来调整用户界面。Xcode 会为每一个新创建的工程添加 launchscreen.xib 文件。这个文件默认在屏幕的中心显示应用程序的名字。虽然在这个程序中我们不这样做，用户也可以选择该文件，然后使用 Interface Builder 来自定义它。

2.5.3 为应用程序的图片创建一个图片集

使用应用程序图标，我们通常要为每个图像提供多个版本，让应用程序可以适应各种尺寸和像素密度的设备。把这些图片放到资源目录作为图片集，它允许 iOS 根据设备分辨率选择正确的图片。添加一个新的图片集，我们可以从一个文件系统窗口拖动图片到资源目录左边的图片集列表——Xcode 用图片的名称给图片集命名，但不包括文件扩展名并将其作为设备的 1 倍图。我们也可以为设备提供额外的 2 倍和 3 倍图。

打开一个文件系统窗口并定位本书提供例子的图像文件夹，然后从名为欢迎的子文件夹拖动 bug.png 图标到资源目录的图片集列表，创建 bug 图片集。新的图片集如图 2.12 所示。

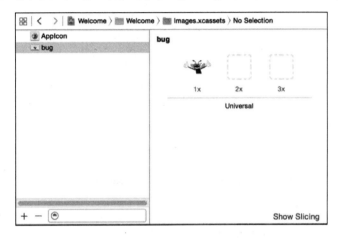

图 2.12 资源目录中虫子（bug）图片被选中

我们为所有 iOS 设备提供了一张图片。图片并不总是能很好地伸缩，所以通常最好的做法是提供定制的图片。在第 9 章，我们将讨论提交应用程序到应用程序商店并列出一些提供免费或者付费图标和图片设计的公司。

2.5.4 Storyboard 概述和 Xcode 的工具区域

接下来我们使用 Storyboard 来设计应用程序。在工程的导航栏，选择 Main.storyboard 文件便可以在编辑区域打开 Storyboard（见图 2.13）。在一个 Storyboard 中，每一个屏幕用场景来代替——它就是一块白色的矩形区域。对于这个应用程序，我们关注的是如何在场景中操作 UI 控件。在第 3 章，我们将开始讨论 Interface Builder 的其他特性，以帮助我们实现应用程序与用户之间进行交互的逻辑。

Size Classes 和自动布局工具

iOS 应用程序能够同时在 iPhone 和 iPad 上运行，并且未来还会有其他设备，如苹果手表。对于现在的 iOS 设备，用户可以通过横屏或者竖屏来查看应用程序。Interface Builder 的底部有一个工具，它可以指定场景的 Size Classes 和自动布局属性。Size Classes 帮助我们为不同尺寸的屏幕和方向设计场景。默认情况下，这个场景设置为任意高、宽，意思是这个场景是为任意的 iOS 设备而设计的，Any/Any 场景是 600×600 像素。在之后的章节中，我们将学会如何使用 Size Classes 来自定义场景，以便它们会根据设备的尺寸和方向进行不同显示。

自动布局让我们根据设备尺寸和方向来定义 UI 控件该如何校正自己的位置和尺寸。

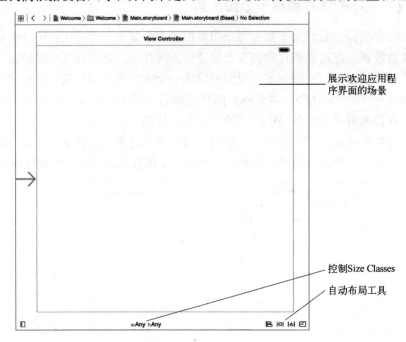

图 2.13　显示在编辑区域的 Main.storyboard 文件

库窗口

一旦 Storyboard 被显示，工具区域底部会显示一个库窗口（见图 2.14），它有 4 个选项。

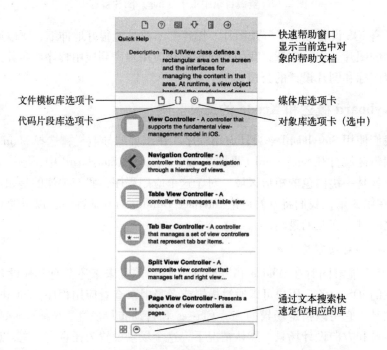

图 2.14　工具区域显示快速帮助和库窗口被选择的对象库

- 文件模板（□）：普通文件类型，用于快速将文件添加到工程。
- 代码片段（{}）：代码片段让用户快速插入和定制常用代码，如控制语句、异常处理等。我们还可以创建自己的代码片段。
- 对象（◎）：为设计 iOS 应用程序提供标准的 Cocoa Touch 用户界面控件。UIKit 框架是 Cocoa Touch 的关键组成部分，它包含了我们在本书中使用的所有 UI 控件。用户还可以了解更多，可访问：

  http://bit.ly/CocoaTouch

- 媒体（□）：工程的媒体资源文件（图片、音频和视频）。

我们可以从对象库选项卡中拖动用户界面控件并将它们添加到自己的场景中。

2.5.5 添加一个图片视图到用户界面

现在要开始自定义应用程序的用户界面。首先，添加一个图片视图，它要显示 bug.png 图片。在 Cocoa Touch 框架中，图片通常都是用 UIImageView 类的对象来显示的。

1. 在库窗口中，确保对象库选项被选中（◎），然后通过滚动或在窗口底部的搜索框中输入图片视图来定位图片视图（见图 2.14）。

2. 从对象库中拖动一个图片视图到场景中，如图 2.15 所示。默认情况下，Interface Builder 会让图片视图填充整个场景。

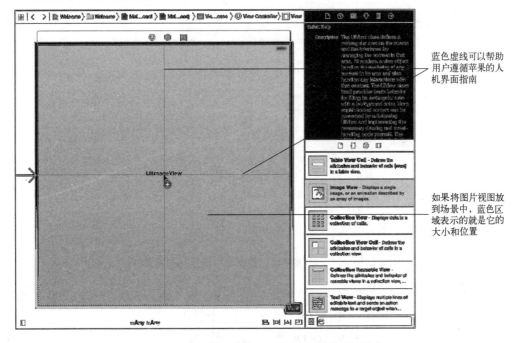

图 2.15　从对象库中拖动一个图片视图到场景中

当拖动图片视图到场景时，会出现蓝色的辅助线。辅助线会给出控件之间的间隔和对齐方式等建议，并帮助用户遵循苹果公司的人机界面指南（HIG）。HIG 里面包括约定控件之间的间距、控件定位和对齐、在与应用程序进行交互时手势的使用等。读者可以通过以下链接了解更多关于 HIG 的信息：

http://bit.ly/iOSMobileHIG

2.5.6　用查看器配置图片视图

现在定制图片视图以显示 bug.png 图片。当我们设计一个用户界面时，工具区域的顶部有一些额外的选项，主要包含下面这些查看器：

- 标识符查看器（▣）：用于指定一个对象的类和辅助功能信息并提供一个可以在设计区域左侧的对象列表中显示的对象名称。
- 属性查看器（▼）：用于自定义所选对象的属性，如显示在图片视图上的图片。
- 尺寸查看器（▤）：用于设置对象的尺寸和位置。
- 连接查看器（⊙）：用于创建代码和 UI 控件之间的连接（如响应用户与特定控件的交互）。

在场景中，单击刚刚添加的图片视图，然后按照如下步骤操作。

1. 在工具区域选择属性查看器选项（▼）（见图 2.16）。

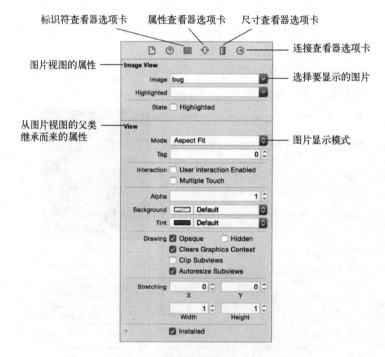

图 2.16　在工具区域属性查看器中图片视图的属性

2. 在图片视图栏，单击图片栏右边的下拉箭头并选择 bug 图片，它是在 2.5.3 节被添加到资源目录的。默认情况下，图片会拉伸去填满整个图片视图。

3. 在内容模式区域，选择 Aspect Fit 模式会强制让用户的图片适合这个图片视图并保持长宽比——长宽比率不变。

4. 在工具区域选中尺寸查看器（▤）。

5. 将图片视图的高度设置为 300，这样它可以占据屏幕的一半。

6. 将图片视图的 Y 属性设置为 300（屏幕高度的一半），以便图片视图的左上角正好是场景的一半。用户也可以拖动图片视图到屏幕的下半部分。

图片视图如图 2.17 所示。Interface Builder 也可以创建一个图片视图并通过配置显示合适的图片——从媒体库拖动一个图片到场景中，然后设置图片视图的属性。如果那样做，我们需要用尺寸处理工具来调整图片视图的尺寸，当图片被选中时它就会自动出现，如图 2.17 所示。

图 2.17　配置图片视图显示 bug.png 图片

2.5.7　添加并配置标签

为了完成设计，现在要添加一个包含"欢迎来到 iOS 应用程序开发！"的文本标签。从对象库中拖动一个标签到场景左上角，它位于图片的上面（见图 2.18）。蓝色的辅助线可以帮助我们确定标签的位置。接下来，用尺寸查看器（）将标签的宽度属性设置为 600，高度属性为 300，以便标签可以占据场景的上半部分（见图 2.19）。

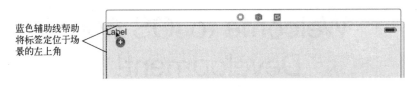

图 2.18　添加一个标签到场景中

当标签被选中后，在属性查看器中修改如下属性。
- 文本属性：用"欢迎来到 iOS 应用程序开发！"替代默认的"Label"，也可以双击标签来编辑文本。
- 对齐属性：选择中间的选项，也就是居中对齐。
- 行属性：输入 2 表示标签支持两行文本。
- 字体属性：单击这个属性右侧的向上箭头，直到值变为 55。这个就是我们想要使用的默认最大的字体。
- 自动伸缩属性：设置最小字体比例。如果文本太大以至于标签根据设备大小或者方向仍然放不下该文本内容，文本的默认比例会调到指定字体大小的一半，那就是最小字体比例设置为 0.5 的意思。

标签现在应显示为图 2.20 所示。

图 2.19 改变标签的大小

图 2.20 在设置自动布局约束之前的欢迎应用程序的场景

2.5.8 使用自动布局支持不同尺寸的屏幕和方向

虽然设计已经完成，但假如用户想运行这个应用程序，现在可以使用 iOS 模拟器来运行，用户会发现各种问题（如果现在想要运行它，见 2.6 节）。

- 标签和图片视图的尺寸不会根据设备和方向的不同而改变。
- iPhone 竖屏时，标签和图片视图相对于屏幕来说就太宽了，并且横屏时屏幕又不够高，没有足够的空间来显示这两个控件。
- 在 iPad 上，标签和图片视图就会太小以至于不能够填满屏幕并且处于屏幕的左边缘。

使用自动布局的约束可以定义 UI 控件相对于其他控件的位置并根据设备和设备的方向来修改控件的大小和位置。我们将在这个应用程序中使用自动布局的约束来确定这个标签和图片视图。

- 无论屏幕是什么方向，水平方向填充屏幕。
- 无论屏幕是什么方向，垂直方向填充屏幕并做相应缩放。
- 根据运行应用程序的设备和设备的方向进行大小调整。

当用户旋转设备时，自动布局会根据新的方向，使用这些约束来响应和调整标签和图片视图大小。配置该应用程序的自动布局约束。

1. 在 Storyboard 的左下角，单击文档大纲按钮（▢）来显示文档大纲窗口（见图 2.21），它出现在设计区域的左边。文档大纲窗口显示了组成用户场景的所有 UI 控件和其他功能，我们将在之后的章节中了解到。

2. 在文档大纲中，按住 Ctrl 键，从标签节点（欢迎来到 iOS 应用程序开发！）拖动到顶部布局指南节点（表示场景的顶部），然后放开鼠标完成拖动。我们将这个操作称为"控制拖动"。从弹出的菜单中，选择垂直间距（见图 2.22），这会将标签的上边缘和场景的上边缘关联，因此标签总是会显示在顶部。因为标签已经位于顶部，因此我们创建的这个约束就是标签的上边缘到场景的上边缘之间的间距是 0。

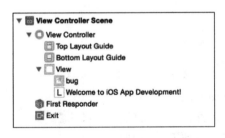

图 2.21　文档大纲窗口

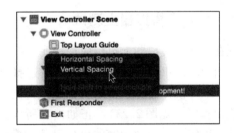

图 2.22　文档大纲

3. 从图片视图（bug 图片）节点拖动到场景的底部，从弹出的菜单中选择垂直间距。这会将图片视图的下边缘和场景的下边缘关联，因此图片视图可以一直显示在底部。因为图片视图已经位于底部了，我们创建的这个约束就是图片视图的下边缘与场景下边缘间距是 0。

4. 在单视图应用程序中，场景有一个根视图，它包含了场景的其他 UI 控件。这里就是标签和图片视图（嵌套在文档大纲的视图节点下）。在这个应用程序中，标签和图片视图都和根视图宽度一样，它们会根据设备和方向而发生改变。为了做到这点，我们将这些控件和视图的前后边缘关联。在从左到右的语言中，前边缘在左边，尾边缘在右边。在从右到左的语言中，它是反过来的。这是一个iOS的国际化特性，它可以让iOS根据用户设备的语言适配自己的用户界面。

接下来，从标签节点控制拖动到视图节点并选择Leading Space to Container Margin，然后从标签节点拖动到视图节点并选择Trailing Space to Container Margin。标签和视图有同样的宽度（基于2.5.7节的设置），因此，创建的自动约束就是标签的左右边缘与视图左右边缘的间距分别都是0。对图片视图进行同样的操作。

5. 我们希望标签和图片视图每一个都占据屏幕高度的一半并且根据屏幕大小和方向缩放。为了实现这个功能，我们认为它们应该有相同的高度并且在垂直方向上它们之间应该有一个固定的间距。从标签控制拖动到图片视图并选择同等高度。接下来，从标签控制拖动到图片视图并选择垂直间距。因为基于先前的设计步骤，在控件之间并没有间距，因此需要创建一个自动布局约束，它要求标签的下边缘到图片视图的上边缘间距是0。

在步骤5中设置的约束（组合了标签到视图上边缘的垂直间距和图像视图到视图下边缘的垂直间距）确保了这些控件每一个都占据了屏幕一半的高度并根据设备的方向和尺寸进行缩放。

可选部分：查看约束

我们可以在文档大纲视图节点中展开约束节点，查看Xcode创建的完成约束列表。如果选择了一个约束，可以在工具区域用查看器查看并编辑它的属性。如果选中一个UI控件，可以在尺寸查看器中查看它的所有约束，并且可以单击每一个约束的编辑链接去修改它。我们在之后的章节中会详细讨论约束并展示如何用其他方法来创建约束。

2.6 运行欢迎应用程序

在本节中，我们讨论在iOS模拟器或者在iOS设备上运行应用程序。如果要在设备上测试，必须是付费的iOS开发者，若要了解更多的信息请看本书的前面章节。

2.6.1 在iOS模拟器上测试

现在在iOS模拟器上执行应用程序。

1. 单击Xcode工具栏上Scheme的选择器［见图2.7（a）］会显示一个iOS模拟器和设备列表，选择我们要在哪个设备上测试自己的应用程序（见图2.23）。正如读者所看到的，各种类型的模拟器包括可以定义不同高和宽的可变尺寸的模拟器，以便能够看到自己的应用程序用户界面如何动态适配。

2. 选择iPhone 6表明用户想在基于iPhone 6大小和相关特性而配置的模拟器上测试应用程序。

3. 单击Xcode工具栏上的运行按钮（▶），或者从产品菜单中选择运行或者使用快捷键⌘+R开始构建工程。在iPhone 6模拟器上安装应用程序并运行应用程序。最开始应用程序是竖屏显示的［见图2.24（a）］。根据用户计算机屏幕尺寸的不同，模拟器窗口可能太高以至于不能显示整个应用程序。对于这种情况，选择模拟器的窗口>缩放菜单来缩小模拟器窗口。

图2.23 在Scheme的选择器中列出了iOS模拟器和设备

（a）运行在竖屏下的应用程序　　　　　　（b）运行在横屏下的应用程序

图 2.24　欢迎应用程序在 iPhone 模拟器上以横竖屏模式运行效果

4. 为了改变设备的方向，可以选择硬件 > 往左旋转或者硬件 > 往右旋转。

图 2.24（b）显示了应用程序横屏的运行效果。当应用程序运行时，Xcode 中的停止按钮（■）是可单击的。单击停止按钮会中断应用程序，但是模拟器仍然在运行。可以单击主屏幕上的应用程序图标重新在模拟器上运行该应用程序。

5. 为了能在 iPad 模拟器上运行应用程序，从 Scheme 选择器中选择 iPad Air，然后运行应用程序。图 2.25 显示了在 iPad 模拟器上应用程序的执行效果。

（a）运行在竖屏模式下的iPad模拟器

（b）运行在横屏模式下的iPad模拟器

图 2.25　欢迎应用程序在 iPad 模拟器上横竖屏模式的运行效果

2.6.2　在设备上测试（只有付费苹果公司开发者成员才可以）

测试应用程序在 iOS 设备上，首先必须在 Xcode 设置付费的开发者账号。

1. 选者 Xcode > 偏好设置。
2. 单击账户选项。
3. 单击 + 按钮并选择添加苹果公司 ID…。
4. 输入我们的苹果公司 ID 和密码，然后单击添加。

接下来，连接我们的 iOS 设备到计算机。一旦连接上，我们的设备将会出现在 Xcode 的 Scheme 的选择器中。选择我们的设备，然后运行应用程序。如果设备还没有被添加到我们的开发者账户，Xcode 会认为我们想用设备做测试并且会帮助我们将设备加入我们的开发者账户。Xcode 会构建应用程序，然后安装到我们的设备上并运行它。试着选择其他设备，看一下应用程序如何适应横竖屏。

2.7 为应用程序添加辅助功能

iOS 包含很多辅助功能，让很多残疾人士可以方便地使用这些设备。例如，有视觉障碍的人可以使用 iOS 的 VoiceOver 让设备读出屏幕上的文字（如标签或者按钮上的文本）或者提供帮助他们理解一个 UI 控件的内容和作用。当 VoiceOver 有效时，用户触摸一个可以访问的用户界面控件，VoiceOver 便会讲出关于该控件的辅助功能文本。所有的 UIKit 框架都支持辅助功能并且许多默认都是开启的。比如，当用户触摸一个标签时，VoiceOver 会讲出标签的内容。VoiceOver 可以在系统的设置应用程序的通用 > 辅助功能里面打开。我们也可以设置 VoiceOver 的辅助功能快捷键，以便连续点击 3 次主屏按钮便可以打开或者关闭 VoiceOver。iOS 模拟器现在不支持 VoiceOver，所以我们必须在设备上运行应用程序才能听到 VoiceOver 读文本内容。然而，在模拟器上我们可以使用辅助功能查看器来查看 VoiceOver 将要读的内容，在 2.7.2 节读者将看到如何操作。

2.7.1 打开图片视图的辅助功能

Xcode 中标识符查看器（■）的辅助功能栏会让用户提供描述文本，以便用户选中控件时 VoiceOver 可以读出来。在这个应用程序中，我们不需要更多的标签描述信息，因为 VoiceOver 会读出标签的内容。图片视图的辅助功能默认是不可用的，因此我们将会展示如何打开它，并且给图片视图提供一个描述文本。请按如下步骤进行操作。

1. 在 Xcode 中，在工程导航栏选择 Main.storyboard 文件。
2. 在场景中选择该图片视图。
3. 在工具区域单击标识符查看器图标（■），然后滑动到辅助功能那一栏（见图 2.26）。图片和用户交互可用的复选框默认是被选中的，但只有当辅助功能是可用时它们才会被使用。
4. 让图片视图的辅助功能可用复选框被选中。
5. 标签提供了一个简要用户界面控件的描述。在标签区域，输入"Deitel logo"。
6. 如果提供更详细的描述可帮助用户理解这个控件的用途，我们可以在提示区域输入字符串。现在我们

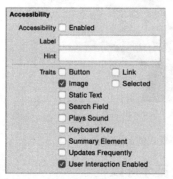

图 2.26 标识符查看器的辅助功能栏

输入"Deitel 竖起大拇指的虫子 logo"。

7. 保存 Storyboard。

在开启了 VoiceOver 的设备上运行应用程序，然后触摸标签或者图片视图会听到 VoiceOver 读出相应的文本。有些应用程序会根据用户的交互动态生成用户界面控件。对于那种用户界面控件，我们可以通过编程的方式利用 UIAccessibility 协议来设置辅助功能文本。

2.7.2 用模拟器的辅助功能查看器配置辅助功能文本

如果不是付费的 iOS 开发者计划成员，则可以使用模拟器的辅助功能查看器来检查辅助功能文本是否设置正确。按照如下步骤操作。

1. 当应用程序在模拟器上运行时，从模拟器的菜单中选择硬件 > 主页回到模拟器的主屏幕。如果有多页应用程序，则可以通过拖动鼠标实现左右滑动。

2. 定位并打开系统设置应用程序，然后选择通用 > 辅助功能。

3. 让辅助功能查看器生效。这将打开一个辅助功能查看器窗口，它悬浮在模拟器屏幕当前窗口上面，如图 2.27（a）所示。

4. 接下来，选择硬件 > 主页回到主屏幕。我们会注意到自己不能够用鼠标左右滑动。在模拟器上能够进行普通的导航，要单击辅助功能查看器左上角的 × 按钮，让它最小化。然后定位欢迎应用程序并运行它，再次单击 × 按钮展开辅助功能查看器。

（a）辅助功能查看器打开　　　（b）标签被选中　　　（c）图片视图被选中

图 2.27　在 iOS 模拟器上显示辅助功能查看器

5. 单击标签查看它的辅助功能文本。模拟器会高亮整个标签并显示它的辅助功能信息。如图 2.27（b）所示，在辅助功能查看器中的标签的文本就是设备上的 VoiceOver 将要读的内容。

6. 单击图片视图查看它的辅助功能文本。模拟器会高亮图片视图并且会显示它的辅助功能信息，包括在之前章节添加的标签和提示，如图 2.27（c）所示，VoiceOver 首先会讲出辅助功能查看器的标签文本，然后是提示文本（如果有的话）。

2.8 国际化应用程序

为了能让更多的用户使用应用程序，就需要考虑根据各个地区和语言进行定制。准备让应用程序进行定制就是所谓的国际化，为每一个地区创建资源（如不同语言的文本）就是所谓的本地化。

使用自动布局来设计用户界面是国际化的关键部分。在正确使用的情况下，自动布局会使用户界面的布置适合每个地区。比如，对于某些语言（如英语、法语和西班牙语等）用户界面是从左往右，另外一些语言（如阿拉伯语、希伯来语等）是从右往左。

国际化另外一个很重要的方面就是准备字符串资源以便 iOS 系统可以根据用户的地区用相应的字符串来替代它们。Xcode 现在支持 XLIFF（XML 本地化文件交换格式）文件来管理本地化字符串资源。XLIFF 是一个用于本地化数据展示的标准 XML。Xcode 可以导出一个 XLIFF 格式的文件，它包含应用程序所有的本地化文本。我们将这个文件提供给翻译人员，然后将翻译好的 XLIFF 文件导入。当应用程序在有不同地区设置的设备上运行时，iOS 会自动根据对应的地区选择相应的字符串资源。可以通过下面的链接了解更多关于 XLIFF 的信息：

    http://en.wikipedia.org/wiki/XLIFF

默认情况下，每一个应用程序都会进行基本的国际化。应用程序中的字符串资源是与 Storyboard 隔离开的，它被当作模板为其他语言提供本地化字符串。在开发阶段使用的语言（我们使用的是英语）称为应用程序的基本语言。如果没有为某一个地区提供相应语言的字符串，iOS 会使用基本语言字符串作为默认值。

在本节，我们将演示如何为这个应用程序的标签和图片视图的辅助功能字符串提供西班牙语版本。然后，我们将会演示如何将地区改为西班牙进行测试。查看苹果公司官方的国际化和本地化指南可以获得更多信息：

    http://bit.ly/iOSInternationalization

2.8.1 在翻译过程中锁定用户界面

本地化最好是在完成了应用程序的用户界面或者接近完成时进行。每一个 UI 控件都有一个唯一的 ID，它们作为国际化和本地化的一部分。如果这些 ID 变化（如移除/添加 UI 控件），那么 Xcode 就不能很好地应用本地化字符串资源并且某些 UI 控件可能没有本地化字符串资源。

如果我们一直在开发自己的应用程序，并且希望我们的字符串资源同时翻译，则可以锁定整个 Storyboard 的 UI 控件或者单独锁定以便它们不会被意外修改。有 4 个锁定选项。

- Nothing——可以修改所有的用户界面控件的属性。
- All Properties——不能修改任何一个用户界面控件的属性。
- Localizable Properties——不能修改一个控件的本地化属性（如标签的文本或者一个被给定控件的辅助功能标签和提示）。当在等待翻译资源导入自己的工程时，可以使用这个选项来继续完成用户界面上的工作。
- Non-Localizable Properties——只能修改用户界面控件的本地化属性。当导入翻译资源并确保不会意外修改非本地化属性时，我们可以使用这个选项。

如果希望锁定 Storyboard 的控件：

1. 在工程的导航栏选择 Storyboard。
2. 选中 Editor > Localization Locking，然后选择一个锁定选项。

如果希望锁定一个特定的用户界面控件：

1. 在 Storyboard 中选中用户界面控件。
2. 在 Identitg 查看器的 Document 类别中，改变锁定属性的值（供参考，用户界面控件的唯一 ID 也显示在 Identitg 查看器的 Document 类别中）。

2.8.2　导出用户界面的字符串资源

要创建一个包含应用程序字符串资源的 XLIFF 文件，会复制这个文件（重命名该文件以反映它所代表的地区）给负责翻译的人员需要的字符串，按如下步骤进行。

1. 在 Xcode 的工程导航栏选择应用程序。
2. 选择 Editor > Export for Localization…，确定保存 XLIFF 文件的位置（工程文件夹上一层）并保存文件。默认情况下，Xcode 会用工程名称创建一个文件夹并将 en.xliff 文件放在那个文件夹中。

文件的名称依赖于应用程序的基本语言（我们的应用程序是英文），语言 iD 就是 en。要想查看完整的语言和地区 ID，可访问：

```
http://bit.ly/iOSLanguageLocaleIDs
```

Xcode 从所有的工程文件中提取本地化字符串（不仅仅在 Storyboard）并将它们放到 XLIFF 文件中。在本书中，我们只讨论在 Storyboard 中的字符串。图 2.28 展示了 XLIFF 文件

```
 1   <file original="Welcome/Base.lproj/Main.storyboard" source-language="en"
 2       datatype="plaintext">
 3       <header>
 4           <tool tool-id="com.apple.dt.xcode" tool-name="Xcode"
 5               tool-version="6.0" build-num="6A280e"/>
 6       </header>
 7       <body>
 8           <trans-unit id="GCg-Ah-7Id.text">
 9               <source>Welcome to iOS App Development!</source>
10               <note>Class = "IBUILabel"; text = "Welcome to iOS App
11                   Development!"; ObjectID = "GCg-Ah-7Id";</note>
12           </trans-unit>
13           <trans-unit id="waJ-nz-oow.accessibilityHint">
14               <source>Deitel double-thumbs-up bug logo</source>
15               <note>Class = "IBUIImageView"; accessibilityHint = "Deitel
16                   double-thumbs-up bug logo"; ObjectID = "waJ-nz-oow";</note>
17           </trans-unit>
18           <trans-unit id="waJ-nz-oow.accessibilityLabel">
19               <source>Deitel logo</source>
20               <note>Class = "IBUIImageView"; accessibilityLabel =
21                   "Deitel logo"; ObjectID = "waJ-nz-oow";</note>
22           </trans-unit>
23       </body>
24   </file>
```

图 2.28　XLIFF 文件中对应于 Main.storyboard 的部分

中对应于 Main. storyboard 的部分（为了便于阅读进行了重新格式化）。第 8~12 行表示的是标签的字符串；第 13~17 行表示的是图片视图的辅助功能提示字符串；第 18~22 行表示的是图片视图的辅助功能标签字符串。Xcode 赋值给标签和图片视图的唯一 ID 被高亮了，在被翻译的 XLIFF 文件中这些是不能够修改的，否则，Xcode 就不知道这些字符串该如何对应。第 9 行、第 14 行、第 19 行是原始资源的字符串。

2.8.3 翻译字符串资源

接下来，要复制 en. xliff 文件并且添加西班牙语字符串。

1. 在 Finder 中定位我们在 2.8.2 节创建的 en. xliff 文件，复制并将其改名为 es. xliff（es 是西班牙语的简称）。

2. 双击 es. xliff 文件，在 Xcode 中打开它。

3. 在 XML 中，定位图 2.28 中的第 1 行并修改 XLIFF 的 target – language 属性。这会告知 Xcode，它代表哪一个地区的字符串。修改后显示如下。

```
<file original="Welcome/Base.lproj/Main.storyboard"
    source-language="en" target-language="es" datatype="plaintext">
```

4. 图 2.28 的第 9 行，插入一个空行，输入翻译字符串：

```
<target>¡Bienvenido al Desarrollo de App iOS!</target>
```

5. 在图 2.28 的第 14 行，插入一个空行，输入翻译字符串：

```
<target>El logo de Deitel que tiene el insecto con dedos pulgares
    hacia arriba</target>
```

6. 最后，在图 2.28 的第 19 行，插入一个空行，输入翻译字符串：

```
<target>Logo de Deitel</target>
```

7. 保存并关闭文件。

2.8.4 导入和翻译字符串资源

接下来，导入包含西班牙语的字符串资源的 XLIFF 文件。

1. 在 Xcode 的 Project 导航栏选择应用程序。

2. 选择 Editor > Import Localization…，定位 es. xliff 文件并单击 "Open" 按钮。

3. Xcode 会显示一个表单，它对源文字符串和翻译字符串进行比较。此时，会出现一些警告，因为我们没有为各种字符串资源（如和应用程序的图标一起显示在主屏幕的应用程序的名称）提供翻译字符串。单击 "Import" 按钮便会导入西班牙语字符串到工程。

Xcode 会从 XLIFF 文件中解压 Storyboard 中已经被翻译的西班牙语字符串并放置在 Main. strings 文件中。这个文件嵌套在 Main. storyboard 的节点上。

2.8.5 用西班牙语测试应用程序

为了能在应用程序中测试西班牙语，我们必须在模拟器（或设备）中修改语言设置。

为此，首先选择 Xcode > 打开开发工具 > iOS 模拟器，然后按照如下步骤操作。

1. 如果主页没有显示，从 iOS 模拟器的菜单中选择 Hardware > Home 或者按设备上的"Home"按钮。

2. 选择系统设置 Settings。

3. 选择 General 然后选择 Language & Region。

4. 选择 iPhone Language，从语言列表里选择 Español，然后单击"Done"按钮，系统会确认是否用户想要改变语言设置。

模拟器或设备将改变其语言设置为西班牙语并返回到主屏幕。使用 Xcode 再次运行欢迎应用程序。图 2.29 显示了应用程序运行在西班牙语的情况。VoiceOver 支持许多种语言。如果我们在一个设备上运行应用程序并加入了 VoiceOver，它将用西班牙语读出辅助性字符串的内容。也可以使用模拟器的 Accessibility Inspector 来确认西班牙语辅助性字符串内容，正如我们在 2.7.2 节所讲述的一样。

恢复模拟器（或设备）原始语言设置

为了恢复设备或者模拟器的原始语言设置，可以按照 2.8.5 节的内容进行同样的设置，这里选择英文（或我们自己的语言），也可以选择恢复默认设置。当模拟器运行时，选择 iOS Simulator > Reset Content and Settings…将会出现一个对话框询问是否继续操作。

如果单击重置按钮，那么安装在模拟器上的所有应用程序将会被移除并且所有的设置都会变成初始值。

图 2.29　欢迎应用程序运行在设置为西班牙语的模拟器上

2.9　小结

在本章中，我们使用了 Xcode 创建一个通用的应用程序，它可以在 iPhone 和 iPad 上运行。使用 Xcode 的单一视图应用程序模板作为新的应用程序的基础，并了解如何配置一个新项目。我们讨论了 Xcode 的工作台窗口，它包含导航区域、编辑区域、工具区域和调试区域以及显示在顶部的工具栏和其他一些选项。我们讨论了一个应用程序的用户界面支持的各个方向，主要包括竖向（Portrait）、反转向（Upside Down）、左横向（Landscape Left）、右横向（Landscape Right）。

使用 Xcode 的 Interface Builder 从它的对象库中拖动一个图片视图（UIImageView 类的实例对象）和一个标签（UILabel 类的实例对象）到 Storyboard 的场景中。

我们展示了如何将一个应用程序的图标添加到工程的 Images.xcassets 文件以及如何创建一个新的图片集，这些图片会被显示在图片视图中。在 Xcode 的工具区域使用查看器来编辑用户界面控件的属性，如标签的文本的属性和图片视图的图像属性，从而定制应用程序。还使用自动布局功能支持各种 iOS 设备，以确保在设备旋转时，图片视图和标签有相同的宽度和高度并且尺寸关系能被保持。

使用 iPhone 和 iPad 的模拟器执行应用程序，学会如何利用 iOS 模拟器的硬件菜单模拟 iOS 设备的方向变化。我们还展示了如果用户是苹果公司的付费 iOS 开发者，如何在 iOS 设备上运行一个应用程序。读者了解了如何使应用程序的辅助功能以及如何国际化应用程序，以便它可以根据用户设备的语言设置而显示不同的欢迎信息。

在第 3 章，我们将介绍 Swift 编程。iOS 开发是用户界面的设计和 Swift 编码的组合。为了避免乏味的用户界面编程，我们使用 Interface Builder 可视化地创建用户界面，用 Swift 编程来指定应用程序的行为。

我们将开发小费计算器应用程序，给定一个餐馆账单金额，计算一系列可能的小费。会再次创建一个单一视图的应用程序并用 Interface Builder 和 Storyboard 设计用户界面，就像本章所做的那样。我们还将添加 Swift 代码来指定应用程序应如何响应用户的交互和显示小费计算结果。

第 3 章
小费计算器

介绍 Swift、文本输入框、滑动条、Outlets、行为、视图控制器、事件处理、NSDecimal-Number、NSNumberFormatter 和自动引用计数

主题

本章，读者将学习：
- 学习基本的 Swift 语法、关键字和操作符。
- 使用 Swift 面向对象的特性，包括对象、类、继承、函数、方法和属性。
- 使用 NSDecimalNumber 类来进行精确的货币计算。
- 使用 NSNumberFormatter 类创建特定地区的货币字符串和百分比字符串。
- 用文本输入框和滑动条接受用户的输入。
- 利用 Outlet 通过编程的方式来操作用户界面控件。
- 用行为响应用户的交互事件。
- 理解自动引用计数的基本原理。
- 运行一个交互式的 iOS 应用程序。

3.1 介绍

我们已经在 1.17 节用过了小费计算器应用程序［见图 3.1（a）］，它的主要功能就是计算和显示餐厅账单的小费和账单的金额。当我们在数字键盘上输入一个金额时，应用程序便会根据 15% 的小费比率计算并显示小费总额，账单总额和自定义小费［见图 3.1（b）］。通过滑动滑动条可以自定义小费比率——它会更新自定义小费比率标签以及滑动条下面黄色标签中右边一列的小费和账单总额［见图 3.1（b）］。我们选择 18% 作为默认的小费比率，因为在美国许多的餐馆会在 6 人以上的聚会上，增加这一小费比率的建议。如果觉得不合理，也可以很容易地进行修改。

首先，我们会简单介绍开发应用程序要用到的技术。然后，我们利用 Interface Builder 来构建应用程序的用户界面。Interface Builder 的可视化工具可以在用户界面控件和应用程序代码之间建立连接，以便我们可以用代码来控制用户界面的控件和响应用户的交互。

在这个应用程序里，我们将会用 Swift 代码来实现用户交互和用户界面动态更新，也会用到 Swift 面向对象的特性，如对象、类、继承、方法、属性以及各种数据类型、操作符、控制流和关键字。在这种用例子教学的模式中，我们会详细介绍整个应用程序的所有代码。

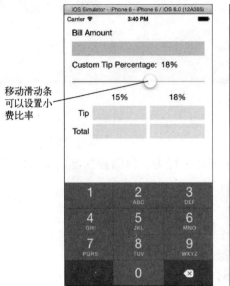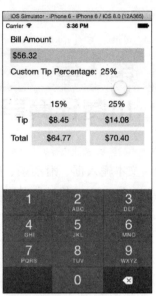

（a）应用程序第一次加载时应用截图　（b）用户输入账单金额和自定义小费比率后应用截图

图 3.1　应用第一次加载时应用截图，然后用户输入账单金额并改变自定义小费比率

3.2　技术概览

下面我们将要讲解在开发小费计算器中要用到的 Xcode、Interface Builder 以及一些 Swift 特性。

3.2.1　Swift 语言

Swift 是苹果公司为了在未来开发 iOS 和 OS X 程序而产生的一门新语言。本章的应用程序用到了 Swift 的数据类型、操作符、控制语句、关键字以及其他一些特性，如函数、重载操作符、类型推导、变量、常量等。我们也会介绍 Swift 面向对象的特性，包括对象、类、继承、方法、属性。当我们进入应用程序的上下文时，会详细解释每一个 Swift 的新特性。

Swift 借鉴了现在许多流行语言的编程思想，对于那些熟悉（如 Objective－C、Java、C# 和 C++）基于 C 的编程语言的程序员来说，Swift 的语法就非常熟悉了。想了解更多关于 Swift 的内容，请访问：

https://developer.apple.com/library/ios/documentation/Swift/Conceptual/Swift_Programming_Language/

3.2.2　Swift 应用程序和 Cocoa Touch 框架

iOS 8 的一大特点就是它内置了许多的组件方便我们重复使用，而用去"重新发明轮子"。这些组件都包含在 Cocoa Touch 框架中。这些强大的库能够帮助我们实现符合苹果公要求的 iOS 应用程序。该框架主要是用 Objective-C 实现的（部分是用 C 语言实现的）。苹果公司已经暗示新的框架将会用 Swift 来开发。

Foundation 框架

Foundation 框架包含许多的类，如基本数据类型、存储数据、操作文本和字符串、访问文件系统、计算日期和时间的差异、应用程序之间的通知等。本章中的应用程序将会用到 NSDecimalNumber 和 NSNumberFormatter 这两个类。Foundation 框架中类的名字都以 NS 开头，这是因为 NextStep 操作系统的缘故。在后面的章节中，我们会用到更多 Foundation 框架的特性。如果想了解更多内容，请访问：

http://bit.ly/iOSFoundationFramework

UIKit 框架

UIKit 框架是 Cocoa Touch 的一个子集，它包含专门为手机应用程序开发的用户界面控件，这些控件可以支持多点触摸、事件处理（也就是可以响应用户的操作）等。在后面的章节中，我们会用到许多 UIKit 框架的特性。

其他的 Cocoa Touch 框架

图 3.2 列出了 Cocoa Touch 框架的一些内容。在本系列图书中，读者将会学习到更多框架信息。了解更多信息，请访问 iOS 开发者库（参考 http://developer.apple.com/ios）。

Cocoa Touch框架列表				
Cocoa Touch Layer	AssetsLibrary	OpenAL	CoreLocation	Social
	AudioToolbox	OpenGLES	CoreMedia	StoreKit
AddressBookUI	AudioUnit	Photos	CoreMotion	SystemConfig-
EventKitUI	CoreAudio	QuartzCore	CoreTelephony	uration
GameKit	CoreGraphics	SceneKit	EventKit	UIAutomation
MapKit	CoreImage	SpriteKit	Foundation	WebKit
MessageUI	CoreMIDI		HealthKit	
Notification-	CoreText	**Core Services**	HomeKit	**Core OS Layer**
Center	CoreVideo	**Layer**	JavaScriptCore	Accelerate
PhotosUI	GLKit	Accounts	MobileCore-	CoreBluetooth
Twitter	GameController	AdSupport	Services	ExternalAccessory
UIKit	ImageIO	AddressBook	Multipeer-	LocalAuthen-
iAd	MediaAccess-	CFNetwork	Connectivity	tication
	ibility	CloudKit	NewsstandKit	Security
Media Layer	MediaPlayer	CoreData	PassKit	System
AVFoundation	Metal	CoreFoundation	QuickLook	

图 3.2　Cocoa Touch 框架列表

3.2.3　在 Swift 中使用 UIKit 和 Foundation 框架

使用 UIKit 框架各种类，必须先在源代码中引入框架（像本章 6.1 节那样）。这样便可以使用 Swift 代码访问框架的各种功能。除了 UIKit 框架的用户界面组件外，也可以使用 Foundation 框架的各种类，NSDecimalNumber 和 NSNumberFormatter。因为 UIKit 框架间接引入了 Foundation 框架，所以我们不需要单独引入 Foundation 框架。

3.2.4　用 Interface Builder 创建标签、文本输入框和滑动条

我们将再次使用 Interface Builder 和自动布局来设计应用程序的用户界面，它包含若干个显示信息的标签，一个选择自定义小费比率的滑动条和一个接受用户输入的文本框。我们将展示如何在 Interface Builder 中复制组件，以便我们可以更快地创建用户界面。标签、滑动条和文本框分别是 UILabel，UISlider UITextField 类的对象，它们都是 UIKit 框架的一部分。

3.2.5　视图控制器

视图控制器管理我们定义的每一个场景，决定什么信息应该被显示。为了能更好地利用屏幕的尺寸，iPad 应用程序有时会在一个场景中使用多个视图控制器。每一个场景包含一个视图来显示用户界面控件。视图控制器也定义了场景是如何与用户进行交互的。UIViewController 类定义了视图控制器的基本功能。我们创建的每一个视图控制器（或基于 Xcode 的应用程序模板创建的）都继承于 UIViewController 或它的子类。在本章的应用程序中，Xcode 创建了 ViewController 类来管理应用程序的各个场景，另外还有一些附加代码来实现小费计算器的逻辑。

3.2.6　在用户界面控件和 Swift 代码之间建立连接

属性

为了能够通过代码来控制应用程序的用户界面控件，我们将会在视图控制器中用 Interface Builder 生成对应的属性。Swift 类包含变量属性和常量属性。变量属性是可读/写，用 var 作为声明。常量属性一旦被初始化，便不能再修改，它是只读的，用 let 作为声明。这些关键字可以用来声明局部变量、全局变量和常量。一个变量属性定义了 getter 方法和 setter 方法，它们分别提供取值和修改值。一个常量属性只定义了 getter 方法，我们只能取值。

@IBOutlet 属性

每一个通过代码方式与用户界面控件进行交互的属性都以 @IBOutlet 作为开头来声明。使用 Interface Builder 的拖动技术可以让用户界面控件和视图控制器的属性进行连接。连接一旦被建立，视图控制器就可以通过代码来操作用户界面控件。由于 @IBOutlet 属性是可变属性，当 Storyboard 创建它们时，它们可以修改所要指向的用户界面控件。

行为（action）方法

当我们和一个用户界面控件（如滑动一个滑动条，在文本框中输入文本）进行交互时，一个用户界面事件就会发生。行为也就是当一个事件发生时，我们应该做些什么，视图控制器用行为来处理事件。每一个行为在视图控制器中用 @IBAction 来做注解。@IBAction 表示这个方法可以响应用户和 Interface Builder 中的用户界面控件的交互。我们可以通过拖动的方式在 Interface Builder 中将一个动作和一个特定的用户界面事件连接起来。

3.2.7　视图加载之后运行的任务

当用户运行小费计算器时：
- 主 Storyboard 加载。
- 用户界面控件创建。

- 应用程序对象初始化视图控制器。
- 使用信息存储在 Storyboard，视图控制器的 @IBOutlet 和 @IBAction 完成相应的用户界面控件连接。

在小费计算器中，因为只有一个场景，所以我们只有一个视图控制器。在所有 Storyboard 的对象被创建完成之后，iOS 系统会调用视图控制器的 viewDidLoad 方法——当场景的用户界面控件被加载后，和视图相关的任务才会被执行。比如，在这个应用程序中，可以调用 UITextField 的 becomeFirstResponder 方法来激活该控件，就好像用户单击了它一样。也可以配置 UITextField，当它被激活时，数字键盘会在屏幕下半处上显示。在 viewDidLoad 方法中调用 becomeFirstResponder 会促使 iOS 系统在视图被加载之后立即显示键盘（如果蓝牙键盘连接到手机上，键盘不会显示出来）。调用该方法也表明 UITextField 是 第一个响应者——当事件发生时，它会是第一个收到通知的控件。iOS 的响应链定义了事件发生时，控件被通知的顺序。关于响应链的更多细节，请访问：

http://bit.ly/iOSResponderChain

3.2.8 用 NSDecimalNumber 做财务计算

用 Swift 的单精度和双精度的浮点数做财务计算时，由于舍入误差往往是不准确的。为了更精确的浮点数计算，应使用 Foundation 框架的 NSDecimalNumber 类。这个类提供了各种方法来创建 NSDecimalNumber 对象和执行算术运算。小费计算器应用程序使用该类的方法来执行除法、乘法和加法。

Swift 数字类型

虽然本章的应用程序是用 NSDecimalNumber 类来做计算的，但在 Swift 的标准库也定义了它自己的数字类型。图 3.3 列出了 Swift 的数字类型和布尔类型——每一个类型的名字都是以大写字母开头。以整形为例，通过 min 和 max 属性，可以获取最小值和最大值，如，Int.min 和 Int.max。

类型	描述
Integer types	
Int	Default signed integer type—4 or 8 bytes depending on the platform.
Int8	8-bit (1-byte) signed integer. Values in the range –128 to 127.
Int16	16-bit (2-byte) signed integer. Values in the range –32,768 to 32767.
Int32	32-bit (4-byte) signed integer. Values in the range –2,147,483,648 to 2,147,483,647.
Int64	64-bit (8-byte) signed integer. Values in the range –9,223,372,036,854,775,808 to 9,223,372,036,854,775,807.
UInt8	8-bit (1-byte) unsigned integer. Values in the range 0 to 255.
UInt16	16-bit (2-byte) unsigned integer. Values in the range 0 to 65,535.
UInt32	32-bit (4-byte) unsigned integer. Values in the range 0 to 4,294,967,295.
UInt64	64-bit (8-byte) unsigned integer. Values in the range 0 to 18,446,744,073,709,551,615.

图 3.3 Swift 的数字类型和布尔类型

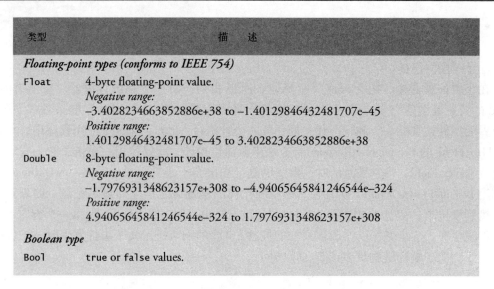

类型	描述
Floating-point types (conforms to IEEE 754)	
Float	4-byte floating-point value. *Negative range:* −3.4028234663852886e+38 to −1.40129846432481707e−45 *Positive range:* 1.40129846432481707e−45 to 3.4028234663852886e+38
Double	8-byte floating-point value. *Negative range:* −1.7976931348623157e+308 to −4.94065645841246544e−324 *Positive range:* 4.94065645841246544e−324 to 1.7976931348623157e+308
Boolean type	
Bool	true or false values.

图 3.3　Swift 的数字类型和布尔类型（续）

图 3.3 展示了 Swift 在执行算术运算时所支持的数字类型。图 3.4 展示了标准的算术运算符。

操　作	操　作　符	算术表达式	Swift 表达式
加	+	f+7	f+7
减	−	p−c	p−c
乘	*	b·m	b*m
除	/	x/y 或 −或 x÷y	x/y
取余	%	r mod s	r％s

图 3.4　Swift 的算术运算符

3.2.9　根据特定地区的货币和比率来格式化数字

使用 Foundation 框架的 NSNumberFormatter 类的 localizedStringFromNumber 方法创建特定地区的货币字符串和百分比字符串，其中一个非常重要的部分就是国际化。我们也可以使用在 2.7 节和 2.8 节学到技术将可访问性字符串和国际化添加到自己的应用程序。

3.2.10　Swift 和 Objective−C 类型之间的桥接

我们经常会将一些 Swift 对象传递给用 Objective−C 写的方法，Cocoa Touch 的许多类就是这样。Swift 的数字类型、字符串、数值和字典类型都可以被当成 Objective−C 一样使用。同样，当返回到 Swift 代码时，Objective−C 对象（NSString、NSArray、NSMutableArray、NSDictionary 和 NSMutableDictionary）会被自动转换成 Swift 对象。比如，在小费计算器中，用 NSNumberFormatter 创建基于地区的货币字符串和小费比率字符串。该类的方法返回值应该是 NSString 对象，但是实际的返回值却是 Swift 的 String 对象类型。这种机制我们称为桥接，对于我们来说是透明的。事实上，当我们在 Xcode 或者在线文档中查看 Cocoa Touch 的 Swift

版本时，就会发现这类桥接情况。

3.2.11　Swift 操作符重载

　　Swift 允许操作符重载，在使用已有的类型时，我们也可以定义自己的操作符。在 3.6.7 节，我们将定义重载的加法、乘法和除法运算符来简化 NSDecimalNumber 的算术运算。读者可以看到，创建一个 Swift 函数就可以实现一个重载的运算符，一个操作符包括它的名称和一个参数列表，参数列表包含每一个操作对象。例如，重载一个二进制加法操作符函数必须有两个参数。

3.2.12　变量初始化和 Swift 可选值（Optional）类型

　　在 Swift 中，每一个常量和变量（包括类的属性）在被使用之前，都必须初始化（对于变量，是赋值）；否则就会出现编译错误。当利用 Interface Builder 的拖动技术在视图控制器中创建@ IBOutlet 属性时，问题就出现了。这种属性指向的对象在代码中没有被创建，相反，当应用程序运行时，它们才被 Storyboard 创建，然后 Storyboard 会将它们和视图控制器进行连接。也就是说，Storyboard 将每一个用户界面控件对象赋值给合适的属性，以便我们可以通过编程的方式和这些控件进行交互。

　　对于这种在运行时才收到值的情况，Swift 提供了可选值类型，它指示一个值是否存在。一个可选值类型的变量用 nil 值来初始化，这表明它没有真正的值。

　　当我们用 Interface Builder 创建一个 @IBOutlet 时，那就说明它声明了一个隐式拆包可选值属性，其类型后面紧跟一个感叹号（!）。这种类型的属性初始值默认是 nil，它们必须被声明为变量以便可以被赋予真正属于它们声明类型的值。使用可选值可以让代码通过编译，因为@ IBOutlet 已经被初始化了（事实上它们在运行时才会有真正的值）。

　　在后面的章节中，我们将看到 Swift 有各种语言特性可以测试一个可选值是否有值，如果它确实有值，便可以展开它以便我们可以使用——我们将这种操作称为显示展开。隐式的拆包可选值（像@ IBOutlet 属性），我们可以认为它们已经被初始化了，直接在代码中使用它们。当使用一个没有隐式拆包的可选值并且其值为 nil，便会产生运行时错误。另外，一个可选值可以在任何时候设置为 nil，那也表明它不再包含一个值了。

3.2.13　值类型和引用类型

　　Swift 的类型只能是值类型或者引用类型。Swift 的数字类型、布尔类型、字符串都是值类型。

值类型

　　值类型的常量或者变量，当它们被传递给一个函数或方法，或者从一个函数或方法返回，或者赋值给另外一个变量，或者初始化一个常量，它们的值是被复制的。值得注意的是，Swift 的字符串是值类型的，在大多数的面向对象编程语言中（包括 Objective－C），字符串都是引用类型。通过结构体和枚举，Swift 可以定义自己的值类型（之后我们会讨论）。Swift 的数字、字符串都被定义为结构体。枚举通常是用来定义一系列的名称常量，但是在 Swift 中，比起大多数基于 C 语言的编程语言，它的功能更强大。

性能提示 3.1

读者可能会认为复制对象会带来许多运行时开销。然而，Swift 编译器对此做了优化，因此只有当在代码中复制对象被修改时，复制操作才会执行，这种技术称为 写入时复制。

引用类型

本章中我们将会用已经存在的类来定义一个自己的类。所有的类类型（用 class 关键词声明）都是引用类型，其他的 Swift 类型都是值类型。一个引用类型的常量或者变量（通常称之为引用）也就是指向一个对象。从概念上讲，这意味着常量或变量存储的是对象的位置。不像 Objective-C、C 和 C++ 那样，它们存储的是实际对象的内存地址，正是这样的处理，使我们可以方便找到对象，并与之交互。Swift 的结构体和枚举提供许多和类相同的功能。在许多情况下，在其他语言中我们会使用类，Swift 更喜欢用结构体或枚举。之后我们会有更多的讨论。

给一个常量赋值一个引用类型对象，它并不会保持不变

用一个引用类型的对象初始化一个常量（用 let 声明），那意味着这个常量一直都指向同一个对象。我们可以用这个引用类型常量去读写属性，调用方法去修改这个引用对象。

赋值引用

引用类型不会被复制。如果我们将一个引用类型变量赋值给其他变量，或者去初始化一个常量，在内存中它们都指向的是同一个对象。

值类型的比较操作符

图 3.5 总结了比较操作符（==、!=、>、<、>= 和 <=）。在 Swift 中这些操作符优先级都是相同的，并没有关联性。

数学符号	比较操作符	条件判断例子	添加判断的含义
=	==	x == y	x 和 y 相等
≠	!=	x != y	x 和 y 不相等
>	>	x > y	x 大于 y
<	<	x < y	x 小于 y
≥	>=	x >= y	x 大于或等于 y
≤	<=	x <= y	x 小于或等于 y

图 3.5　值类型的比较操作符

引用类型的比较操作符

值类型和引用类型的关键区别在于是否相等和不相等。只有值类型常量和变量可以用 ==（等于）和 !=（不等于）做比较操作。图 3.5 列出了其他的一些操作符，Swift 提供了 ===（相同）and !==（不相同）操作符来比较引用类型的常量和变量是否指向了同一个对象。

3.2.14　代码编辑器中的代码补全提示

当我们在代码编辑器中输入代码时，Xcode 会根据类名、方法名、属性名等显示代码补全（见图3.6）。它会提供一个内联的代码（灰色）提示和一个其他提示的列表（当前行会被蓝色高亮）。我们可以按回车键来选择高亮的代码提示或者直接从提示的列表中选择一个。我们可以按键盘的 Esc 键关闭代码补全提示，再按一次重新打开它。

图 3.6　Xcode 中的代码补全提示

3.3　创建应用程序的用户界面

在本节中，我们将用在第 2 章学到的一些技术来实现小费计算器的用户界面。下面我们会详细介绍创建用户界面的每一步，之后的章节我们会更多关注新的用户界面特性。

3.3.1　创建工程

正如 2.3 节所做的那样，开始创建一个单视图应用程序的 iOS 工程。在新工程出现的选项菜单中填写如下信息。

- Product Name：TipCalculator。
- Organization Name：Deitel and Associates, Inc.，也可以用自己公司的名称。
- Company Identifier：com. deitel，也可以用自己的公司或者用 edu. self。
- Language：Swift。
- Devices：iPhone，这个应用程序是专为 iPhone 和 iPod touch 设计的。它也可以运行在 iPad 上，只不过它会缩小居中显示，如图 3.7 所示。

在填完设置项后，单击"Next"按钮，表明我们准备保存自己的工程，单击出现的"Create"按钮，完成工程的创建。

配置应用程序只支持竖屏

在横屏模式，数字键盘会遮住小费计算器的一部分用户界面。由于这个原因，应用程序只支持竖屏。在 Xcode 编辑器的工程通用设置栏中，滑动到发布信息（Deployment Info）一栏，在设备方向（Device Orientation）中只选择竖屏（Portrait）。从 2.5.1 节我们知道大多数的应用程序都支持横竖屏，并且大多数的 iPad 应用程序也支持横竖屏。关于苹果公司的人机界面指南请访问：

http://bit.ly/HumanInterfaceGuidelines

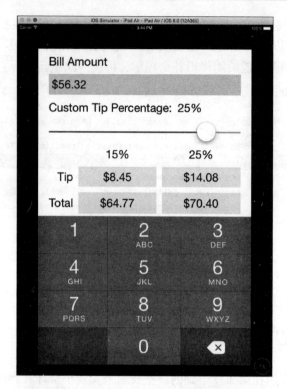

图 3.7　小费计算机运行在 iPad Air 模拟器

3.3.2　通过配置 Size Classes 来设计一个竖屏 iPhone 应用程序

在第 2 章，我们设计了一个对于任何 iOS 设备都支持横竖屏方向的用户界面。为了实现这个目标，我们用了 Size Classes 默认的 Any 属性来设置高和宽。在本节，将会控制画布来满足一个窄而高的设备，如 iPhone 和 iPod touch 的竖屏。选中 Main.storyboard，打开画布，在画布的底部，单击 Size Classes 的控制面板，它的工具便展现出来，然后在左下角单击，便可以定义 Size Classes 的紧凑宽度（Compact Width）和常规高度（Regular Height）（见图 3.8）。

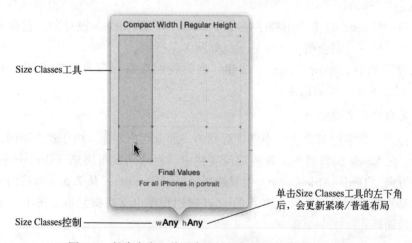

图 3.8　紧凑宽度和普通高度被选择的 Size Classes 工具

3.3.3 添加 UI 控件

在本节中,我们将通过添加和排列用户界面控件来完成基本的设计。在 3.3.4 节,我们将会添加自动布局约束来完成设计。

第一步:添加"账单总额(Bill Amount)"标签

1. 从对象库里面拖动一个标签(Label)到场景的左上角,使用蓝色的引导线来定位标签与场景的顶部和左边的距离(见图 3.9)。 符号表明已添加了一个新的控件到场景。

图 3.9 添加"账单总额"标签到场景中

2. 双击标签,输入账单金额,然后按回车键完成输入。

第二步:添加显示格式化用户输入信息的标签

接下来,添加一个蓝色标签显示格式化的用户输入信息。

1. 拖动另外一个标签放置在"账单总额"下面,如图 3.10 所示。用户的输入信息会被显示在此处。

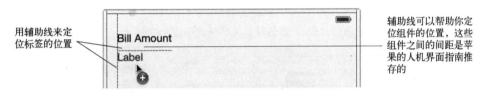

图 3.10 添加标签用于显示格式化的用户输入信息

2. 在新放置标签右边,拖动中间的尺寸柄直到蓝色的引导线出现在场景的右侧(见图 3.11)。

图 3.11 调整标签的尺寸,用户的输入才会被显示

3. 单击属性(Attributes)查看器,滑动到视图(View)一栏,定位到标签属性。单击属性值,然后单击其他(Other)选项,便会出现颜色(Colors)对话框。这个对话框顶部有 5 个选项,允许选择不同颜色。对于这个应用程序来说,我们使用蜡笔(Crayons)选项。在底部那一行,选择天空(Sky)蜡笔作为颜色(见图 3.12),然后设置透明度为 50%——场景的白色背景融合标签的颜色,形成一个高亮的蓝色。标签的样子如图 3.13 所示。

4. 一个标签的默认高度是 21 像素。增加标签的高度可以让标签的文本上下空间更多,对于这种彩色背景更具可读性。先拖住底部的尺寸柄,往上拉,直到标签的高度变为 30

（见图 3.14）。

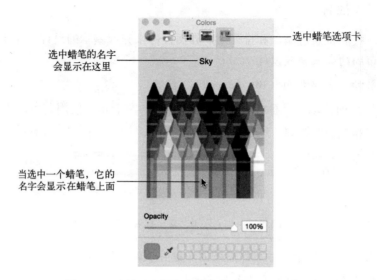

图 3.12　选择天空颜色的蜡笔作为标签的背景色

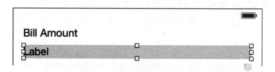

图 3.13　天蓝色背景和 50% 透明度的标签

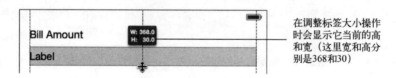

图 3.14　天蓝色背景和透明度为 50% 的标签

5. 选中标签，在属性查看器中删除它的文本属性内容，标签的内容就变成空的了。

第三步：添加"自定义小费比率（Custom Tip Percentage）"标签和显示当前小费比率的标签

在用户界面的第 3 行添加标签。

1. 拖动另外一个标签到场景上，放置在蓝色标签下面，如图 3.15 所示。

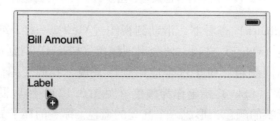

图 3.15　添加"自定义小费比率"标签

2. 双击标签，设置其文本属性为自定义小费比率。

3. 拖动另外一个标签放置到"自定义小费比率"标签的右边（见图3.16），设置该标签的文本属性值为18%，这个值是应用程序自定义小费比率的初始值，当用户滑动滑动条时，应用程序会自动更新该标签的值，现在的用户界面如图3.17所示。

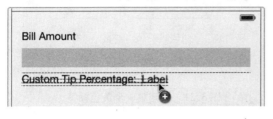

图3.16　添加显示自定义小费比率的标签

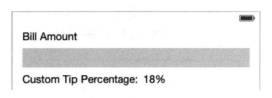

图3.17　现在的用户界面

第四步：创建自定义的小费比率滑动条

创建一个滑动条实现选择自定义小费比率功能。

1. 从对象库中拖动一个滑动条到场景中，它和"自定义小费比率"标签有一定的距离，其大小和位置见图3.18。

2. 在属性查看器中设置滑动条的最小值为0，最大值为30，当前值为18。

第五步：添加值为"15%"和"18%"的标签

接下来，将添加两个值为15%和18%的标签作为列标题。当用户移动滑动条时，这个应用程序将会自动更新之前值为"18%"的标签的值。起初我们会将这些标签放在一个大致的位置上，之后会更精确地定位这些标签。我们按照如下步骤进行操作。

1. 拖动另外一个标签到场景上，用蓝色辅助线来定位其位置（见图3.19），然后设置它的文本属性值为15%，居中对齐。

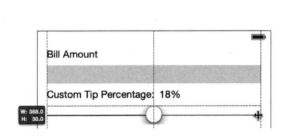

图3.18　创建和确定滑动条的尺寸

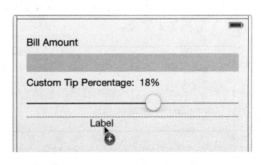

图3.19　在蓝色标签右边添加一个标签

2. 接下来复制值为"15%"的标签，当然标签的所有设置也都会被复制。按住Option键并将它拖动到右边（见图3.20），也可以通过选择一个控件并使用快捷键⌘+D实现控件的复制。设置新的标签文本属性为18%。

第六步：创建显示总价和小费的标签

添加4个标签显示小费计算器的计算结果。

1. 拖动一个标签到用户界面上，直到如图3.21所示的蓝色辅助线出现。

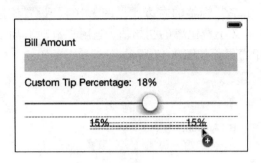

图 3.20 通过复制"15%"的标签快速创建"18%"的标签

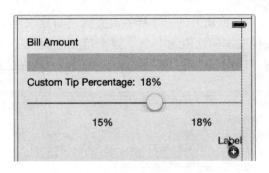

图 3.21 创建第一个黄色标签

2. 拖动标签的底部中心尺寸柄,直到标签的高度为 30,并且拖动它中间偏左的尺寸柄,直到标签的宽度是 156。

3. 使用属性查看器将文本属性清空,设置对齐方式,以便文本可以居中显示,将背景颜色设置为黄色,它位于蜡笔颜色选项卡对话框的倒数第 2 行。

4. 设置自动伸缩属性为最小字体比例并将比例设置为 0.75。如果文本变得太宽而不适合标签,这会让文本在原始字体大小的基础上缩小 75%,从而容纳更多的文本。如果想让文本能够缩小更多,可以选择一个较小的值。

5. 接下来按住 Option 键复制黄色标签,将这个标签拖动到左边,从而创建另一个标签,它位于值为"15%"的标签的下面。

6. 按住 Shift 键,选中每一个黄色标签。按住 Option 键,往下拖动任何一个选中的标签直到蓝色辅助线出现,如图 3.22 所示。

7. 通过它们所在的列,我们可以定位值为"15%"和"18%"的标签的中心位置。拖动"小费(Tip)"标签直到蓝色的辅助线出现,如图 3.23 所示。同样的操作可以用值为"18%"的标签来完成。

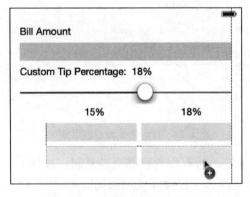

图 3.22 创建第 2 行的黄色标签

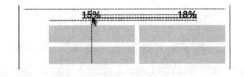

图 3.23 重新定位"15%"的标签

第七步:在黄色标签左边创建"小费(Tip)"和"总价(Total)"标签

接下来创建"小费"标签和"总价"标签。

1. 拖动一个标签到场景上,设置它的文本属性为总计,设置它的对齐属性为右对齐,并放置在第 2 行黄色标签的左边,如图 3.24 所示。

2. 按住 Option 键，拖动"总价"标签直到蓝色辅助线出现，如图 3.25 所示。修改新标签的文本属性为小费，把它拖动到右边以便和"总价"右对齐。

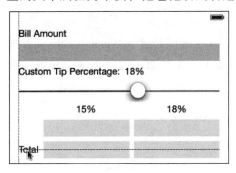

图 3.24 定位"总价"标签

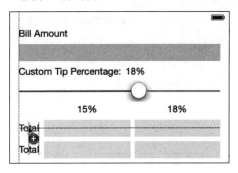

图 3.25 通过复制"总计"标签从而创建"小费"标签

第八步：创建文本框接受用户输入

创建一个文本框接受用户的输入。从场景底部的对象库中拖动一个文本框，然后在属性查看器中设置键盘类型为数字键盘（Number Pad）和黑色外观。当应用程序第一次被加载时，文本框会被隐藏在数字键盘后面。文本框收到用户的输入后，内容会被格式化并且显示在蓝色标签上。

3.3.4 添加自动布局约束

现在已基本完成了小费计算器的基本用户界面设计，但是我们还要添加自动布局约束。如果在不同设备或者模拟器上运行这个应用程序，部分用户界面控件可能超过屏幕的边缘（见图 3.26）。本节中，你将添加自动布局约束，以便用户界面控件可以适应不同大小的设备。

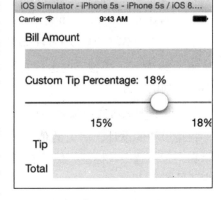

在第 2 章中，我们已经手动添加所需的自动布局约束了。在本节中，将使用 Interface Builder 添加缺失的约束，然后再次运行应用程序来查看结果。之后会创建一些额外的约束，这样应用程序在模拟器或设备上才可以正确显示。

图 3.26 应用程序运行在 iPhone 5s 的模拟器上，用户界面中并没有添加自动布局约束，一些控件超出了屏幕的右边缘

第一步：添加缺失的自动布局约束

添加缺失的自动布局约束。

1. 单击设计区域的白色背景或者在窗口中选中视图（View）。
2. 在画布的底部，单击解决自动布局问题的按钮（|⊬|），在弹出的菜单中，选择添加丢失的约束（Add Missing Constrains）一栏。Interface Builder 会分析在画布中的 UI 控件，根据它们的尺寸、位置和对齐，创建一系列的自动布局约束。

在某些情况下，这些约束能够满足设计需求，但是通常需要去做一些修改。在 Interface Builder 添加丢失的约束后，图 3.27 显示了 iPhone 5s 模拟器的运行效果。现在，所有的 UI 控件是完全可见的，但有些控件它们的位置和大小是不对的。特别是黄色标签，它们都应该有相同的宽度。

第二步：设置黄色标签有相同宽度

设置黄色标签等宽。

1. 按住 Shift 键，依次单击选中 4 个黄色标签。

2. 在画布底部自动布局工具中，单击别针|◦|工具图标，确保等宽（Equal Widths）被选中，单击添加 3 个约束按钮，如图 3.28 所示。因为添加了 3 个约束，因此前 3 个标签将会和第 4 个标签有同样的宽度。

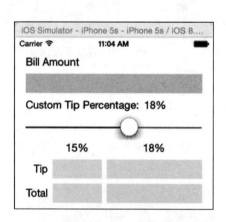

图 3.27　在 Interface Builder 中添加了缺失的自动布局约束后，应用程序运行在模拟器中，之前位置不正确的控件现在位置都正确了

图 3.28　设置黄色标签等宽

图 3.29 显示了模拟器的运行效果。因为设置黄色标签的等宽属性导致值为 18% 的标签被右边一列的标签遮住了，"小费"和"总价"标签变得过于狭窄而不能够看到全部内容。

第三步：调试消失的值为"18%"的标签

根据最初的设计，消失的值为"18%"的标签应在右列的黄色标签的顶部居中显示。如果在画布中选中该标签，然后在工具（Utilities）一栏选择尺寸属性，即可看到它的完整约束（见图 3.30）。

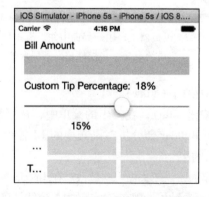

图 3.29　在设置了黄色标签为等宽之后应用程序在模拟器的运行效果

图 3.30　值为"18%"标签的约束

值为"18%"的标签在水平方向有两个约束。
- "Trailing Space to：Superview"约束的意思是这个标签距离父视图底部边缘60像素。
- "Align Center X to：Label"约束的意思是该标签水平居中显示。

这两个约束是互相冲突的。根据黄色标签的宽度，值为"18%"的标签距场景边缘的距离可能会不同。通过移除"Trailing Space to：Superview"约束，冲突就解决了。要删除该约束，只需要选中该约束，按 Delete 键。图 3.31 显示了 iPhone 5s 模拟器的最终运行效果，当然也可以在其他模拟器上测试用户界面，以确定它们是否正常工作。

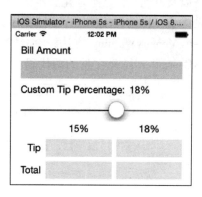

图 3.31　应用程序在模拟器的最终运行效果

3.4　用 Interface Builder 创建 Outlet

用 Interface Builder 创建的 Outlet 指向的是用户界面控件，读者可以通过编程的方式和这些用户界面控件进行交互。图 3.32 展示了我们创建这个应用程序时定义的 Outlet 名称。通用的命名约定是使用用户界面控件的类名称作为 Outlet 属性名称的结尾，但是不包括 UI 前缀，比如 billAmountLabel 而不是 billAmountUILabel（在本书写作时，苹果公司还没有出版 Swift 编码指南）。

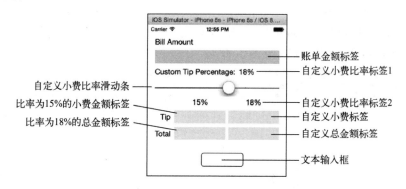

图 3.32　小费计算器的 UI 控件标签和它们的 Outlet 名称

通过控制从控件到代码的拖动，Interface Builder 让创建用户界面控件的 Outlet 变得很容易。如果要这样做，需要利用 Xcode 的辅助编辑器（Assistant Editor）。

打开辅助编辑器

为了创建 Outlet，必须确保 Storyboard 的场景已经显示出来了。接下来在 Xcode 的工具栏选中辅助编辑器按钮（），或者选择 View > Assistan Editor > Show Assistant Editor。Xcode 的编辑区域被分成了两部分，ViewController.swift 文件（见图 3.33）显示在 Storyboard 的右边。默认情况下，当我们查看 Storyboard 时，辅助编辑器会展示相应的试图控制器源代码。然后，在辅助编辑器顶部的跳转栏中单击自动（Automatic）选项，你可以预览不同尺寸的设备以及方向，预览本地化版本的用户界面或者一些你想逐一查看内容的其他文件。第 1～7 行是 Xcode 自动生成的（我们会删掉这些注释，用上我们自己的）。删除第 18～21 行的 didReceiveMemoryWarning 方法，在这个应用程序中我们不需要它。在 3.6 节我们将详细讨论 ViewController.swift 文件的源代码。

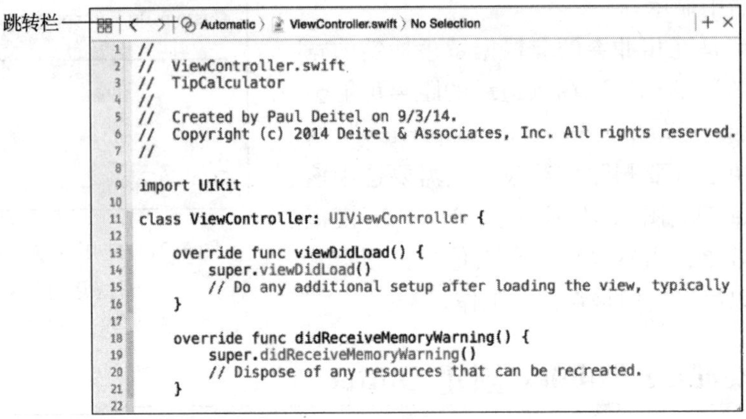

图 3.33　在辅助编辑器中显示的 ViewController.swift

创建一个 Outlet

现在可以为显示用户输入的蓝色标签创建一个 Outlet 了。我们需要用 Outlet 属性通过编程的方式来改变标签的属性，以显示用户的输入。Outlets 是作为视图控制器类的一个属性声明。按如下操作创建 Outlet。

1. 拖动蓝色标签到 ViewController.swift 文件的第 11 行下面（见图 3.34）然后放开。一个配置 Outlet 的小方框会弹出来（见图 3.35）。

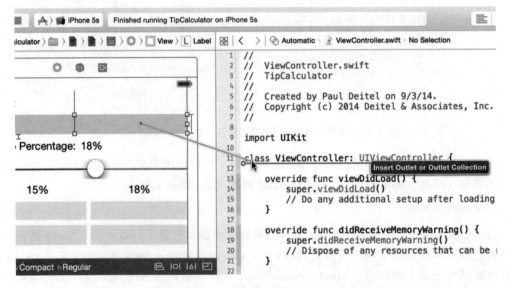

图 3.34　从场景控制拖动到辅助编辑器，从而创建一个 Outlet

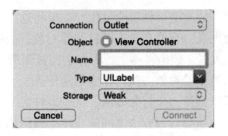

图 3.35 配置 Outlet 的小方框

2. 在小方框中，确定 Connection 已经选择了 Outlet，设定 Outlet 的 Name 为 billAmount-Label 并单击"Connect"按钮。

Xcode 会在 ViewController 类中插入如下的属性声明：

```
@IBOutlet weak var billAmountLabel: UILabel!
```

我们将在 3.6.3 节中解释这些代码。现在可以用这个属性通过编程的方式来修改标签的文本值了。

创建其他的 Outlets

按照上面的步骤重复创建其他的标签控件，如图 3.32 所示。我们的代码看起来应该像图 3.36 所示那样。在每一个 Outlet 属性的左边灰色边缘有一个小眼球（◉）符号，它表示 Outlet 已经和一个用户界面控件建立了连接。鼠标悬停在该符号上，它所连接的用户界面控件会被高亮显示。我们可以使用它来确认每一 Outlet 连接是否正常。

```
//
// ViewController.swift
// TipCalculator
//
// Created by Paul Deitel on 9/3/14.
// Copyright (c) 2014 Deitel & Associates, Inc. All rights reserved.
//

import UIKit

class ViewController: UIViewController {
    @IBOutlet weak var billAmountLabel: UILabel!
    @IBOutlet weak var customTipPercentLabel1: UILabel!
    @IBOutlet weak var customTipPercentageSlider: UISlider!
    @IBOutlet weak var customTipPercentLabel2: UILabel!
    @IBOutlet weak var tip15Label: UILabel!
    @IBOutlet weak var total15Label: UILabel!
    @IBOutlet weak var tipCustomLabel: UILabel!
    @IBOutlet weak var totalCustomLabel: UILabel!
    @IBOutlet weak var inputTextField: UITextField!

    override func viewDidLoad() {
        super.viewDidLoad()
        // Do any additional setup after loading the view, typically from a nib.
    }
}
```

图 3.36 添加 Outlet 后通过编程方式可以控制用户界面的控件

3.5 用 Interface Builder 创建行为（Action）

现在已经创建了 Outlet，需要创建行为来响应用户交互事件。每一次用户改变文本框的内容时，一个文本框编辑状态的改变事件就会发生。如果将这个行为连接到文本框，每次这个事件发生时，文本框就会发送一个消息给视图控制器对象，去执行相应的行为。同样移动滑动条时，值变化事件也会发送。如果将一个行为方法连接到滑动条，每次值发生变化时滑动条会发送一个消息给视图控制器对象去执行相应的动作。

在这个应用程序中，可以创建一个行为方法，这些事件发生时它就会被调用。接下来用辅助编辑器完成文本框和滑动条与行为方法之间的连接。按照如下步骤进行。

1. 从场景中的文本输入框拖动到 ViewController.swift 文件中第 25～26 行中间的右括号（}）（见图 3.37），便会弹出一个小窗口显示 Outlet 的配置信息。在小窗口的连接列表里面配置行为方法（见图 3.38）。

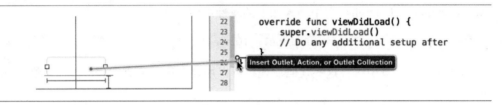

图 3.37　拖动文本字段创建一个操作

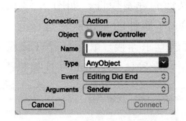

图 3.38　行为方法的配置信息

2. 在弹出的小窗口中，设置 calculateTip 作为行为的名称，选择 Editing Changed 作为其触发的事件，单击 "Connect" 按钮。

Xcode 会插入如下所示的一个空方法定义。

```
@IBAction func calculateTip(sender: AnyObject) {
}
```

并且会在方法的左边缘显示一个小的眼球符号（◉）（见图 3.39），它表明这个行为已经连接到了一个用户控件。现在，当用户编辑文本框时，一个消息将会发送给 ViewController 对象，让它执行 calculateTip 方法。我们将在 3.6.6 节定义方法的实体。

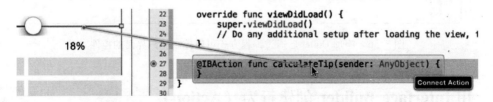

图 3.39　拖动一个已经存在的 @IBAction 和滑动条建立连接

连接滑动条的 calculateTip 方法

当用户改变自定义小费比率时，calculateTip 也会被调用。我们可以将这个动作方法和滑动条的值变化事件相关联。要那样做，必须先在场景中选中滑动条，然后按住 Ctrl 键，从滑动条拖动到 calculateTip 方法（见图 3.39）并释放。滑动条的值变化事件就和行为方法建立了连接。现在即可准备好去实现应用程序的逻辑了。

3.6 ViewController 类

3.6.1 节至 3.6.7 节介绍了 ViewController.swift，它包含了 ViewController 类以及一些全局的工具函数，这些函数主要用于格式化 NSDecimalNumber 对象并使用 NSDecimalNumber 对象进行计算。我们修改了 Xcode 在源文件头部自动生成的注释。

3.6.1 import 声明

回想一下，如果要使用 iOS 8 框架的一些特性，就必须先将它们引入自己的 Swift 代码。在这个程序中，我们使用了 UIKit 框架的几种用户界面控件类。在图 3.46 中，第 3 行是一个引入声明，它表明程序需要使用 UIKit 框架的功能。在源文件中，所有的引入声明必须出现在 Swift 代码（注释除外）的最前面。

3.6.2 ViewController 类定义

如图 3.41 所示的第 5 行是在工程创建时由 Xcode 自动生成的（以 ViewController 的类定义作为开头）。

```
1  // ViewController.swift
2  // Implements the tip calculator's logic
3  import UIKit
4
```

```
5  class ViewController: UIViewController {
```

图 3.40 ViewController.swift 的 import 声明　　　图 3.41 ViewController 类的定义和属性

class 关键字和类名

关键字 class 表明这是一个类的定义，并且类名紧随其后（ViewController）。在类定义的后面就是类名，类名标识符使用"驼峰式"的命名方式，它的每个单词以大写字母开头。类名（以及其他类型名）都是以大写字母开头的，其他标识符以小写字母开始。我们创建的每一个新的类都是一个新的类型，可以用于声明变量和创建对象。

类实体

一个左括号 { （见图 3.41 第 5 行末尾）是每一个类实体的开始。对应的右括号 }（见图 3.45 第 82 行）标志着类定义的结束。为了方便阅读，类的实体内容是被缩进的。

避免错误提示 3.1

在一个给定的源文件中，一个类在使用之前必须被定义。在一个 Xcode 工程中，如果用 .swift 文件定义了一个类，项目的其他源代码文件便可以使用这个类（大部分的面向对象语言都是这样），如 Objective-C、Java、C#和 C++。

从 UIViewController 继承

在图 3.41 所示第 5 行的 UIViewController 表明 ViewController 继承于 UIViewController，它是 UIKit 框架中所有视图控制器的父类。继承是软件重用的一种方式，一个新类的创造是通过对现有类的成员的吸收，以及用一些新的或者经过修改的功能来增强它的。这种关系表明 ViewController 是一个 UIViewController 类。这也说明 ViewController 拥有视图控制器的基本功能，包括帮助 iOS 系统管理视图控制器生命周期的 viewDidLoad（见 3.6.5 节）方法。在 ":" 符号左边的是子类，右边的是父类。每个场景都有自己的 UIViewControlle 子类来定义相应场景的事件处理程序和其他一些逻辑。不像一些其他面向对象的编程语言，Swift 类不需要直接或间接地从一个共同的父类继承。

3.6.3 ViewController 的 @IBOutlet 属性

图 3.42 展示了 ViewController 类的 9 个 @IBOutlet 属性声明，它们是在 3.4 节 创建 Outlets 时由 Interface Builder 创建的。通常，首先先定义一个类的属性，其次是类的方法，但这不是必需的。

```
 6        // properties for programmatically interacting with UI components
 7        @IBOutlet weak var billAmountLabel: UILabel!
 8        @IBOutlet weak var customTipPercentLabel1: UILabel!
 9        @IBOutlet weak var customTipPercentageSlider: UISlider!
10        @IBOutlet weak var customTipPercentLabel2: UILabel!
11        @IBOutlet weak var tip15Label: UILabel!
12        @IBOutlet weak var total15Label: UILabel!
13        @IBOutlet weak var tipCustomLabel: UILabel!
14        @IBOutlet weak var totalCustomLabel: UILabel!
15        @IBOutlet weak var inputTextField: UITextField!
16
```

图 3.42 ViewController 的 @IBOutlet 属性

@IBOutlet 属性声明

@IBOutlet 符号表明类的属性引用了一个应用程序的 Storyboard 中的一个用户界面控件。当一个场景被加载时，用户界面控件对象被创建，相应的视图控制器类对象被创建，视图控制器的 Outlet 属性和用户界面控件之间的连接也建立了。这种连接信息存储在 Storyboard 中。@IBOutlet 属性作为变量声明，使用 var 作为关键字，一旦用户界面控件和视图控制器对象被创建，Storyboard 就会将每个用户界面控件对象的引用赋值给相应的 Outlet。

自动引用计数（ARC）和属性特性

Swift 通过自动引用计数（ARC）来管理应用程序中所引用的各种类型对象的内存，它会追踪一个被给定的对象有多少个引用。当这个对象的引用计数变为零时，运行时会将它从内存中移除。

属性特性定义了一个类是否对所引用的对象有所有权关系。默认情况下，Swift 的属性对于所指向的对象有强引用，表明对该对象有所有权关系。每一个强引用会将该对象的引用计数加 1。当一个强引用不再指向这个对象时，它的引用计数就会减 1。管理引用计数增加和减少的代码都是由 Swift 的编译器自动插入的。

@IBOutlet 属性声明为弱（weak）引用，因为视图控制器并不拥有用户界面控件，它们是被 Storyboard 创建的。弱引用并不会影响对象的引用计数。一个视图控制器对于它的视图有强引用。

类型注解和隐式拆包可选值类型

类型注解就是定义一个变量或常量的类型。通过常量或变量的标识符加上冒号（:）和类型名称就定义了一个类型注解。比如，第 7 行（见图 3.42）表明 billAmountLabel 是一个可以为空值的 UILabel 对象。重新回到第 3.2.12 节，感叹号表明该变量是隐式拆包可选值类型，它默认的初始值为 nil。编译器允许这个类通过编译，因为这些@ IBOutlet 属性已经被初始化了，一旦用户界面在运行时被创建，这些属性就会被真正的用户界面控件赋值。

3.6.4　ViewController 的其他属性

图 3.43 列出了 ViewController 类的其他属性，它们被放置在@ IBOutlet 属性的下面。第 18 行定义了一个常量 decimal100，它用 NSDecimalNumber 对象初始化。Swift 的常量和变量一样，都遵循"驼峰式"的命名约定。NSDecimalNumber 类提供了许多初始化方法，它们接收一个包含初始值的字符串参数（"100.0"），然后返回一个 NSDecimalNumber 对象代表相应的数值。我们将使用 decimal100 值来计算自定义小费比率，滑动条的值会被除以 100.0。我们还将使用它来将用户的输入除以 100.0 并保留小数作为账单金显示在应用程序的顶部。初始化函数在其他面向对象的编程语言中通常被称为构造函数。第 19 行定义了常量 decimal15Percent，它用一个值为 0.15 的 NSDecimalNumber 对象作为初始值。我们将使用这个值来计算小费。

```
17    // NSDecimalNumber constants used in the calculateTip method
18    let decimal100 = NSDecimalNumber(string: "100.0")
19    let decimal15Percent = NSDecimalNumber(string: "0.15")
20
```

图 3.43　ViewController 类的定义和属性

初始化参数名称是必需的

Swift 中初始化一个对象时，必须指定每个参数的名称，紧跟一个冒号（:）和参数值。当输入代码时，Xcode 可以显示初始化的参数名称和方法，这样可以帮助用户快速而正确地编写代码。Swift 中所需的参数名称称为外部参数名。

类型推导

图 3.43 中常量没用类型注解声明。像许多其他的流行语言一样，Swift 也有类型推导，它可以从一个变量或者常量的初始值来确定它们的类型。在第 18～19 行，Swift 从初始值推断出这两个常量都是 NSDecimalNumber 对象。

3.6.5　覆写 UIViewController 的 viewDidLoad 方法

当 ViewController 类被创建时，Xcode 会自动生成 viewDidLoad 方法（见图 3.44）。可以覆写该方法，定义一些只有当视图被初始化后才能执行的任务。应将第 25～26 行代码添加到该方法。

```
21    // called when the view loads
22    override func viewDidLoad() {
23        super.viewDidLoad()
24
25        // select inputTextField so keypad displays when the view loads
26        inputTextField.becomeFirstResponder()
27    }
28
```

图 3.44 覆写 UIViewController 的 viewDidLoad 方法

一个方法的定义是从 func 关键字开始（图 3.44 中第 22 行），紧随其后是函数名和包含在括号中的参数列表，函数体包含在大括号中（{和}）。参数列表包含一个以逗号分隔的包含类型注解的列表。这个函数不接受任何参数，所以它的参数列表是空（在 3.6.6 节中会看到一个有参数的方法）。该方法不返回值，所以它没有指定返回类型（将在 3.6.7 节中看到如何指定返回类型）。

当覆写父类的方法时，必须在 func 关键字前用 override 关键字声明，并且方法里面的第 1 行必须用 super 关键字去调用父类同样的方法（图 3.44 中第 23 行）。在类的方法中出现 super 关键字时，它指向的是类的对象，但它也被用来访问从父类继承的成员。

当应用程序执行时显示数字键盘

在这个应用程序中，我们希望应用程序开始执行时，inputTextField 对象就被选中，这样可以立即显示数字键盘。我们可以通过编程的方式，调用 UITextField 的 becomeFirstResponder 方法，让 inputTextField 成为屏幕上的激活控件，就像用户单击了输入框一样。对 inputTextField 进行这样的配置就是为了实现当它被选中时数字键盘可以被显示出来，所以当视图被加载时，图 3.44 中第 26 行代码一执行键盘就会显示出来。

3.6.6 ViewController 的 calculateTip 动作方法

calculateTip（见图 3.45）方法是一个行为方法（在第 31 行通过 @IBAction 定义），它会响应文本输入框的编辑状态改变事件和滑动条值变化事件。添加第 32~81 行代码到 calculateTip 方法中，它只接受一个参数（假如已经输入过本章的 Swift 代码，那么会发现一些语句出错，这些语句利用 NSDecimalNumber 重载操作符来进行计算，在第 3.6.7 节我们会定义它们）。每个参数的名字用类型注释的方式声明并指定参数的类型。当一个视图控制器对象收到一条从用户界面控件发来的消息时，消息包含一个指向这个用户界面控件的参数，也就是事件的发送者（sender）。参数 sender 的类型是 Swift 的 AnyObject 类型，它代表任何类型的对象，但并不提供任何关于对象的信息。正是由于这个原因，对象的类型必须在运行时才能确定。动态类型被用在了行为方法上（如事件处理），因为许多不同类型的对象都可能会产生事件。行为方法会响应来自于多个用户界面控件的事件，sender 参数通常会用来判断事件来自于哪个用户界面控件（如第 42 行和 57 行）。

获取 inputTextField 和 customTipPercentageSlider 的当前值

第 32 行代码中 inputTextField 的文本属性（包含了用户的输入内容）被存储在局部字符串变量 inputString，Swift 通过类型推导知道这个变量是字符串类型，因为 UITextField 的文本属性就是字符串。

```swift
29      // called when the user edits the text in the inputTextField
30      // or moves the customTipPercentageSlider's thumb
31      @IBAction func calculateTip(sender: AnyObject) {
32          let inputString = inputTextField.text // get user input
33
34          // convert slider value to an NSDecimalNumber
35          let sliderValue =
36              NSDecimalNumber(integer: Int(customTipPercentageSlider.value))
37
38          // divide sliderValue by decimal100 (100.0) to get tip %
39          let customPercent = sliderValue / decimal100
40
41          // did customTipPercentageSlider generate the event?
42          if sender is UISlider {
43              // thumb moved so update the Labels with new custom percent
44              customTipPercentLabel1.text =
45                  NSNumberFormatter.localizedStringFromNumber(customPercent,
46                      numberStyle: NSNumberFormatterStyle.PercentStyle)
47              customTipPercentLabel2.text = customTipPercentLabel1.text
48          }
49
50          // if there is a bill amount, calculate tips and totals
51          if !inputString.isEmpty {
52              // convert to NSDecimalNumber and insert decimal point
53              let billAmount =
54                  NSDecimalNumber(string: inputString) / decimal100
55
56              // did inputTextField generate the event?
57              if sender is UITextField {
58                  // update billAmountLabel with currency-formatted total
59                  billAmountLabel.text = " " + formatAsCurrency(billAmount)
60
61                  // calculate and display the 15% tip and total
62                  let fifteenTip = billAmount * decimal15Percent
63                  tip15Label.text = formatAsCurrency(fifteenTip)
64                  total15Label.text =
65                      formatAsCurrency(billAmount + fifteenTip)
66              }
67
68              // calculate custom tip and display custom tip and total
69              let customTip = billAmount * customPercent
70              tipCustomLabel.text = formatAsCurrency(customTip)
71              totalCustomLabel.text =
72                  formatAsCurrency(billAmount + customTip)
73          }
74          else { // clear all Labels
75              billAmountLabel.text = ""
76              tip15Label.text = ""
77              total15Label.text = ""
78              tipCustomLabel.text = ""
79              totalCustomLabel.text = ""
80          }
81      }
82  }
83
```

图 3.45 ViewController 的 calculateTip 动作方法

第 35~36 行获取 customTipPercentageSlider 的值属性，它包含一个浮点数的值，表示滑动条的位置（值的范围为 0~30，在 3.3.3 节定义）。因为这个值是浮点数，所以我们可以获取小费的比率,如3.1、15.245等。这个应用程序值使用了整数的小费比率,所以我们在初始化 NSDecimalNumber 对象之前可以先转换成整数,该对象会被赋值给局部变量 sliderValue。在这种情况下,我们用一个名为 integer 的整形值来初始化 NSDecimalNumber 对象。

第 39 行使用了重载的除法操作符函数,在 3.6.7 节中将 sliderValue 除以 100(decimal100 变量)。创建的 NSDecimalNumber 对象表示自定义的小费比率,它将在之后用来做计算并且会作为一个基于地区的小费比率字符串来显示。

当滑动条值变化时,更新小费自定义比率标签

当滑动条值发生变化时,第 42~48 行会更新 customTipPercentLabel1 和 customTipPercentLabel2 的值。第 42 行判断 sender 对象是否是一个 UISlider 对象,也就是和用户交互的 customTipPercentageSlider 对象。如果一个对象的类是相同的或有继承关系,is 操作符左边对象的类和其右边对象的类是相同的或有继承关系,它就会返回真。

同样,第 57 行也会检测和用户交互的对象是否是 inputTextField 对象。像上面这样测试 sender 参数的类型可以让用户执行一些不同的任务,这要依赖于产生这个事件的控件。

第 44~46 行设置 customTipPercentLabel1 的文本属性,这个值会根据当前设备所在的地区来确定小费比率。NSNumberFormatter 类的 localizedStringFromNumber 方法会返回一个格式化数字的字符串。该方法接受如下两个参数。

- 第一个参数是要被格式化的 NSNumber 对象。NSDecimalNumber 是 NSNumber 的一个子类,在期望使用 NSNumber 的地方都可以使用 NSDecimalNumber 来代替。
- 第二个参数(额外的名称是 numberStyle)是来自于 NSNumberFormatterStyle 枚举类型的常量,它表示如何来格式化这个数字(PercentStyle 常量表示这个数字应该被格式化成一个百分数)。因为第二个参数必须是 NSNumberFormatterStyle 类型,Swift 便可以推导出方法的参数信息。因此像 NSNumberFormatterStyle.PercentStyle 这种表达式可以简写为:

```
.PercentStyle
```

第 47 行将同样的字符串赋值给 customTipPercentLabel2 的文本属性。

更新小费和总价标签

从第 51~80 行,通过计算后更新小费和总价标签的值。第 51 行使用了 Swift 字符串类型的 isEmpty 属性来确保输入的字符串不为空(也就是用户输入的账单金额)。第 53~72 行代码执行小费和总价的计算并更新相应的标签;如果 inputTextField 为空,第 75~79 行代码会清空小费和总价标签的值,并且 billAmountLabel 的文本属性值会被赋值一个空的字符串 ("")。

第 53~54 行用 inputString 来初始化一个 NSDecimalNumber 对象,然后将它除以 100.0 后赋值给账单金额,比如,用户输入 5632,用来计算小费和总价的金额就是 56.32。

第 57~66 行仅仅是判断事件的发送者是否是一个 UITextField 对象(也就是用户通过键盘在这个程序的 inputTextField 中输入或删除了一个数字)。第 59 行通过调用 formatAsCurrency 方法(在 3.6.7 节中定义)显示了特定货币格式的账单金额。第 62 行使用了 NSDecimalNumber 的乘法重载操作符函数来计算小费为 15% 的金额(在 3.6.7 节中定义)。第 63 行将

特定格式的货币值赋给了 total15Label 的文本属性。接下来，第 64~65 行根据 15% 的小费，通过利用 NSDecimalNumber 的加法重载操作符函数计算并显示总金额（在 3.6.7 节中定义），然后将计算结果传递给 formatAsCurrency 函数。第 69~72 行根据自定义小费比率计算并显示自定义小费和总金额。

为什么一个方法的第一个参数名称不是必需的

读者可能想知道在第 45~46 行中调用方法时为什么我们没有给第一个参数提供一个参数名称。在方法调用时，Swift 认为第一个参数后面的其他参数才需要额外的参数名称。苹果公司的理由是，他们想要方法调用就像读句子一样。一个方法的名字应参考第一个参数，并且后续的每个参数名称的定义都应作为方法调用的一部分。

3.6.7 ViewController.swift 文件中定义的全局工具函数

如图 3.46 所示包含了一些被 ViewController 类使用的全局工具函数。添加第 84~103 行到 ViewController 类的右括号后面。

```swift
84  // convert a numeric value to localized currency string
85  func formatAsCurrency(number: NSNumber) -> String {
86      return NSNumberFormatter.localizedStringFromNumber(
87          number, numberStyle: NSNumberFormatterStyle.CurrencyStyle)
88  }
89
90  // overloaded + operator to add NSDecimalNumbers
91  func +(left: NSDecimalNumber, right: NSDecimalNumber) -> NSDecimalNumber {
92      return left.decimalNumberByAdding(right)
93  }
94
95  // overloaded * operator to multiply NSDecimalNumbers
96  func *(left: NSDecimalNumber, right: NSDecimalNumber) -> NSDecimalNumber {
97      return left.decimalNumberByMultiplyingBy(right)
98  }
99
100 // overloaded / operator to divide NSDecimalNumbers
101 func /(left: NSDecimalNumber, right: NSDecimalNumber) -> NSDecimalNumber {
102     return left.decimalNumberByDividingBy(right)
103 }
```

图 3.46 ViewController.swift 的全局工具函数和重载操作符函数

定义一个函数——formatAsCurrency

第 85~88 行定义了 formatAsCurrency 函数。和方法定义一样，函数的定义也以 func 关键字开头（第 85 行），紧跟函数名和由小括号包裹的参数列表，然后是包裹在大括号内的函数体（{和}）。方法和函数最主要的不同就是方法是定义在类的实体中（或者 struct，或者 enum 定义）。formatAsCurrency 方法值接受一个 NSNumber 类型（Foundation 框架）的对象参数。

在参数列表后面紧跟一个 -> 符号表示这个函数定义了返回值，符号后面是返回值的类型，即这个函数返回一个字符串类型。如果一个函数不指定返回值类型，那么它是不会返回一个值的，如果喜欢显式的声明的方式，可以指定返回值类型为 void。一个带有返回类型的函数使用 return 语句（第 86 行）将返回结果告诉调用者。

我们在整个 ViewController 类中都使用 formatAsCurrency 函数来格式化 NSDecimalNumber 对象作为特定货币字符串。NSDecimalNumber 是 NSNumber 的子类，所以任何 NSDecimal-Number 对象都可以作为参数传递给该函数。NSNumber 参数也可以接收任何 Swift 数字类型作为参数，运行时会自动将 Swift 数字类型桥接成 NSNumber 类型。

第 86~87 行调用了 NSNumberFormatter 类的 localizedStringFromNumber 方法，它会根据地区返回一个代表该数字的字符串。这个方法接受一个要被格式的 NSNumber 对象作为参数，（即 formatAsCurrency 的 number 参数）和一个定义在 NSNumberFormatterStyle 中的格式化风格常量（CurrencyStyle 常量定义了基于地区的货币格式化风格）。我们定义的第二个参数是 . CurrencyStyle，因为 Swift 知道 numberStyle 参数必须是来自于 NSNumberFormatterStyle 枚举类型的常量，因此可以推导出这个常量的类型。

为加法、减法和乘法定义重载操作符函数

NSDecimalNumbers

从第 91~93 行、96~98 行和 101~103 行分别创建了重载加法（+）、乘法（*）和除法（/）操作符的全局函数。全局函数（也就是函数）定义在一个类型（如类）定义的外面。

这些函数如下：
- 用 + 操作符将两个 NSDecimalNumber 对象相加（见图 3.45 的第 65 和 72 行）。
- 用 * 操作符将两个 NSDecimalNumber 对象相乘（见图 3.45 的第 62 和 69 行）。
- 用 / 操作符将两个 NSDecimalNumber 对象相除（见图 3.45 的第 39 和 54 行）。

重载操作符函数的定义与其他全局函数一样，只是函数名是被重载的操作符（见图 3.46 的第 91 行、第 96 行和第 101 行）。这些函数接收两个 NSDecimalNumber 对象，它们分别代表操作符左边和右边的操作数。

加法操作符（+）函数（第 91~93 行）的返回结果就是调用 NSDecimalNumber 对象的实例方法 decimalNumberByAdding，左边和右边的操作数分别作为方法的参数。乘法操作符（*）函数（第 96~98 行）的返回结果就是调用 NSDecimalNumber 的实例方法 decimalNumberByMultiplyingBy，左边和右边的操作数分别作为方法的参数。除法操作符（/）函数（第 101~103 行）的返回结果就是调用 NSDecimalNumber 的实例方法 decimalNumberByDividingBy，左边和右边的操作数分别作为方法的参数（左边的操作数被右边的除）。因为这些 NSDecimalNumber 实例方法只接收一个参数，在方法调用时参数名称不是必需的。不像初始化方法和其他方法，全局函数的外部参数名称不是必需的，并且在函数调用时也不需要，除非在函数定义时它们被显示地定义为外部名称。

3.7 小结

本章介绍了小费计算器应用程序，它根据 15% 和自定义小费比率计算并显示相应的账单总金额和小费。这个应用程序使用了文本框和滑动条用户界面控件，它们接收用户的输入并根据用户的交互更新建议的小费和账单总金额。

我们也介绍了苹果公司未来的编程语言 Swift——它的一些面向对象编程的特性，包括对象、类、继承、方法和属性。读者可以看到，这个应用程序的代码使用了 Swift 的数据类型、操作符、控制流和关键字。

我们了解了强引用和弱引用并且只有强引用才会影响对象的引用计数。我们也学习了 iOS 的自动引用计数（ARC），当一个对象的引用计算变为 0 时，它才会被从内存中移除。

我们利用 Interface Builder 设计了应用程序的用户界面。我们展示了通过复制用户界面控件可以加快创建用户界面的速度，这些被复制的控件都有相同的设置。我们了解了标签对象（UILabel）、滑动条对象（UISlider）和文本输入框对象（UITextField），这都是 iOS 的 UIKit 框架的一部分，当我们创建一个应用程序时，它们都是被自动引入的。

我们展示了如何使用 import，让用户可以访问其他已经存在的框架。我们已经知道一个场景是由视图控制器对象管理的，它决定了什么信息会被显示以及如何处理用户和用户界面控件之间的交互。我们的 ViewController 类继承于 UIViewController，它定义了 iOS 中视图控制器的基本功能。

我们使用 Interface Builder 在视图控制器中生成@ IBOutlet 属性，通过它们可以用编程的方式和用户界面控件进行交互。使用 Interface Builder 的可视化工具在用户界面控件和视图控制器相应的 Outlet 之间建立连接。一旦连接建立，视图控制器就可以用编程的方式操作用户界面控件。

我们也看到和一个用户界面控件进行交互会触发用户交互事件并从控件发送一个消息到视图控制器的行为方法（事件处理方法）。我们也了解一个行为在 Swift 中用 @ IBAction 声明。在 Interface Builder 中用可视化工具可以将行为方法连接到特定的用户交互事件。

接下来，我们了解了在 Storyboard 中的所有对象被创建之后，iOS 发送 viewDidLoad 消息给相应的视图控制器以便它可以执行只有用户界面控件存在于视图中时的相关任务。我们也在 viewDidLoad 方法中调用了 UITextField 对象的 becomeFirstResponder 方法，以便 iOS 可以在视图加载之后立即显示键盘。

我们使用 NSDecimalNumbers 进行精确的财务计算。用 NSNumberFormatter 创建基于地区的货币字符串和小费比率字符串。用 Swift 的操作符重载功能来简化 NSDecimalNumber 的计算。

在第 4 章，我们将介绍 Twitter 搜索应用程序，它允许我们保存自己最喜欢的 Twitter 搜索字符串和易于记忆的短标签名称。我们将会把搜索字符串和短标签名称存储在 Foundation 框架的集合类型中。我们也可以使用 iCloud 键 - 值对存储，这样就可以在安装了 Twitter 搜索应用程序的 iOS 设备之间同步自己的查询记录。

第 4 章
Twitter 搜索应用程序

主-从应用程序、分屏视图控制器、导航控制器、Storyboard 连线、社交框架分享、User Defaults、iCloud 键-值存储、集合数据类型、网页视图、提醒对话框

主题

本章，读者将学习：
- 使用 NSUserDefaults 在设备上存储用户的 Twitter 搜索。
- 用户使用社交框架在朋友之间分享保存的搜索。
- 通过 iCloud 在多个设备之间同步键-值对数据。
- 测试 iCloud 同步。
- 使用主-从应用程序模板。
- 用一个 UISplitViewController 对象和 UINavigationController 对象支持应用程序根据设备和它的方向展示一个或者两个视图控制器。
- 用 Storyboard 连线在视图控制器之间切换。
- 使用 Swift 的数组和字典集合类型。
- 创建 UIActivityViewController 对象来显示对话框以响应用户的交互。
- 在网页视图中显示网页内容。

4.1 介绍

Twitter 的搜索机制使得它能够很容易地关注热门话题，这些话题被超过 2.7 亿的月活跃用户讨论着。通过 Twitter 的搜索操作符（我们将在第 4.2 节介绍其中的几个）可以很好地完成搜索功能，通常在 iOS 设备上输入长字符串进行搜索是费时又费劲的。为了便于记忆，Twitter 搜索应用程序使用短标签名称来保存用户最喜欢的 Twitter 搜索记录如图 4.1（a）所示。然后可以通过单击标签名称来查看 Twitter 的搜索结果，这些标签名称代表了已保存的搜索记录，这样就能更快速、方便地关注自己喜欢的话题。

常用的搜索会保存在设备的本地目录中，因此每次启动应用程序时它们都可以使用。如果用户的设备上有配置 iCloud 账号，它们也会被保存到 iCloud 中，通常在第一次设置用户的设备时都会提示要配置它。iCloud 允许用户存储诸如应用程序设置、音乐、图片、视频、文档、电子邮件等数据，并且使用同一个 iCloud 账号将这些数据同步到用户所有的 iOS 设备上。然后用户可以在自己的任意一个 iOS 设备上访问并修改这些数据。也可以使用 Mac OS X 应用程序来同步数据。我们这个应用程序使用 iCloud 来同步我们常用的

第 4 章 Twitter 搜索应用程序

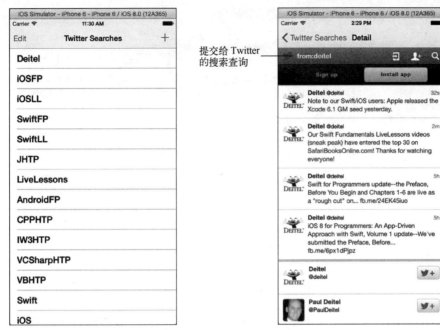

（a）显示在表格视图中的标签搜索结果截图　　（b）用户单击"Deitel"单元格后应用程序的截图

图 4.1　Twitter 搜索应用程序

搜索。

首先，要测试应用程序，然后我们将概述创建应用程序的一些技术。接下来，我们将使用 Interface Builder 来设计应用程序用户界面中的静态部分。这个应用程序会动态地显示一个对话框，用于添加、编辑和共享搜索记录。我们将介绍应用程序的完整源代码并通过遍历代码来介绍 Swift 的一些特性。

4.2　测试应用程序

打开完整的应用程序

在 Mac 上找到本书例子的文件夹，打开 TwitterSearches 文件夹，双击 TwitterSearches.xcodeproj 文件，在 Xcode 中打开这个工程。

运行应用程序

在 Xcode 工具栏的选择器上选择 iPhone 6 模拟器，然后运行程序。这样就可以编译工程并在模拟器上运行了（见图 4.2）。第一次初始化时并没有之前保存的搜索记录。

添加一个新的搜索

要添加一个新的搜索，单击应用程序右上方的（+）按钮，会显示添加搜索（Add Search）对话框（见图 4.3），单击对话框上方的输入框，输入 from：deitel 作为搜索查询，from 操作符表示从一个指定的 Twitter 账户中查找微博（deitel 对应于账号@ deitel）。图 4.4 显示了一些受欢迎的 Twitter 搜索操作符，完整的操作符列表可以访问：

http://bit.ly/TwitterSearchOperators

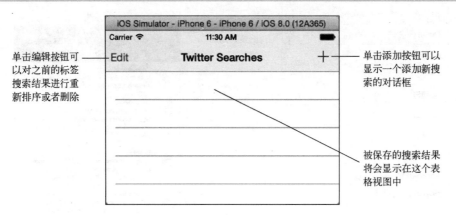

图 4.2　Twitter 搜索应用程序第一次执行

图 4.3　当用户单击应用程序的添加（+）按钮时，添加搜索对话框就会显示出来

例　　子	查找相关的推文
deitel iOS 8	隐式的逻辑与操作符——查找同时包含 deitel 字符和 iOS 8 的推文
deitel OR iOS 8	逻辑或操作符——找到包含 deitel 字符或者 iOS 8 或者两个都包括的推文
"how to program"	在引号之间的字符（""）——查找只包含" how to program" 短语的推文
deitel ?	?（问号）——查找询问关于 deitel 问题的推文
deitel －eugene	-（减号）——查找包含 deitel 但不包含 eugene 的推文
deitel :)	:)（笑脸）——查找包含 deitel 字符的有正能量的推文
deitel :(	:(（悲伤脸）——查找包含 deitel 字符的有负能量的推文
since：2012－08－12	since：——查找发生在指定日期之后的推文，日期格式必须是 YYYY－MM－DD
from：deitel	from：——查找来自于 Twitter 账号为 deitel 的推文
to：deitel	to：——查找@给 Twitter 账号 deitel 的推文

图 4.4　一些 Twitter 搜索操作符

单击底部的文本输入框，输入 Deitel 作为搜索查询的标签，然后它将在标签主列表上以短名称显示。添加搜索对话框如图 4.5 所示。接下来，单击"Save"按钮保存此搜索。应用程序的主屏幕现在如图 4.6 所示。为了简单起见，单击"Save"按钮或者输入框之间的空白区域都可以让对话框消失。

第 4 章 Twitter 搜索应用程序

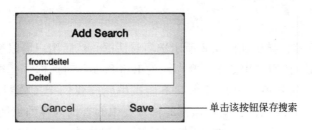

图 4.5 用户输入一个搜索查询和标签名之后的添加搜索对话框

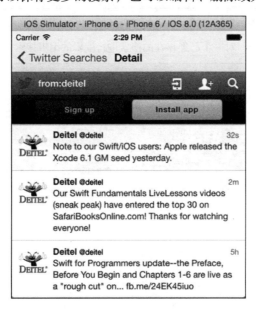

图 4.6 保存一个搜索之后的主屏幕

查看 Twitter 的搜索结果

要查看搜索结果，单击应用程序主屏幕上的 Deitel 标签，一个新的界面会从模拟器（或设备）的右边滑出，并在一个像浏览器的网页视图中显示搜索结果。应用程序会将一个搜索组装成一个 URL 链接并将其提交给 Twitter 的移动搜索页面，然后 Twitter 会以网页的形式返回结果并将其显示在 UIWebView 上。图 4.7 显示了一部分跟指定查询相匹配的查询结果。当用户查看完搜索结果，单击应用程序顶部导航栏的"Twitter Searches"按钮，便可以返回到主界面，在这里用户可以保存更多的搜索，也可以编辑、删除或共享之前保存的搜索。

图 4.7 用 from：deitel 查询到的一部分搜索结果

编辑搜索

长按一个搜索标签,弹出如图 4.8 所示选项对话框,然后用户可以选择编辑或者分享这个搜索。单击"Edit"按钮弹出如图 4.9 所示的 Edit Search 对话框。在这里只能够进行编辑查询,如果标签名称是灰色,那么表示它不能被编辑。我们把搜索推文的时间限定于从 2014 年 8 月 1 日开始,因此,我们在顶部的输入框中的查询内容的末尾输入 since:2014 - 08 - 01。since:操作符会把查询的结果限制在指定日期及其之后(格式为 yyyy - mm - dd)。单击"Save"按钮以完成保存,然后单击主屏幕上的 Deitel 标签查看已更新的查询结果。默认情况下搜索结果是按时间倒序排列的,最新的推文排在最顶部。图 4.10 显示了一部分从 2014 年 8 月开始的查询结果。

图 4.8　用于选择是否要编辑或者分享已有搜索的选项对话框

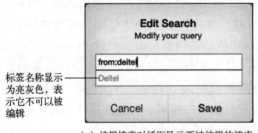 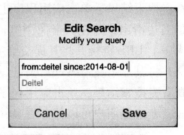

(a)编辑搜索对话框显示要被编辑的搜索　　　　(b)保存之前被编辑的搜索

图 4.9　对一个已经存在的搜索进行编辑的编辑搜索对话框

图 4.10　用 from:deitel since:2014 - 08 - 01 查找到的一部分搜索结果

分享搜索

iOS 的社交框架让用户可以通过邮件、短信、AirDrop（附近其他的苹果设备）、各种社交网站等分享信息。用户也可以复制信息到剪贴板、打印信息和保存图片到地址簿的联系人中，当联系人打电话给用户时，这张图片就会显示在屏幕上。

用户也可以长按搜索标签来分享一个常用的搜索，在弹出的 Options 对话框中（见图 4.8）单击"Share"按钮。根据用户共享的内容类型和设备不同，出现的分享选项也会不同。图 4.11（a）显示了来自于运行在 iPhone 上的应用程序分享列表。本应用程序分享了一段代表搜索链接的文本，在设备上分享时，会出现 Message、Mail、Twitter、Facebook、Copy 这些选项。这些选项有时也会不一样，例如，在中国，新浪微博应该会出现在选项中。图 4.11（b）显示了一个预填充的对话框用于发布共享搜索到 Facebook。Facebook、Twitter 和新浪微博只有用户在模拟器或设备上绑定了他们的账号信息，它们才会被显示。

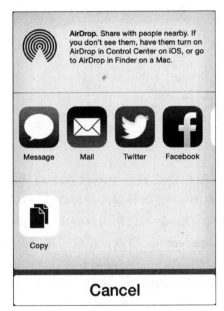

（a）分享选项清单　　　　　　　（b）关于 Deitel 的搜索在 Facebook 分享对话框中的截图

图 4.11　通过 Facebook 分享一个搜索

删除搜索和重新排列搜索

要想删除或者重新排列搜索（如将用户最喜欢的搜索置顶），可以单击屏幕左上角的"Edit"按钮（见图 4.2），这将使 UITableView 进入到编辑模式。图 4.12 显示了编辑模式下 UITableView 中已保存的许多搜索。要删除一个搜索，单击搜索标签左边●按钮，会出现一个"Delete"按钮，然后单击该按钮就可以实现删除。也可以在 UITableView 处于非编辑模式时删除搜索，通过从右往左滑动，也会出现一个"Delete"按钮，然后单击"Delete"按钮。拖动≡图标到一个搜索标签的右边可以将标签移动到新的位置。然后从屏幕上松开手指（或者松开模拟器的鼠标），以完成移动操作。单击"Done"按钮，退出 UITableView 的编辑模式。

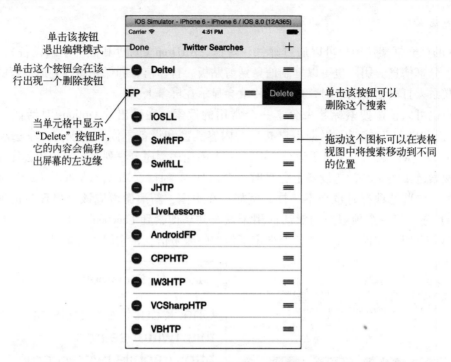

图 4.12 编辑模式的 UITableView

测试应用程序的 iCloud 功能

iOS 模拟器现在支持 iCloud,所以用户可以在模拟器或设备上测试这个应用程序的 iCloud 同步功能。要使用 iCloud 的功能,用户必须是 iOS 开发者计划的付费成员,同时需要创建一个工程,它有一个支持 iCloud 的授权概要文件。Xcode 可以帮用户完成这些设置,用户只需要单击工程资源管理器(Project)顶部的 TwitterSearches 节点,在应用程序设置栏的通用(General)选项中单击 "Fix Issue" 按钮。

要想看一下同步的运行效果,需要在每台设备或者用户使用的 iOS 模拟器上使用相同的苹果公司账号登录到 iCloud,苹果公司建议设置一个单独的苹果用户账号用于测试。登录 iCloud 有以下步骤。

1. 打开设备或模拟器上的设置(Settings)程序,选择 iCloud。
2. 输入用户的苹果公司账号和密码,单击 "Sign In" 按钮。

当设备已经登录了 iCloud,在运行应用程序时,每当用户增加、修改或删除搜索时,程序都会用 iCloud 进行同步。如果应用程序运行在另一台使用相同账号登录的设备上时,程序将会被告知这些修改并更新其搜索列表。如果应用程序没有运行在另外一台设备上,但是未来某个时间点会,那么只要它运行起来,这些改变都会被通知给那台设备。因为应用程序的 iCloud 同步需要在苹果公司服务器和用户的设备之间进行传输,所以通常会有延迟。当在 iOS 模拟器上运行程序时,用户可能需要手动启动每个 iCloud 同步操作,单击模拟器的 Debug > Trigger iCloud Sync。4.4.1 节将讨论如何在用户的应用程序上启用 iCloud 键 – 值存储功能。

4.3 技术概述

本节将介绍用于创建 Twitter 搜索应用程序用到的 Xcode、Interface Builder 和 Swift 的一些特性。

4.3.1 主-从应用程序模板

主-从应用程序模板会创建一个带有 UITableView 的主列表用户界面，在这个列表中用户可以选择一项来查看它的详情（见图 4.1），这和内置的邮件和联系人应用程序有点类似。主列表视图由 MasterViewController 来管理，详情视图由 DetailsViewController 来管理，当选择这个应用程序模板时，Xcode 会自动创建这两个类。

对于 iPhone 来说，应用程序初始化时会显示一个主列表，当用户单击列表中的一个选项时，应用程序会打开一个新的包含详情的独立视图，在这个应用程序里就是一个 Twitter 搜索的结果。对于 iPad 来说，这个模板也包含了一个分屏视图，它根据设备方向不同而展示不同的内容。

- 竖屏时，应用程序默认展示的是详情视图，单击屏幕左上角的 < Master，主列表会出现在窗口中，它会覆盖一部分详情视图。单击主列表中的一个项目，主列表便会关闭并显示该项目的详情。
- 横屏时，主列表总是显示在屏幕的左边，详情视图总是显示在右边（尽管详情有可能是空的）。触摸主列表中的一个项目就会在详情视图中显示其详情。

模板是预先配置好的，所以触摸主列表视图中的（+）号按钮就会在 UITableView 中添加一个新的包含当天日期和时间的单元格。触摸这个单元格就会在详情视图中显示相应的日期和时间。在创建工程之后（见 4.4.1 节），用户可以运行这个应用程序来查看模板预定义的功能。要查看更多 UITableView 的细节，请查看苹果公司的表格视图编程指南：

http://bit.ly/iOSTableViewGuide

4.3.2 网页视图——在应用程序中展示网页内容

这个应用程序会使用网页视图（UIWebView 类）将 Twitter 查询结果作为网页来显示。这样可以让用户停留在应用程序中查看结果，而不需要跳转到 Safari 浏览器。

4.3.3 Swift：数组和字典集合

这个应用程序使用了 Swift 的数组和字典集合，以及 Foundation 框架的一些其他组件（因为大多数 Cocoa Touch 类是由 Objective-C 编写的）。一个数组是由相同类型的相关数据元素组成的数据结构。一个字典是由键-值对组成的集合，其中键必须是唯一的，值可以不是，通过键可以获取相应的值。

我们将用户的短标签名称列表存储在数组，这些短标签用以标识已保存的搜索。我们使用这个数组来追踪用户之前在设备上的搜索顺序。当用户将应用程序主列表中的一个搜索进行移动时，应用程序也会相应地将数组中的标签进行移动。

我们将用户常用的搜索作为键-值对保存在字典中，键就是用户输入的标签，每个键对应的值是用户输入的搜索查询字符串。当用户单击应用程序主列表中的一个标签时，我们使用标签的索引在数组中查找标签，然后使用标签在字典中寻找相应的搜索查询。

数组类型注解

一个程序可以声明任何类型的数组，通常它的类型可以基于数组的初始化方法被编译器推导出来，但用户也可以指定一种带有类型注释的数组类型。例如：

```
var tags: Array<String>
```

定义一个 tags 变量，它的类型为 Array < String >，读起来就是：一个字符串数组。尖括号里的类型就是数组的元素类型，像数组这种指定了其存储或者操作的数据类型，我们称之为泛型类型。

避免错务提示 4.1

数组是类型安全的——只有和声明的元素类型相同的值才可以被放入数组中，如果放入其他类型的值会导致编译错误。同样，当我们从一个数组中取值时，这个值也会和数组声明的元素类型一致。

数组类型注解简写

Swift 为数组类型注解提供了一个简写。例如：

```
var tags: [String]
```

它声明了一个数组类型，其元素类型在方括号中指定。在本书以后的章节中，我们都将使用这种简写语法。

字典类型注解

字典也是一种泛型，例如：

```
var searches: Dictionary<String, String>
```

它声明了一个字典类型的变量 searches，尖括号中的第一种类型是字典的键，第二种类型是它的值，键的类型和值的类型可以一样，也可以不一样。还有一种字典类型的简写，例如：

```
var searches: [String : String]
```

它声明了一个字典类型的变量 searches，其键和值在一个方括号中指定，并且键和值由冒号分隔，在本书的以后章节中，我们都将使用这种简写语法。

Swift 和 Foundation 框架类型之间的桥接

回想一下 3.2.10 节，Swift 会自动在其类型和相应的 Foundation 框架类型之间进行桥接，Twitter 搜索应用程序与 Cocoa Touch 框架类进行交互，其操作的 Foundation 框架集合是 NSArray、NSMutableArray、NSDictionary 和 NSMutableDictionary，Swift 中对应的类型分别是 Array 和 Dictionary 类型。

Swift 的任意对象（AnyObject）类型

Foundation 框架的集合并不是泛型，它们能保存任意的对象类型，包括同一时间内的许多不同类型。由于这个原因，当运行将 NSArray 或 NSMutableArray 桥接到一个 Swift 数组时，这个数组的类型就是［AnyObject］。Swift 的任意对象类型代表任意的一个 Objective – C 对象或者一个 Swift 类。同样，NSDictionary 或 NSMutableDictionary 类型桥接到 Swift 就是［NSObject：AnyObject］。NSObject 是所有 iOS Cocoa Touch 框架类的父类。当用户知道一个 Foundation 框架类包含特定类型的值，用户可以转换成相应的 Swift 数组和字典。例如，如果用户知道一个任意对象类型的数组只包含 NSString 对象，就可以将它转换成［String］类型，因为 NSString 类型可以桥接到 Swift 的字符串类型，我们将在之后的代码中多次使用这种转换。要想了解关于 Swift 和 Objective – C 类型之间桥接的更多细节，请访问：

http://bit.ly/UsingSwiftWithObjC

4.3.4　NSUserDefaults——为应用程序设置存储本地键 – 值对

iOS 包含一个默认的系统，它使用键 – 值对来存储用户的应用程序偏好设置，每个偏好都有一个名称（键）以及相应的值。每个应用程序都有个 NSUserDefaults 对象，它的键是 NSString 类型。每个键的值可以是内置数字类型（如整形、双精度浮点数等），一个 URL 对象、NSData、NSString、NSNumber、NSDate、NSArray、NSDictionary，或者任何的可以桥接到 Foundation 框架类型的 Swift 类型。Swift 的数字类型和字符串类型可以桥接到 NSNumber 和 NSString。Swift 的数组和字典类型可以桥接到 NSArray 和 NSDictionary 类型，如果集合中的内容需要可修改，那么可以桥接到 NSMutableArray 和 NSMutableDictionary 类型。用户可以使用应用程序的 NSUserDefaults 对象在设备上来存储用户常用的搜索。关于 NSUserDefaults 的更多细节，可以在 iOS 开发库中查看偏好和设置编程指南：

http://bit.ly/iOSPreferencesSettings

像用户名和密码之类的安全数据最好不要保存在 NSUserDefaults 中，而应该保存在 Keychain 中，更多信息请访问：

http://bit.ly/iOSKeychain

4.3.5　使用 NSUbiquitousKeyValueStore 类在 iCloud 中存储键 – 值对

对于在设备上配备了 iCloud 账号的用户来说，应用程序将他们常用的搜索作为键 – 值对保存在 iCloud。如果他们在其他 iOS 设置上安装了这个应用程序并且也登录了同样的 iCloud 账号，那么他们这些常用的搜索数据可以通过这些设备进行同步，以便在每一个设备上都可以使用它们。用户将会使用 NSUbiquitousKeyValueStore 类的对象来保存一个新的键 – 值对，修改和更新它以及从 iCloud 中删除它。此外，当用户的常用搜索在另一台设备上改变时，可用 NSNotificationCenter 类来注册接受 iCloud 的通知。关于 iCloud 的更多细节，可以查看 iOS 开发库中的 iCloud 设计指南：

http://bit.ly/iCloudDesignGuide

根据苹果公司关于 NSUbiquitousKeyValueStore 类的说明文档，如果键 – 值对存储在

iCloud中对于用户的应用程序是一项非常重要的功能,那么当用户离线时,应使用默认系统在本地存储键-值对。正是这个原因,我们在这个程序中使用了NSUserDefaults和NSUbiquitousKeyValueStore。

4.3.6 社交框架

社会框架允许用户创建集成了社交网络服务的应用程序,而不需要使用单独的代码或者框架。用户可以使用社交框架发布状态和图片更新,并且用户可以从社交网络上接收到的其他用户的近况。更多相关信息,请查看iOS开发库中的社交框架参考:

http://bit.ly/iOSSocialFramework

社交功能也集成在许多内置的iOS程序中(见图4.13)。

应用程序	功能
Safari 浏览器	分享一个网页
地图	分享一个地理位置信息
相机	分享照片
联系人	只要用户允许,Facebook中的朋友信息可以被添加到系统的联系人应用程序中
游戏中心	分享高分数
Siri 语言助手	告诉Siri发布到Facebook、Twitter等社交媒体
通知中心	社交网络的一些通知会出现在通知中心

图4.13 在原生应用程序中的一些社交网络功能

在这个应用程序中,用户不会直接使用社交框架。当用户选择分享一个搜索时,程序将创建一个UIActivityViewController对象,它会给用户展示一系列的共享选项,如图4.11(a)所示。当用户选中某个分享选项时,UIActivityViewController对象将会显示一个合适的用户界面,其中包含用户选择的分享搜索内容。当用户完成了分享操作,UIActivityViewController对象就会关闭并返回主界面。

4.3.7 模型-视图-视图控制器(MVC)设计模式

大多数iOS程序都遵循MVC设计模式,它将应用程序的数据部分(包含在模型中)从图形界面(视图)和应用程序的逻辑(控制)中分离开来。我们用Interface Builder来创建Twitter搜索应用程序的视图,用Swift来创建应用程序的控制器。程序的数据存储和解析都是由单独的类来管理的,这个类我们称为模型(见4.5节),它所代表的数据都存放在数据库或者云端。在这个程序中,它所代表的数据存放在应用程序的NSUserDefaults和通过NSUbiquitousKeyValueStore类存放在iCloud中。MVC设计模式最主要的好处是用户可以独立地修改模型、视图及控制器。应用程序在模型、视图和控制器之间的一些交互包括如下内容。

- 当用户通过用户界面(视图)添加一个新的搜索时,MasterViewController(控制器)从用户界面接受事件,然后让模型存储这个搜索。
- 当用户删除一个搜索时,MasterViewController从用户界面接受事件,然后更新相应的视图和模型。

- 当用户编辑一个搜索时，MasterViewController 从用户界面接受事件，更新相应的模型。
- 当用户单击一个标签查看搜索结果时，MasterViewController 从用户界面接受事件，然后从模型中获取相应的搜索，将信息传递给 DetailViewController 类并显示在屏幕上。
- 当用户想分享一个搜索时，MasterViewController 从用户界面接受事件，从模型中获取相应的搜索，将 URL 传递给 UIActivityViewController 类并显示共享选项。
- 当模型对象接受应用程序云端数据发生变化的通知后，它会更新本地的数据，并通知 MasterViewController 对象，然后该对象便会更新视图中的搜索列表。

要想了解更多关于 iOS 的 MVC 模式，请访问苹果公司的论坛：

http://bit.ly/iOSMVC

4.3.8　Swift：遵循协议

协议与其他面向对象语言中的接口概念是类似的。一个 Swift 类型可以实现协议并满足其要求，任何支持这种操作的类型我们就称之为遵循这个协议。一个类最多只能继承一个父类，但可以遵循很多个协议，在类的定义冒号后面，用户可以放一个以逗号分隔的列表，第一个是父类（如果有的话），其后面就是这个类所遵循的相关协议。Swift 的结构和枚举类型不支持继承，但它们有相应的协议可以使用。

Swift 的协议比 Objective－C 的协议以及其他面向对象编程语言的接口更加灵活。Swift 协议可以包含实例属性和方法、类属性和方法（和其他面向对象语言中的类成员类似），重载操作符和下标操作（允许一个像 Swift 数组和字典类型那样的类进行下标操作）。

在这个应用程序中，当模型接收到 iCloud 变化，它会通知 MasterViewController 类以便它能更新 UITableView。我们的模型将定义一个只有一个方法的协议，MasterViewController 类会遵循这个协议并实现其方法。当 iCloud 发生变化时，模型就会调用 MasterViewController 类的方法，以便它能更新相应的用户界面。读者可以看到，当 MasterViewController 类创建应用程序的模型对象时，我们将给它的初始化方法传递一个 MasterViewController 类，模型对象将存储这个引用并调用协议的方法。

在下文中，我们还将更详细地讨论协议的一些特性。要了解更多信息，请访问苹果公司的 Swift 程序设计语言的协议章节：

http://bit.ly/SwiftProtocols

4.3.9　Swift：暴露方法给 Cocoa Touch 库

许多的 Cocoa Touch 类都有一些方法需要其他的方法作为参数传进来，例如，当用户注册通知时，需要提供一个方法来响应通知。这种参数称为选择器（见 4.5.3 节），一个 Swift 方法作为选择器被提供，它必须被定义在 Objective－C 的子类中或者用户必须给 Swift 方法添加一个 @objc 的前缀，读者将在图 4.22 中看到。

4.3.10　用于提醒对话框的 UIAlertController 类

当用户单击加号（+）按钮增加一个搜索、长按一个标签来选择是编辑还是分享搜索时，应用程序会使用 UIAlertController 类（iOS 8 的新内容）来显示一个相应的对话框。

- 单击添加（+）按钮添加一个搜索。
- 长按一个标签选择编辑和共享一个搜索。
- 决定编辑搜索。

在 4.6.4 节中将看到，我们可以把 UIAlertAction 添加到 UIAlertController 中以显示按钮并且当用户单击这些按钮时应用程序应该做些什么。我们可以将 UITextField 控件添加到 UIAlertController 以接受用户的输入，我们将会从用户那里接受到新的搜索并允许用户编辑现有的搜索。

4.3.11 长按手势

iOS 支持许多手势（见第 1 章）。要在应用程序中识别这些手势并做出回应，可以使用许多不同 UIGestureRecognizer 子类对象，当用户在主列表视图中长按一个标签时，应用程序就会显示编辑和共享搜索的选项。要响应这个事件，应用程序就会为 UITableView 中的每个单元格注册一个长按手势。

4.3.12 这个应用程序中使用到的 iOS 设计模式

本节讨论 iOS 常使用的一些设计模式。要了解更多关于设计模式的内容，请访问

http://bit.ly/iOSDesignPatterns

委托模式

4.3.8 节描述的设计模式称之为委托设计模式。在这个设计模式中，一个对象代表另外一个对象执行任务。比如，这个应用程序中的 iCloud 通知，MasterViewController 类会代表模型来更新视图。对于 UIWebView 的通知，遵循 UIWebViewDelegate 协议的对象会代表 UIWebView 对象来执行任务，比如，响应一个网页的开始和结束加载回调。

目标-行为模式

目标-行为设计模式经常用于事件处理。目标是对要发生的事件做出回应的对象，行为是目标对象处理事件时调用的方法。比如，在小费计算器应用程序中，UISlider 和 UITextField 类的事件目标是 ViewController，行为是 calculateTip 方法。在 Twitter 搜索应用程序中使用的主-从应用程序模板，它预先设置的各种事件处理都使用了这种设计模式。我们将通过编程的方式配置用户在应用程序对话框中接受的其他行为。

观察者模式

当应用程序的数据在其他设备上发生变化时，我们将使用观察者模式响应 iCloud 通知。在这个模式中，一个主体对象会根据它状态的变化来通知观察者对象。观察者通过注册监听主体对象状态的通知来观察这些状态的变化。当一个通知发生时，并且观察者注册接收这些通知，通过调用之前注册的观察者方法可以通知观察者对象。在这个应用程序中，模型对象监听应用程序 iCloud 数据变化的通知，当发生改变时，iCloud 服务（主体对象）会发送通知，模型的 updateSearches 方法（见 4.5.8 节）会被调用。在 4.5.3 节中将看到，当 iCloud 通知发生时，我们定义的这个方法就会被调用。

4.3.13 Swift：外部参数名

默认情况下，在函数中定义的参数名只在该函数中是有效的，只能在函数体中访问该参数值。但也可以定义外部参数名，当函数被调动时调用者可以使用它，回想一下3.6.6节的内容，对于一个初始化程序的所有参数以及一个方法调用中第一个参数后的任何参数就是这种情况。这可以帮助调用者明确每一个参数的含义。

对每一个参数，可以同时指定一个外部名称和一个局部名称，将外部参数置于局部参数之前，例如：

> *externalName localName*: *type*

或者可以指定局部参数名也可以被当作外部参数名使用，只需要在内部参数名称前加一个#号，例如：

> # *localName*: *type*

我们将同时使用这两种方法在模型类中指定外部参数名称（见4.5节）。

为初始化程序或者方法更改默认的外部参数名称

默认情况下，初始化程序参数的名称和方法参数的名称中，第一个参数后的每一个参数既是局部参数名，也是外部参数名。使用之前讨论的语法功能，用户可以自定义一个方法或者初始化程序的外部参数名称。

方法的第一个参数需要一个外部参数名称

用户可以要求一个方法的调用者为方法的第一个参数指定外部参数名称。要实现这个功能，只需要在局部参数名称前加上#，即可使局部参数名称作为外部参数名称，或者单独指定一个外部参数名称。

给方法传递参数没有参数名

为每一个外部参数名前面添加下画线（_），这样一个方法被调用时就不需要标记它的参数了，比如：

> _ *localName*: *type*

4.3.14 Swift：闭包

一个闭包就是一个匿名函数（一个没有名称的方法），主要用于下面几种情况。
- 将一个函数传递给另一个函数或者方法。
- 从另一个方法或者函数返回一个函数。
- 将函数赋值给一个变量，之后通过调用这个变量实现函数调用。

闭包支持 Swift 函数的所有特性。事实上，一个函数就是有名称的闭包，正如在这个应用程序中将要看到的，各种 Cocoa Touch 类的方法可以接受将要执行的方法名称作为参数（如事件处理程序），对于定义参数，闭包是一种非常便利和简洁的方式。

在函数的参数类型和返回类型可以从上下文中推导出来的情况下，可以将函数定义为内联闭包表达式。

本节的其余部分将根据 Swift 数组的排序方法来讨论基本的闭包表达式，这个方法根据指定的参数将数组的元素进行排序。它的参数是一个接受两个数组类型参数的函数或者闭包，并返回一个布尔类型的值，以表示是否已排好序。排序方法一次传递两个数组元素并根据结果来判断这些元素的排序，这个过程一直重复直到数组排序完成。

全类型闭包表达式

全类型闭包表达式就是参数类型和返回值类型（如果有）被显示指定。其语法如下。

```
{(ParameterList) -> ReturnType in
    Statements
}
```

in 关键字后面是闭包的主体。例如，如果有一个字符串数组，可以将如下闭包表达式传递给该数组的排序方法。

```
{(s1: String, s2: String) -> Bool in
    return s1 < s2
}
```

之前的闭包表达式判断 s1 是否小于 s2，以便数组的排序方法可以按升序排列数组元素。如果闭包表达式只包含一个语句，那么可以写在一行：

```
{(ParameterList) -> ReturnType in Statement}
```

要定义带空参数列表的闭包表达式，指定其参数列表为空括号即可。

用类型推导的闭包表达式

通常，编译器可以推导出一个闭包表达式的参数类型，并根据定义好的闭包表达式上下文推导出返回类型；对于一个字符串类型的数组而言，当将闭包表达式

```
{s1, s2 in return s1 < s2}
```

传递给排序函数，编译器会根据上下文推断出参数类型和返回值类型。对于字符串数组，参数类型如下。

```
(String, String) -> Bool
```

参数 s1 和 s2 的类型推导为字符串类型，返回类型推导为布尔类型，当使用类型推导时，参数列表外面的括号可以省略。

使用类型推导的闭包表达式和隐式的返回值

当闭包表达式的主体只包含一个返回语句时，return 关键字可以省略，如：

```
{s1, s2 in s1 < s2}
```

在这种情况下，表达式 s1 < s2 的结果是隐式返回的，编译器根据闭包所在的上下文环境推测出参数类型和返回值类型。

简写参数名的闭包表达式

通过使用 Swift 的简写参数名称，用户可以省略表达式的参数列表，使用 $0 代表第一个参数，$1 代表第二个参数，依此类推，表达式

```
{$0 < $1}
```

表示第一个参数是否小于第二个参数，这样数组的排序方法可以按升序排列数组元素。

用一个操作符函数作为闭包表达式

闭包最短的形式就是一个操作符函数，这个函数定义了操作符如何与一个给定的类型进行交互。例如，字符串类型为 < 和 > 操作符提供了操作符函数，它决定一个字符串是否小于或大于另一个字符串。这些函数都带有两个字符串参数（比较运算符左边和右边的操作数），并返回一个布尔类型的值。数组的排序方法需要它的返回值作为参数来决定排序顺序。闭包 < 可以帮助数组以升序排列元素。一次排序中数组元素的两个参数作为 < 的操作数，如果它们已经排好序，则返回真。

4.4 创建应用程序的用户界面

在本节中，我们将创建主–从应用程序工程，并对自动生成的用户界面做一些改变。

4.4.1 创建工程

首先创建一个新的主–从应用程序工程，在新工程的选择选项页中做如下设置。

- Product Name：TwitterSearches。
- Organization Name：Deitel & Associates，Inc.，在这个应用程序中，如果用户想测试 iCloud 功能，应使用自己的组织名称。
- Company Identifier：com. deitel，要测试应用程序的 iCloud 功能，用户需要使用自己公司的标识符，同时需要成为 iOS 开发者计划的付费成员。
- Language：Swift。
- Devices Universal：通用，主–从应用程序模板被设计成可以支持横屏和竖屏的 iPhone 和 iPad。

在完成设置之后，单击"Next"按钮，会提示用户工程保存的目录位置，单击"Create"按钮完成工程的创建。

为 iOS 开发者计划的付费成员设置 iCloud

工程的设置显示在 Xcode 的编辑（Editor）区域，选择功能栏（Capabilities），然后在 iCloud 下，单击旁边的"OFF"按钮切换成打开，即打开了 iCloud 功能，然后确定键–值存储（Key – value storage）被选中并保存工程。正如在之前章节中所做的那样，在资源目录中设置应用程序的图标（见 2.5.2 节）。

4.4.2 检查默认的主–从应用程序

当使用主–从应用程序模板时，开发工具会为主视图（MasterViewController，见 4.6 节）和详情视图（DetailViewController，见 4.7 节）创建相应的类，并且为添加到工程的主列表生成默认代码、当用户单击一个给定项时会显示它的详情。用户可以运行 Xcode 生成的默认应用程序并查看其基本功能。Xcode 会创建一个 Storyboard（见图 4.14），其中每个视图控件都包含一个场景以及其他一些视图控件，它们根据设备的尺寸和方向来管理主–从视图的展示。

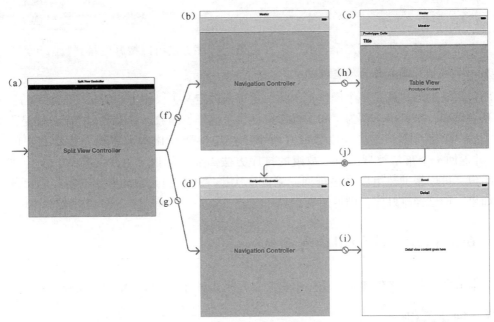

图 4.14 应用程序的默认 Storyboard（缩小 50%）基于主－从复合结构应用程序模板

本节介绍自动生成的 Storyboard 以及视图之间的导航。我们已经对屏幕截图元素从字母 a 到字母 j 做了标记。在 4.6 节中，我们讨论 MasterViewController 类。当我们查看 Xcode 为主－从应用程序模板自动生成的代码时，我们将会讨论它们以及我们所做的任何修改。

UISplitViewController 类

图 4.14（a）是 UISplitViewController 类，它会根据设备和设备的方向显示一个或者两个视图控制器。

- 对于 iPhone 设备，除了横屏的 iPhone 6 Plus，主视图或详情视图控制器会在一个既定的时间显示。
- 如果是 iPhone 6 Plus 或者横屏的 iPad，主视图控制器会在屏幕左边 320 像素的宽度中显示，详情视图控制器显示在右边剩余的空间中。
- 如果是竖屏的 iPad，详情视图控制器会填满整个屏幕，如果要显示主列表，它会显示在 320 像素宽度的弹出框中。

UISplitViewController 类会管理所有这些东西。

UINavigationController

图 4.14（b）和图 4.14（d）是 UINavigationController 类，它帮助用户在视图控件之间进行导航。每个 UINavigationController 管理视图控制器的堆栈数据结构，以便于快速回到之前的屏幕。当一个新的视图控制器添加到 NavigationController 中时，它将被放到堆栈的顶部，当用户导航返回到之前的屏幕时，UINavigationController 会将视图控制器从屏幕中移除，并从堆栈中弹出。

UITableViewController

图 4.14（c）是一个 UITableViewController 类，它包含一个显示项目列表的表格视图。在 Storyboard 中，UITableViewController 还包含一个定义了每个单元格内容布局的原型单元

格。默认的原型单元格只包含标签对象，用于显示文本。原型单元格其中一个属性就是重用标识符（默认设置为单元格字符串），它被用于在代码中基于原型单元格创建新的单元格。更复杂的表格视图可以有多个不同类型的原型单元格，每一个都有它自己的重用标识符。

UIViewController

图4.14（e）是一个UIViewController类，默认情况下，只包含标签类。在4.4.3节，用户可以删除并用一个UIWebView类来代替它。

关系线

图4.14（f）至图4.14（i）显示了视图控制器之间的关系，从ViewController出来，线（f）连接到管理主列表视图的UINavigationController，线（g）连接到管理从列表视图的UINavigationController，类似地，在UINavigationController和它们管理的视图控件之间也有关系线。

连线

图4.14（j）显示了一个连线，它表示从一个视图控件到另一个视图控件的转换。每个连线有一个区分大小写的标识符属性，用户可以选中连线并在属性查看器中查看。默认情况下，Storyboard中的连线有"showDetail"标识符，在Storyboard中可能有许多的连线，每个都有不同的标识符。连线字符串用在代码中来确定哪个连线将要被执行，比如，将数据传递给另一个视图显示。它们还可以用编程的方式初始化转换。

4.4.3 配置主视图和详情视图

在本节中，我们将默认详情视图中的标签删除并添加一个UIWebview。

1. 在工程（Project）导航栏中，选中Main.storyboard文件。
2. 在图4.14（c）部分，双击原型单元格（Prototype Cells）上方的主标签（Master），将其修改为Twitter搜索。
3. 在Storyboard中，确保文档大纲（Document Outline）显示出来（见2.5.8节）。
4. 在文档大纲中，展开详情场景（Detail Scene）节点并选中，将Storyboard滚动到详情场景中。
5. 在详情场景中，删除包含"Detail view content goes here"的标签并将其对应的名称为detailDescriptionLabel的@IBOutlet属性删掉。
6. 在工具（Utilities）区域，从对象库（Objects）中拖动一个网页视图（UIWebView类的对象）到详情场景，并使用辅助线确保它在屏幕上是水平垂直居中的。
7. 打开辅助（Assistant）编辑器，然后为网页视图（Web View）创建一个@IBOutlet属性，从面板的网页视图拖动到DetailViewController类的第11和第12行之间，给网页视图属性命名并单击"Connect"按钮。

4.4.4 创建模型类

正如我们之前已经提到的，这个程序使用一个模型类来管理应用程序的本地存储数据和iCloud数据。创建这个类的文件：

1. 在Xcode中，选择File > New > File…，会出现一个包含文件模板的表单。
2. 在iOS选项中，选择资源（Source）类别，然后选择Swift文件，单击"Next"按钮。

3. 将文件命名为 Model.swift，单击"Create"按钮。

新文件被放置在工程的 TwitterSearches 组中（这是文件夹在 Xcode 中的术语）并立即打开编辑器（Editor）区域。

4.5 模型类

在本节中，我们讨论应用程序的模型类。在 4.4.4 节中创建的 Model.swift 包含了由 Xcode 自动生成的代码。读者可以用 4.5.1 节至 4.5.10 节中的代码替换这些代码。

4.5.1 ModelDelegate 协议

图 4.15 中第 7~9 行定义了 Modeldelegate 协议，每一个协议的定义都由 Protocol 关键字开头，紧随其后的是协议的类型名称以及包含协议主体的括号。在这里，主体只有一个没有参数的 modelDataChanged 方法，它没有返回值。在 4.6.1 节中，MasterViewController 类将定义更新 UITableView 的方法，我们将在模板类中定义 ModelDelegate 类型的属性，并用一个 MasterViewController 类的引用初始化它。当模板数据发生变化时，模型对象将使用这个引用来调用 MasterViewController 对象的 modelDataChanged 方法。

```
1   // Model.swift
2   // Manages the Twitter Searches data
3   import Foundation
4
5   // delegate protocol that enables Model to
6   // notify controller when the data changes
7   protocol ModelDelegate {
8       func modelDataChanged()
9   }
10
```

图 4.15 ModelDelegate 协议

4.5.2 模型类的属性

图 4.16 是模型类定义的开始部分并且定义了其私有属性，Swift 提供了 3 种访问修饰符：公有、内部和私有。声明为公有的类成员可以在其他应用程序中重复使用，例如，用户可以在自己的应用程序中使用 Swift 标准库的公共特性。声明为内部的类成员只能在同一个工程的其他代码中使用，如果没有声明，默认就是内部。声明为私有的类成员只能在定义的文件中使用。

```
11  // manages the saved searches
12  class Model {
13      // keys used for storing app's data in app's NSUserDefaults
14      private let pairsKey = "TwitterSearchesKVPairs" // for tag-query pairs
15      private let tagsKey = "TwitterSearchesKeyOrder" // for tags
16
17      private var searches: [String: String] = [:] // stores tag-query pairs
18      private var tags: [String] = [] // stores tags in user-specified order
19
20      private let delegate: ModelDelegate // delegate is MasterViewController
21
```

图 4.16 Model 类的属性

第 4 章 Twitter 搜索应用程序

软件工程的观察 4.1

如果一个类型可以在其他应用程序中重用，应该声明为公有。如果它只在定义它的工程中使用，应使用默认的访问权限，也就是内部声明。如果它只在定义它的文件中使用，应该声明为私有。

Swift 的访问修饰符不同于其他面向对象的程序语言，例如，Java、C#、C++。要查看访问修饰符的完整规则，请查看苹果《Swift 编程语言》一书的访问控制章节：

> http://bit.ly/SwiftAccessControl

常量 pairsKey 和 tagsKey 用于存储和解析在应用程序的 NSUserDefaults 中存储的搜索和标签副本，searches 变量是一个带有字符串键和值的字典，其中的键是用户的短标签名称，值是相应的 Twitter 搜索查询，字典由 [:] 语法进行初始化，它表示一个空的字典。标签变量是一个字符串数组，它根据主列表中表格视图出现的标签名称来存储这些短标签。数组的初始化是用 [] 语法，它表示一个空的数组。delegate 常量是 ModelDelegate 类型的一个引用，它指向 MasterViewController 对象，读者将在 4.6 节中看到。

4.5.3 Model 类的初始化和同步方法

图 4.17 定义了模型类的初始化程序。Swift 没有为类的属性提供默认值，用户必须在使用它们之前初始化。第 17～18 行（见图 4.16）显式地指定了默认值。每个用户声明的类可

```
22      // initializes the Model
23      init(delegate: ModelDelegate) {
24          self.delegate = delegate
25
26          // get the NSUserDefaults object for the app
27          let userDefaults = NSUserDefaults.standardUserDefaults()
28
29          // get Dictionary of the app's tag-query pairs
30          if let pairs = userDefaults.dictionaryForKey(pairsKey) {
31              self.searches = pairs as [String : String]
32          }
33
34          // get Array with the app's tag order
35          if let tags = userDefaults.arrayForKey(tagsKey) {
36              self.tags = tags as [String]
37          }
38
39          // register to iCloud change notifications
40          NSNotificationCenter.defaultCenter().addObserver(self,
41              selector: "updateSearches:",
42              name: NSUbiquitousKeyValueStoreDidChangeExternallyNotification,
43              object: NSUbiquitousKeyValueStore.defaultStore())
44      }
45
46      // called by view controller to synchronize model after it's created
47      func synchronize() {
48          NSUbiquitousKeyValueStore.defaultStore().synchronize()
49      }
50
```

图 4.17 模型的初始化和同步方法

以提供一个或多个初始化程序，用于初始化一个类的新对象。实际上，Swift 需要一个初始化程序，为每个新创建的对象进行初始化，在这里设置属性的默认值是非常好的，对于一个没有明确定义任何初始化程序的类，编译器会定义一个默认的初始化程序（不带参数），并根据它们定义的默认值来初始化类的属性，初始化程序就像其他面向对象编程语言中的构造函数一样。

初始化程序的定义

每个初始化程序的名字必须以 init 关键字开头，紧随其后的是一个可选的圆括号，其中用逗号分隔的是参数列表以及用大括号包裹的方法体。圆括号中的参数是必需的，即使初始化程序没有参数，传递给初始化程序参数的参数值用来为类的对象属性进行初始化。模型类的初始化程序提供了一个 ModelDelegate 类型的参数用于初始化类的私有 delegate 属性。每个参数必须以一个类型注释来声明并指定期望的参数类型。

对于初始化程序、方法或者函数中的参数，它们都是局部变量

参数在定义它们的初始化程序、方法或函数中是局部变量，就像在初始化程序、方法或函数体中定义的常量和变量一样，如果一个局部变量或常量和属性有相同的名称，在函数体中使用变量或常量是指局部变量或常量而不是属性，如 shadow 属性同时也是局部变量。使用关键字 self（在其他流行的面向对象编程语言中也是这样）显式地引用 shadow 属性，如第 24 行的左边，将 delegate 参数的值存储为类的 delegate 属性中。

声明了初始化程序的类就没有默认的初始化程序

如果为一个类声明了初始化程序，编译器就不会为这个类再创建默认的初始化程序。在这里，用户无法用 Model( ) 表达式创建模型对象，除非声明的自定义初始化程序不带参数。

获取应用程序的 NSUserDefaults——可选值绑定

接下来，第 27 行通过调用 NSUserDefaults 类的 standardUserDefaults 类方法获取应用程序的默认 NSUserDefaults 对象。返回的对象用于从设备上获取应用程序的用户默认值，我们将用户常用的搜索作为字典存储在 NSUserDefaults 对象中，第 30～32 行使用 NSUserDefaults 对象的 dictionaryForKey 方法获取 pairsKey 键对应的值，如果它存在，将用它给类的搜索属性赋值。返回的类型是一个可选值，因为很有可能 NSUserDefaults 中没有这个键。如果第一次执行应用程序，pairsKey 键在应用程序的 NSUserDefaults 中并不存在，所以 dictionaryForKey 会返回空。在之后执行时，一个字典类型会被返回，其值是[NSObject：AnyObject]。

第 30 行使用可选值绑定来检查 dictionaryForKey 方法返回的值是否非空，如果非空，将其绑定到 pairs 常量中（使用 let 关键字定义）。如果 dictionaryForKey 方法返回空，可选值便没有值，并且如果条件为假，在这里，搜索属性维护一个默认的空字典。因为我们在这个应用程序中只使用字符串类型的键和值，第 31 行使用 Swift 的转换操作符将返回的 NSDictionary 转换为 Swift 字典类型[String：String]。

第 35～37 行执行类似的任务从 NSUserDefaults 中获取用户的标签数组，arrayForKey 方法会返回一个包含任意对象类型的可选值数组，如果返回值为非空，第 36 行将结果转换为 Swift 字符串数组，并将其赋值给模型类的标记属性。

注册 iCloud 通知

在使用 iCloud 的应用程序中，用户需要注册才能获取应用程序的数据在其他设备（第

第 4 章 Twitter 搜索应用程序

40~43 行）上发生改变时的通知，每个支持 iCloud 的应用程序有默认的 NSUbiquitousKey-ValueStore 对象，通过调用 defaultStore（第 43 行）类方法可以返回它可以操作 iCloud 用于跨设备同步的键 - 值对。

要收到变化的通知，用户要向应用程序默认的 NSNotificationCenter 对象注册，以接受相应的通知，NSNotificationCenter 的 defaultCenter（第 40 行）类方法可以返回该对象。NSNotificationCenter 的 addObserver 方法可以注册一个观察者接收通知，其参数如下。

- 一个任意类型的对象（An AnyObject object）——当指定的通知发生时，观察者相应的方法会被调用，在这里，我们使用 self（模型类）。回想一下，任意对象类型可以代表任何类的对象，观察者和代理类似。
- 一个选择器（A selector）——观察者用于响应通知的方法。在这里，这些消息将会触发调用 updateSearches 方法，在 Objective - C 中，@ selector 关键字被用作在方法调用中将方法名作为数据进行传输，在 Swift 中，用户可以简单指定一个字符串，Swift 会自动将它转换为 Swift 类型的选择器对象，用户指定的作为选择器的方法必须接受一个 NSNotification 参数，跟随在方法名后面的冒号表示该方法接受一个参数。关于选择器和 Objective - C 中类和选择器之间的交互，请访问：

> http://bit.ly/SwiftSelectors

- 一个字符串（An NSString）——我们注册要接收通知的名字，在这里是 NSUbiquitousKeyValueStoreDidChangeExternallyNotification。这个预定义的字符串是键 - 值对存储发生改变时 iCloud 发出通知的名称，iCloud 也可以存储文档和数据库记录。
- 一个任意类型的对象表示通知的发送者（An AnyObject object representing the notification's sender）——在这里，NSUbiquitousKeyValueStore 对象由其类方法 defaultStore 返回，它表示 iCloud 键 - 值对存储。如果参数为 nil，用户将收到来自于任意对象发送的通知。

在注册接受 iCloud 变化通知之后，模型类的初始化程序会返回给它的调用者，在这个应用程序中就是 MasterViewController 类。然后 MasterViewController 类会使用模型类的引用来调用 synchronize 方法（第 47~49 行），这个方法会调用 NSUbiquitousKeyValueStore 对象的 synchronize 方法，从而确保应用程序本地的标签 - 查询对和用户的其他设备是同步的。

我们将在单独的模型类方法中调用 synchronize 方法，以避免由于 iCloud 异步通知而引起的小错误。如果用户在模型类初始化程序中调用 NSUbiquitousKeyValueStore 对象的 synchronize 方法，有可能模型对象已经收到通知，但 MasterViewController 中的模型对象的引用还没有被赋值。对于这种情况，模型对象会告诉 MasterViewController（它的委托）对象模型类的数据已发生改变。反过来，MasterViewController 对象尝试使用值为 nil 的模型引用来调用模型类的方法时，程序将会崩溃。

4.5.4 tagAtIndex、queryForTag、queryForTagAtIndex 方法和数量属性

图 4.18 中的方法和属性被 MasterViewController 用来从模型类中获取各种消息。
- tagAtIndex 方法（第 52~54）会根据标签数组中特定的索引返回对应的字符串。
- queryForTag 方法（第 57~59 行）返回一个代表指定标签查询的字符串（一个可选值字符串）。返回值为可选值是因为有可能搜索字典不包含对特定标签的查询。第 58 行

107

使用字典的下标符号，在方括号中指定键，紧跟在字典名后，对应的值也将返回，如果键在字典中不存在，将返回 nil。
- queryForTagAtIndex 方法（第 62~64 行）返回一个代表标签查询的字符串，在标签数组中获得其索引。
- 计算属性 count（第 67~69 行）返回标签数组中元素的数量，这将用在 MasterViewController 中，用来指定 UITableView 的行数，这是一个计算属性，因为它不存储任何数据。

```
51        // returns the tag at the specified index
52        func tagAtIndex(index: Int) -> String {
53            return tags[index]
54        }
55
56        // returns the query String for a given tag
57        func queryForTag(tag: String) -> String? {
58            return searches[tag]
59        }
60
61        // returns the query String for the tag at a given index
62        func queryForTagAtIndex(index: Int) -> String? {
63            return searches[tags[index]]
64        }
65
66        // returns the number of tags
67        var count: Int {
68            return tags.count
69        }
70
```

图 4.18　tagAtIndex、queryForTag、queryForTagAtIndex 方法和数量属性

4.5.5　deleteSearchAtIndex 方法

deleteSearchAtIndex 方法（见图 4.19）从应用程序的 NSUserDefaults 以及 iCloud 键-值对存储中删除一个搜索记录。这个方法通过调用 removeValueForKey 方法从搜索字典（第 74 行）中移除要删除的搜索记录。然后，第 75 行通过调用 removeAtIndex 方法从标签数组中移除标签。第 76 行调用 updateUserDefaults 方法（4.5.7 节）更新应用程序的 NSUserDefaults 中的标签和搜索记录。最后，第 79~80 行获取应用程序的 NSUbiquitousKeyValueStore 对象，并使用其 removeObjectForKey 方法从 iCloud 中移除相应的键-值对，如果用户在其他设备上安装了应用程序，并使用了相同的 iCloud 账号，那么这些设备最终也将接收变更的通知。

```
71        // deletes the tag from tags Array, and the corresponding
72        // tag-query pair from searches iCloud
73        func deleteSearchAtIndex(index: Int) {
74            searches.removeValueForKey(tags[index])
75            let removedTag = tags.removeAtIndex(index)
76            updateUserDefaults(updateTags: true, updateSearches: true)
77
78            // remove search from iCloud
79            let keyValueStore = NSUbiquitousKeyValueStore.defaultStore()
80            keyValueStore.removeObjectForKey(removedTag)
81        }
82
```

图 4.19　deleteSearchAtIndex 方法

4.5.6　moveTagAtIndex 方法

当用户将搜索标签移动到 UITableView 的其他位置时，moveTagAtIndex 方法（见图 4.20）就会被 MasterViewController 类调用。第 85 行从标签数组中移除一个标签，然后第 86 行将其插到新的位置，第 87 行在应用程序的 NSUserDefaults 中存储更新标签数组。注意，moveTagAtIndex 方法使用一个自定义的外部参数名称（toDestinationIndex）。

```
83      // reorders tags Array when user moves tag in controller's UITableView
84      func moveTagAtIndex(oldIndex: Int, toDestinationIndex newIndex: Int) {
85          let temp = tags.removeAtIndex(oldIndex)
86          tags.insert(temp, atIndex: newIndex)
87          updateUserDefaults(updateTags: true, updateSearches: false)
88      }
89
```

图 4.20　moveTagAtIndex 方法

4.5.7　updateUserDefaults 方法

方法 updateUserDefaults（见图 4.21）会在 NSUserDefaults 中存储标签数组并更新搜索字典。在某些情况下，可能只有一个值需要被更新，所以只有对应的参数为真时才会有更新。第 92 行获取应用程序的 NSUserDefaults 对象。如果标签数组需要被存储，第 95 行会调用 NSUserDefaults 的 setObject 方法，它的第一个参数作为存储（标签）的对象，第二个对象作为存储和检索对象的键（标签键）。如果搜索需要更新，第 99 行会执行同样的任务。最后，第 102 行调用 NSUserDefaults 的 synchronize 方法用于将这些修改存储到设备上。注意，因为 updateUserDefault 方法的第一个参数前面加了"#"符号，所以在调用时需要加上参数名称。这样做的目的是为了让每个布尔值类型的意义更明确。

```
90      // update user defaults with current searches and tags collections
91      func updateUserDefaults(# updateTags: Bool, updateSearches: Bool) {
92          let userDefaults = NSUserDefaults.standardUserDefaults()
93
94          if updateTags {
95              userDefaults.setObject(tags, forKey: tagsKey)
96          }
97
98          if updateSearches {
99              userDefaults.setObject(searches, forKey: pairsKey)
100         }
101
102         userDefaults.synchronize() // force immediate save to device
103     }
104
```

图 4.21　updateUserDefaults 方法

何时同步 NSUserDefaults

在这个应用程序中，在标签数组或搜索字典每次发生改变后，我们都会更新本地数据，这可以保证每次更改都能被立即存储。不过，在大多数应用程序中，这也不是必需的，因为在系统中同步是定期被调用的。相反，用户可以在应用程序进入到后台才调用同步方法。例如，当用户按下设备的主屏键或者接电话的时候。

对于应用程序级的事件，用户创建的每个应用程序都会包含一个名为 AppDelegate 的类，这个类位于工程的 Appdelegate.swift 文件中。这个类实现了 UIApplicationDelegate 协议，这个协议被 iOS 系统调用以响应诸如用户启动应用程序、因为其他应用程序正在前台而用户的应用程序被放置到后台、应用程序从后台返回到前台等事件。每个方法都有由 Xcode 生成的注释，这些注释指定方法什么时候被调用以及主要的用途。

当应用程序进入到后台，有可能永远不会回到前台，例如，用户可能手动终止应用程序，或者 iOS 终止应用程序以释放系统资源给其他应用程序使用。因此，用户可以在 applicationDidEnterBack 方法中调用 NSUserDefaults 的 synchronize 方法。这将确保应用程序将数据保存到设备中，以防万一应用程序永远不回到前台。

4.5.8 updateSearches 方法

每当模型类接收到 iCloud 关于键 – 值对存储变化的通知时，updateSearches 方法（见图 4.22）就会被调用。NSNotification 参数包含一个关于通知相关信息的 NSDictionary（桥接到字典）。

```
105    // update or delete searches when iCloud changes occur
106    @objc func updateSearches(notification: NSNotification) {
107        if let userInfo = notification.userInfo {
108            // check reason for change and update accordingly
109            if let reason = userInfo[
110                NSUbiquitousKeyValueStoreChangeReasonKey] as NSNumber? {
111
112                // if changes occurred on another device
113                if reason.integerValue ==
114                    NSUbiquitousKeyValueStoreServerChange ||
115                    reason.integerValue ==
116                    NSUbiquitousKeyValueStoreInitialSyncChange {
117
118                    performUpdates(userInfo) // update searches
119                }
120            }
121        }
122    }
123
```

图 4.22 updateSearches 方法

在这个应用程序中，字典包含一个表示通知发生原因的键 – 值对。第 107 行通过 NSNotification 对象的 userInfo 属性从通知中获得该字典。第 109 ~ 110 行使用表达式

`userInfo[NSUbiquitousKeyValueStoreChangeReasonKey]`

获得一个表示 iCloud 改变原因的任意类型对象。在这里，任意对象类型其实就是一个 NSNumber 对象。如果表达式不为 nil，我们将其转换为 NSNumber。接着，第 113 ~ 116 行获取该对象的整型值，并判断通知是 iCloud 的应用程序中键 – 值对的变化（NSUbiquitousKeyValueStoreServerChange）还是一个初始同步请求（NSUbiquitousKeyValueStoreInitialSyncChange），如果是其中一种，第 118 行会调用 performUpdates 方法（将 userInfo 作为其参数）用于更新应用程序相应的本地存储的键 – 值对。

4.5.9 performUpdates 方法

performUpdates 方法（见图 4.23）会获取 iCloud 中数据的变化，并使用它们来更新本地存储的数据。从 updateSearches 方法收到的 userInfo 属性中也包含了 iCoud 中改变的键的数组。当用户添加新的搜索、更新已存在的搜索或者删除搜索时，变化就会产生。第 127～128 行会获取改变的键对象，然后第 129 行将其转化为字符串数组以便使用（这些键都是字符串类型）。第 132 行是获取 NSUbiquitousKeyValueStore 对象，以便我们可以找到对应的值（如果有的话）。

```
124     // add, update or delete searches based on iCloud changes
125     func performUpdates(userInfo: [NSObject : AnyObject?]) {
126         // get changed keys NSArray; convert to [String]
127         let changedKeysObject =
128             userInfo[NSUbiquitousKeyValueStoreChangedKeysKey]
129         let changedKeys = changedKeysObject as [String]
130
131         // get NSUbiquitousKeyValueStore for updating
132         let keyValueStore = NSUbiquitousKeyValueStore.defaultStore()
133
134         // update searches based on iCloud changes
135         for key in changedKeys {
136             if let query = keyValueStore.stringForKey(key) {
137                 saveQuery(query, forTag: key, syncToCloud: false)
138             } else {
139                 searches.removeValueForKey(key)
140                 tags = tags.filter{$0 != key}
141                 updateUserDefaults(updateTags: true, updateSearches: true)
142             }
143
144             delegate.modelDataChanged() // update the view
145         }
146     }
147
```

图 4.23　performUpdates 方法

接下来，第 135～145 行会遍历变化的键数组。对于每个键，第 136 行从 NSUbiquitous-KeyValueStore 对象中获得键相应的值。如果值（查询）不为 nil，键-值对就代表一个新的搜索或者是已存在搜索的一个更新，所以第 137 行调用 saveQuery 方法（见 4.5.10 节）用于本地存储键-值对。最后一个参数为假是因为我们不需要同步这个键-值对到 iCloud，因为我们只是接收它。

如果键的值为 nil，搜索在另一台设备上就是被删除了，所以我们在本地也应该删除它。第 139 行是从搜索字典中将键移除。第 140 行使用数组的 filter 方法将键从标签数组中移除。这个方法返回一个只包含满足条件元素的数组，这个方法的参数是闭包（见 4.3.14 节）。所以我们使用了 Swift 的尾闭包语法，它减少了方法调用处的括号。

第 141 行调用 updateUserDefaults 方法（见 4.5.7 节）用于更新应用程序 NSUserDefaults 中的搜索和标签。最后，第 144 行调用 ModelDelegate 协议的 modelDataChanged 方法，读者可以看到，这会让 MasterViewController 类更新它的 UITableView 的任何变化。

4.5.10 saveQuery 方法

saveQuery 方法（见图 4.24）首先通过调用 updateValue 方法来更新搜索字典，它接受一个键-值对作为参数（第 153 行）。如果键存在，该方法会更新这个值并返回旧值，否则，方法会插入键-值对并返回空。对于一个新的搜索，第 156 行会在标签数组的索引 0 的位置插入其标签，第 157 行会同时更新 NSUserDefaults 的标签和搜索字符串，对于一个已存在的搜索字符串，第 159 行只更新 NSUserDefaults 中的值。最后，如果 saveQuery 方法的同步参数为真，第 164～165 行会使用 NSUbiquitousKeyValueStore 对象的 setObJect 方法将新的搜索字符串存储到应用程序的 iCloud 键-值对存储中。

```
148     // save a tag-query pair
149     func saveQuery(query: String, forTag tag: String,
150        syncToCloud sync: Bool) {
151
152        // Dictionary method updateValue returns nil if key is new
153        let oldValue = searches.updateValue(query, forKey: tag)
154
155        if oldValue == nil {
156            tags.insert(tag, atIndex: 0) // store search tag
157            updateUserDefaults(updateTags: true, updateSearches: true)
158        } else {
159            updateUserDefaults(updateTags: false, updateSearches: true)
160        }
161
162        // if sync is true, add tag-query pair to iCloud
163        if sync {
164            NSUbiquitousKeyValueStore.defaultStore().setObject(
165                query, forKey: tag)
166        }
167    }
168 }
```

图 4.24　saveQuery 方法

4.6　MasterViewController 类

4.6.1 节至 4.6.9 节主要讨论应用程序的 MasterViewController 类。

4.6.1　MasterViewController 类的属性和 modelDataChanged 方法

如图 4.15 所示包含了 MasterViewController 类的开始部分，以及它的属性和 modelDataChanged 方法。第 6～7 行是类的定义。这个类继承于 UITableViewController 类并遵循 ModelDelegate 协议（见图 4.15 中的定义）和 UIGestureRecognizerDelegate 协议。遵循 ModelDelegate 协议使 MasterViewController 类当模型的数据发生变化时能够执行相应的任务。遵循 UIGestureRecognizerDelegate 协议使 MasterViewController 能对长按事件做出响应，允许用户在编辑和分享搜索之间进行选择。

UITableViewController 类

父类 UITableViewController 为一个包含了 UITableView 的视图提供了基本功能。整个

```
1   // MasterViewController.swift
2   // Handles user interactions with the master list view
3   // and interacts with the Model
4   import UIKit
5
6   class MasterViewController: UITableViewController,
7       ModelDelegate, UIGestureRecognizerDelegate {
8
9       // DetailViewController contains UIWebView to display search results
10      var detailViewController: DetailViewController? = nil
11      let twitterSearchURL = "http://mobile.twitter.com/search/?q="
12
13      var model: Model! = nil // manages the app's data
14
15      // conform to ModelDelegate protocol; updates view when model changes
16      func modelDataChanged() {
17          tableView.reloadData() // reload the UITableView
18      }
19
```

图 4.25 MasterViewController 属性和 modelDataChanged 方法

MasterViewController 类都覆写了继承于 UITableViewController 类的一些方法。这些方法是 Xcode 在创建类 MasterViewController 类时自动生成的。我们会对其中的一些方法做出修改，以满足于本应用程序的功能。

属性

detailViewController 对象的属性（第 10 行）由 Xcode 自动生成，它是主-从应用程序模板的一部分。在 viewDidLoad 方法（见 4.6.3 节）中由 Xcode 生成的代码初始化这个属性。字符串常量 twitterSearchURL（第 11 行）包含一个 Twitter 移动搜索页面的网址。我们会将用户的搜索查询字符串和这个网址进行拼接。MasterViewController 类有一个模型类的引用（第 13 行），这使得它能与模型类进行交互。回想一下，所有 Swift 属性都必须被初始化。因为模型属性需要在 MasterViewController 创建好之后才被初始化，因此它才被声明为隐式拆包可选值。隐式拆包可选值可以临时初始化为 nil，稍后再分配一个实际的对象（正如我们在 viewDidLoad 将要做的）。

ModelDelegate 协议和 modelDataChanged 方法

回想 ModelDelegate 协议中（见 4.5.1 节）声明的 modelDataChanged 方法，在第 16～18 行，这个方法由类 MasterViewController 类实现，第 17 行用继承的 tableView 属性来调用 UITableView 的 reloadData 方法，这个 reloadData 方法会根据当前存储在模型中的标签列表来更新 UITableView。

4.6.2 awakeFromNib 方法

Xcode 会自动生成 awakeFromNib 方法（见图 4.26）。当应用程序在横屏的 iPad 上执行时，它会将 UITableView 显示在弹出框中。一旦 Storyboard 的对象被创建，awakeFromNib 方法就会被任何实现它的对象调用，当对象从 Storyboard 中加载时，在这里可以进行一些相关配置。

```
20    // configure size
21    override func awakeFromNib() {
22        super.awakeFromNib()
23        if UIDevice.currentDevice().userInterfaceIdiom == .Pad {
24            self.clearsSelectionOnViewWillAppear = false
25            self.preferredContentSize =
26                CGSize(width: 320.0, height: 600.0)
27        }
28    }
29
```

图 4.26　awakeFromNib 方法

UIdevice 类用于确定应用程序正在运行设备的相关信息。第 23 行确定应用程序是否在 iPad 上运行，UIDevice 的 userInterfaceIdiom 属性的值是一个 UIUserInterfaceIdiom 类型的枚举，用于区分是 iPad 还是 iPhone。因为 Swift 知道 == 操作符右边的操作数必须和左边的操作数类型匹配，因此它能推断出右边的操作数必须是 UIUserInterfaceIdiom 类型的常量，.pad 符号是 UIUserInterfaceIdiom.Pad 的简写。

第 24 行表明当 UITableViewController 显示时不会清除当前选择的 UITableView 选项。当它在 iPad 竖屏显示时，第 25 ~ 26 行指定 UITableView 的尺寸。

4.6.3　覆写 UIViewController 类的 viewDidLoad 方法和 addButtonPressed 方法

正如读者在 3.6.5 节中了解的，用户可以覆写 viewDidLoad 方法（见图 4.27）以指定只能在视图被初始化之后才能被执行的任务。在这个方法中，Xcode 会自动生成大部分代码（除了第 47 ~ 48 行）。

```
30    // called after the view loads for further UI configuration
31    override func viewDidLoad() {
32        super.viewDidLoad()
33
34        // set up left and right UIBarButtonItems
35        self.navigationItem.leftBarButtonItem = self.editButtonItem()
36        let addButton = UIBarButtonItem(barButtonSystemItem: .Add,
37            target: self, action: "addButtonPressed:")
38        self.navigationItem.rightBarButtonItem = addButton
39
40        if let split = self.splitViewController {
41            let controllers = split.viewControllers
42            self.detailViewController =
43                controllers[controllers.count-1].topViewController as?
44                DetailViewController
45        }
46
47        model = Model(delegate: self) // create the Model
48        model.synchronize() // tell model to sync its data
49    }
50
51    // displays a UIAlertController to obtain new search from user
52    func addButtonPressed(sender: AnyObject) {
53        displayAddEditSearchAlert(isNew: true, index: nil)
54    }
55
```

图 4.27　覆写 UIViewController 类的 viewDidLoad 方法

第 35 行显示一个预配置的编辑（Edit）按钮，它显示在 UITableView 导航栏的左边。当用户单击"Edit"按钮，UITableView 进入到编辑（Edit）模式，按钮的文本会变成确定（Done）。

第 36～37 行创建一个添加按钮，用户通过单击"＋"按钮可以增加新的搜索。当用户使用主－从模板创建应用程序时，Xcode 会让添加按钮调用 insertNewItem 方法。我们重新将方法命名为 addButtonPressed（第 52～54 行）并且重新实现，该方法将被调用显示一个对话框用于添加新的搜索。UIBarButtonItem 类初始化程序接受 3 个参数。

- 一个 UIBarButtonSystemItem 枚举常量用于表示显示的图标。
- 当用户单击该按钮时，接受调用方法的目标对象。
- 一个选择器字符串，当用户单击该按钮时被调用的方法名称。

第 38 行显示导航栏右侧的新增按钮。

在自动生成的代码中，如果 UISplitViewController 当前是展开的，第 40～45 行就会初始化 MasterViewController 的 DetailViewController 属性，这就意味着，MasterViewController 与 DetailViewController 两个都要被显示，因为应用程序是运行在 iPad 横屏的。第 41 行从 SplitViewController 中获取 UIViewControllers 数组。当 UISplitViewController 被展开时，第一个数组元素就是 MasterViewController，第二个数组元素是 DetailViewController，第 42～44 行将第二个元素转化为 DetailViewController 类型。

创建模型

第 47 行创建模型对象用来管理应用程序的数据，将自己（MasterViewController）作为模型的委托参数。回想一下，当数据改变时，模型会通知其 ModelDelegate。在模型创建好之后，第 48 行会调用模型的同步方法将模型与应用程序的 iCloud 数据进行同步。

4.6.4 tableViewCellLongPressed 和 displayLongPressOptions 方法

在测试中，读者会看到自己可以通过长按一个单元格选择是否编辑相应的搜索查询还是分享这个搜索。tableViewCellLongPressed 方法（图 4.28，第 57～67 行）会被调用以响应长按操作。正如读者将在图 4.34 中看到的，这个方法被注册成为一个手势处理方法。第 59～60 行是检测这个方法是否因为长按动作开始而被调用，或者是 UITableView 目前正处在编辑模式。如果是长按，我们不做任何处理；反之，当用户试着移除一个单元格时，允许用户编辑或共享一个搜索的对话框将会被显示。如果 UITableView 不是处于编辑模式，第 61 行会获取用户长按的单元格。第 63 行根据单元格获取 NSIndexPath 对象，并将其传递给 displayLongPressOptions 方法。

创建一个 UIAlertController 类

displayLongPressOptions 方法（第 70～93 行）使用 UIAlertController 类创建一个包含编辑、共享搜索或取消这 3 个选项的对话框。第 72～74 行通过带有 3 个参数的初始化程序来创建 UIAlertController。

- 标题（title）——在对话框顶部显示的字符串。
- 消息（message）——在对话框选项上显示的字符串。
- 优先样式（preferredStyle）——一个 UIAlertControllerSyle 类型的常量，它用来表示什么类型的对话框应该被展现。在这里，我们使用警告样式，它会显示一个对话框，但用户也可以指定一个从视图中滑出的 ActionSheet 对话框。

```
56      // handles long press for editing or sharing a search
57      func tableViewCellLongPressed(
58          sender: UILongPressGestureRecognizer) {
59          if sender.state == UIGestureRecognizerState.Began &&
60              !tableView.editing {
61              let cell = sender.view as UITableViewCell // get cell
62
63              if let indexPath = tableView.indexPathForCell(cell) {
64                  displayLongPressOptions(indexPath.row)
65              }
66          }
67      }
68
69      // displays the edit/share options
70      func displayLongPressOptions(row: Int) {
71          // create UIAlertController for user input
72          let alertController = UIAlertController(title: "Options",
73              message: "Edit or Share your search",
74              preferredStyle: UIAlertControllerStyle.Alert)
75
76          // create Cancel action
77          let cancelAction = UIAlertAction(title: "Cancel",
78              style: UIAlertActionStyle.Cancel, handler: nil)
79          alertController.addAction(cancelAction)
80
81          let editAction = UIAlertAction(title: "Edit",
82              style: UIAlertActionStyle.Default,
83              handler: {(action) in
84                  self.displayAddEditSearchAlert(isNew: false, index: row)})
85          alertController.addAction(editAction)
86
87          let shareAction = UIAlertAction(title: "Share",
88              style: UIAlertActionStyle.Default,
89              handler: {(action) in self.shareSearch(row)})
90          alertController.addAction(shareAction)
91          presentViewController(alertController, animated: true,
92              completion: nil)
93      }
94
```

图 4.28 tableViewCellLongPressed 和 displayLongPressOptions 方法

第 77～92 行创建 3 个 UIAlertAction，它表示在对话框中显示的选项，以及如果用户选择每个选项时应该做什么。UIAlertAction 的初始化程序接受 3 个参数。

- 标题（title）——显示选项按钮的字符串。
- 样式（style）——一个 UIAlertActionStyle 类型的常量，表示按钮的样式。
- 回调方法（handler）——接受 UIAlertAction 的事件处理。

创建取消 UIAlertAction

第 77～79 行创建取消 UIAlertAction，并将其添加到 UIAlertController。这个行为会自动出现在对话框列表的选项按钮中。默认情况下，单击取消按钮（其样式为 UIAlertActionStyle.Cancel）会让对话框消失，其他回调方法我们设置为 nil。

创建编辑 UIAlertAction

第 81～85 行创建带有 UIAlertActionStyle.Default 样式的编辑 UIAlertAction，并将其添加

到 UIAlertController。对这个选项的回调方法，我们提供了一个只接受一个参数闭包，Swift 会基于上下文推导出 UIAlertAction 的类型。当用户单击它的按钮时，第 84 行会调用 MasterViewController 的 displayAddEditSearch 方法（见 4.6.5 节）。读者可以看到，这个方法的第一个参数表示我们正在编辑一个已存在的搜索。第二个参数表示我们要编辑搜索的索引，对于正在编辑的，我们使用它来查找相应的查询字符串。注意第 84 行中使用的 self 变量，当在闭包中引用到容器类的成员变量时，这个是必需的。

创建分享 UIAlertAction

第 87~92 行创建带有默认 UIAlertActionStyle 样式的分享 UIAlertAction，并将其添加到 UIAlertController 中。对这个选项的回调方法，我们提供一个闭包，它会调用 MasterViewController 类的 shareSearch 方法（见 4.6.6 节），它会显示共享选项。

显示 UIAlertController

第 91~92 行调用继承于父类的 presentViewController 方法来显示 UIAlertController。第一个参数是将要显示的 UIViewController，第二个参数是显示当前的 UIViewController，是否应该使用动画，最后一个参数指定 UIViewController 显示时要执行的方法。这个方法（见 4.3.14 节的闭包）不接受任何参数也没有返回值。指定为 nil 表明在 UIViewController 显示时，我们不需要执行额外的任务。

4.6.5　displayAddEditSearchAlert 方法

当用户选择添加一个新的搜索或编辑一个已有的搜索时，displayAddEditSearch 方法（见图 4.29）基于方法的第一个参数显示一个相应的 UIAlertController。这个对话框为接受用户输入提供 UITextField 控件。第 98~101 行是创建 UIAlertController。如果是一个新的搜索，对话框的标题将会是"添加搜索"（第 99 行），消息内容将会是空的（第 100 行），我们将在 UITextField 中为用户提供说明。如果搜索正在被编辑，对话框的标题将会是"编辑搜索"（第 99 行），消息的内容将是"修改你的查询"（第 100 行）。

添加 UITextField 控件到 UIAlertController

第 104~111 行和第 113~122 行添加 UITextField 控件用于接受用户输入。UIAlertController 的 addTextFieldWithConfigurationHandler 方法的参数可以是一个方法或者闭包，它接收一个 UITextField 对象并且不返回值，这个方法被调用来配置 UITextField。对于这种情况，我们提供一个闭包。我们会设置 UITextField 的占位符文本（第 107 行），它出现在 UITextField 中用于告知用户输入一个查询。当用户输入文本时，占位符会消失。对于一个已经存在的搜索，第 109 行会检查相关的查询，并将它赋值给 UITextField 的文本属性。

在第 113~122 行，对于一个新的搜索，我们显示一个占位符文本，告知用户输入一个标签。对于已经存在的搜索，第 118~120 行会查找已存在的标签，并将它赋值给 UITextField 的文本属性，禁用 UITextField（用户不能修改标签的文本）并将 UITextField 的文本颜色属性设置为浅灰色，它表明文本是不可编辑的。注意第 118 行使用的 self 变量，当在一个闭包中访问一个类的成员时，用户必须使用 self 关键字来调用。还要注意第 118 行 index! 表达式中的感叹号，它是显式地拆包可选值 index，如果 index 参数为空它将在运行时发生错误。

```swift
 95     // displays add/edit dialog
 96     func displayAddEditSearchAlert(# isNew: Bool, index: Int?) {
 97         // create UIAlertController for user input
 98         let alertController = UIAlertController(
 99             title: isNew ? "Add Search" : "Edit Search",
100             message: isNew ? "" : "Modify your query",
101             preferredStyle: UIAlertControllerStyle.Alert)
102
103         // create UITextFields in which user can enter a new search
104         alertController.addTextFieldWithConfigurationHandler(
105             {(textField) in
106                 if isNew {
107                     textField.placeholder = "Enter Twitter search query"
108                 } else {
109                     textField.text = self.model.queryForTagAtIndex(index!)
110                 }
111             })
112
113         alertController.addTextFieldWithConfigurationHandler(
114             {(textField) in
115                 if isNew {
116                     textField.placeholder = "Tag your query"
117                 } else {
118                     textField.text = self.model.tagAtIndex(index!)
119                     textField.enabled = false
120                     textField.textColor = UIColor.lightGrayColor()
121                 }
122             })
123
124         // create Cancel action
125         let cancelAction = UIAlertAction(title: "Cancel",
126             style: UIAlertActionStyle.Cancel, handler: nil)
127         alertController.addAction(cancelAction)
128
129         let saveAction = UIAlertAction(title: "Save",
130             style: UIAlertActionStyle.Default,
131             handler: {(action) in
132                 let query =
133                     (alertController.textFields?[0] as UITextField).text
134                 let tag =
135                     (alertController.textFields?[1] as UITextField).text
136
137                 // ensure query and tag are not empty
138                 if !query.isEmpty && !tag.isEmpty {
139                     self.model.saveQuery(
140                         query, forTag: tag, syncToCloud: true)
141
142                     if isNew {
143                         let indexPath =
144                             NSIndexPath(forRow: 0, inSection: 0)
145                         self.tableView.insertRowsAtIndexPaths([indexPath],
146                             withRowAnimation: .Automatic)
147                     }
148                 }
149             })
150         alertController.addAction(saveAction)
151
152         presentViewController(alertController, animated: true,
153             completion: nil)
154     }
155
```

图 4.29 显示 AddEditSearchAlert 方法

第 4 章　Twitter 搜索应用程序

创建对话框的 UIalertActions

第 125～127 行配置并添加 UIAlertController 的取消操作。第 129～150 行配置并添加保存操作。这个行为的处理程序是从 UITextField 中获取信息并将其存储在模型中的，如果搜索是新加的，将这个新的搜索单元格插入 UITableView 的开始部分。

第 132～135 行使用 UIAlertController 的文本框属性获取 UITextField 的引用，然后获取它们的文本属性值。因为 textField 属性是一个可选值数组，我们必须在访问其文本属性之前将每个引用转化为 UITextField。我们必须在 textField 属性名字后面跟随一个问号，在访问其成员之前拆包可选值数组。如果 UIAlertController 中的 textField 属性是 nil，那它不会保护文本输入框控件。表达式 textFieds？是确保在进行后续操作之前属性不是 nil。如果是，整个表达式（如第 133 行或第 135 行）的值便为 nil。

第 138 行确保查询和标签字符串两者都包含值。如果有值，第 139～140 行会调用模型的 saveQuery 方法，保存新的或者编辑已有的搜索，并将改变同步到 iCloud。

如果是一个新的搜索（第 142 行），我们在 UITableView 的第一段中创建一个新的代表索引 0 的 NSIndexPath，然后调用 UITableView 的 insertRowsAtIndexPaths 方法插入一个新的单元格。然后调用 4.6.9 节中讨论的方法以创建单元格并在其中显示相应的标签。第 152～153 行是显示 UIAlertController。

4.6.6　shareSearch 方法

当用户长按搜索，然后选择分享，shareSearch 方法（见图 4.30）配置并显示 UIActivityViewController。第 158 行会创建一个将包含共享数据的消息。第 159～160 行创建一个代表 Twitter 搜索 URL 的字符串并用于查询共享搜索。第 161 行将这些放到一个用来初始化 UIActivityViewController 类的数组中。

```
156       // displays share sheet
157       func shareSearch(index: Int) {
158           let message = "Check out the results of this Twitter search"
159           let urlString = twitterSearchURL +
160               urlEncodeString(model.queryForTagAtIndex(index)!)
161           let itemsToShare = [message, urlString]
162
163           // create UIActivityViewController so user can share search
164           let activityViewController = UIActivityViewController(
165               activityItems: itemsToShare, applicationActivities: nil)
166           presentViewController(activityViewController,
167               animated: true, completion: nil)
168       }
169
```

图 4.30　shareSearch 方法

第 164～165 行创建了 UIActivityViewController 对象。它的初始化程序会接收一个包含分享条目的非空数组，以及一个代表要展示的共享操作的字符串数组，完整的列表在

http://bit.ly/BuiltInActivityTypes

如果第二个参数是 nil，UIActivityViewController 基于第一个参数的数组中的数据选择要

显示哪些行为。第 166 ~ 167 行显示 UIActivityViewController。

4.6.7　覆写 UIViewController 类的 prepareForSegue 方法

prepareForSegue 方法（见图 4.31）由 Xcode 生成，作为主 – 从应用程序模板的一部分。这个方法在应用程序将要执行从 MasterViewController 到 DetailViewController（显示搜索结果）的连线时被调用。我们修改这个方法将 DetailViewController 的 detailItem 属性设置为代表将要执行的（第 182 ~ 187 行）Twitter 搜索的 NSURL。

```
170    // called when app is about to seque from
171    // MasterViewController to DetailViewController
172    override func prepareForSegue(segue: UIStoryboardSegue,
173        sender: AnyObject?) {
174
175        if segue.identifier == "showDetail" {
176            if let indexPath = self.tableView.indexPathForSelectedRow() {
177                let controller = (segue.destinationViewController as
178                    UINavigationController).topViewController as
179                    DetailViewController
180
181                // get query String
182                let query =
183                    String(model.queryForTagAtIndex(indexPath.row)!)
184
185                // create NSURL to perform Twitter Search
186                controller.detailItem = NSURL(string: twitterSearchURL +
187                    urlEncodeString(query))
188                controller.navigationItem.leftBarButtonItem =
189                    self.splitViewController?.displayModeButtonItem()
190                controller.navigationItem.leftItemsSupplementBackButton =
191                    true
192            }
193        }
194    }
195
```

图 4.31　覆写 UIViewController 类的 prepareForSegue 方法

因为一个 Storyboard 可能包含多个连线，第 175 行会首先检查哪个连线将被执行。在这里，就是由 Xcode 配置和命名的 showDetail 连线。第 176 行是根据用户单击 UITableView 的行来获取对应的 NSIndexPath 对象。紧接着，第 177 ~ 179 行获取一个 DetailViewController 类的引用，以便我们能使用它来配置 detailItem 属性（代表搜索的 NSURL 对象）。

第 188 ~ 189 行将 DetailViewController 类的 navigationItem 属性中的 leftBarButtonItem 设置为 UISplitViewController 类的 displayModeButtonItem 方法的返回值。这个方法返回一个由 UISplitViewController 类来管理的 UIBarButtonItem 对象。在第 188 ~ 189 行中配置了这个 UIBarButtonItem，第 190 ~ 191 行中使用，这个对象并不是用来取代原来的返回按钮的。同时，第 188 ~ 191 行会根据设备和方向来显示不同的 UIBarButtonItem。

- 在 iPhone 上（除了横屏的 Iphone 6 Plus），这个按钮显示为 " < Twitter Searches"，它表示单击这个按钮可以返回用户的主搜索列表。
- 在 iPad 竖屏时，按钮显示为 " < Master"，它表示单击这个按钮主搜索列表会显示在

一个弹窗中。
- 在 iPad 横屏时,没有东西显示,因为 MasterViewController 和 DetailViewController 两者总是显示的。
- 在 iPhone 6 Plus 横屏时,MasterViewController 和 DetailViewController 两者都会被显示。在这种情况下,按钮只显示一个图标,它表明用户可以展开 DetailViewController 类以填满整个屏幕。这个时候,该按钮会显示为返回按钮,它允许用户在 DetailViewController 的左边重新显示 MasterViewController 的搜索列表。

4.6.8 urlEncodeString 方法

我们需要 URL 将查询字符串进行编码,以确保在 Twitter 查询中特殊的 URL 字符能正确地传递给 Twitter 的搜索服务器。这是非常必要的,因为用户输入的查询字符串可能包含特殊的 URL 字符(如点、冒号、斜线等)。urlEncodeString 方法(见图 4.32)使用 NSString 的 stringByAddingPercentEncodingWithAllowedCharacters 方法对特殊的 URL 字符进行编码。其参数是一个 NSCharacterSet 类,它包含不能被编码的字符,其他被视为能进行正确地编码。在这里,NSCharacterSet 在 URL 的查询子字符串中指定被允许的字符。

```
196     // returns a URL encoded version of the query String
197     func urlEncodeString(string: String) -> String {
198         return string.stringByAddingPercentEncodingWithAllowedCharacters(
199             NSCharacterSet.URLQueryAllowedCharacterSet())!
200     }
201
```

图 4.32 urlEncodeString 方法

4.6.9 UITableViewDataSource 的回调方法

一些继承自 UITableViewController 类的方法被 UITableView 类调用,以填充它的单元格并根据其数据确定其他信息。这些方法(见图 4.33 至图 4.36)在 UITableViewDataSource 协议中定义,UITableViewController 类实现了这个协议。一个 UITableView 从其数据源中获取数据,在这里就是模型类。Xcode 生成的这些方法作为主–从应用程序模板的一部分,我们修改这些方法,以便可以与我们的模型进行交互。

确定段(section)的数量以及每一段的行数

UITableView 可能包含许多的段,例如,一个依字母排序的列表中可能对于每个字母都有单独一个段。在这个应用程序中,所有的搜索标签在一个段中显示,正如在 UITableView-DataSource 协议的 numberOfSectionsInTableView 方法(图 4.33,第 203~206 行),它是一个可选方法。当 UITableView 需要知道段中有多少行时,它调用 UITableViewDataSource 协议的 tableView 方法,这个方法接收一个 UITableView 对象以及一个整型,它指定了段的个数(第 209~212 行)。在这种情况下,我们返回模型的 count 属性值,因为所有被保存的搜索都显示在一个段中。

配置 UITableView 中的单元格

当 UITableView 将要显示一个新的单元格时,也许因为一个单元格在屏幕上滚动或者是

```
202     // callback that returns total number of sections in UITableView
203     override func numberOfSectionsInTableView(
204         tableView: UITableView) -> Int {
205         return 1
206     }
207
208     // callback that returns number of rows in the UITableView
209     override func tableView(tableView: UITableView,
210         numberOfRowsInSection section: Int) -> Int {
211         return model.count
212     }
213
```

图 4.33　确定段的数量和每一个段中的行数

用户添加一个新的需要被显示的项目，UITableView 会调用图 4.34 中的 tableView 方法，该方法接收一个 UITableView 对象和一个 NSIndexPath，它表示 UITableView 中单元格的索引。这个方法根据特定的 NSIndexPath 返回相应的单元格。第 220～221 行创建调用 UITableView 的 dequeueReusableCellWithIdentifier 方法，它会从 tableView 中获取单元格（第 220～221 行）。字符串"单元格"是可重用的标识符（见 4.4.2 节），它定义了我们想获取的单元格的类型。这个方法试着重用一个已存在的、当时不在使用的单元格（有特定的标识符）。同时，它会返回一个新的单元格。第 224 行将单元格的 UILabel 对象的文本设置为模型的标签数组中相对应的标签。tagAtIndex 方法的参数就是 indexPath.row，使用 NSIndexPath 的行属性可以获取整型的行号。

第 227～231 行为单元格创建并配置一个长按手势。第 227～228 行表示当用户长按这个单元格时，MasterViewController 类的 tableViewCellLongPressed 方法（见 4.6.4 节）将被调用。第 229 行指定了长按手势最短持续的时间。第 230 行将手势添加到单元格。最后，第 232 行返回 UITableView 的配置单元格。

```
214     // callback that returns a configured cell for the given NSIndexPath
215     override func tableView(tableView: UITableView,
216         cellForRowAtIndexPath indexPath: NSIndexPath) ->
217         UITableViewCell {
218
219         // get cell
220         let cell = tableView.dequeueReusableCellWithIdentifier(
221             "Cell", forIndexPath: indexPath) as UITableViewCell
222
223         // set cell label's text to the tag at the specified index
224         cell.textLabel.text = model.tagAtIndex(indexPath.row)
225
226         // set up long press guesture recognizer
227         let longPressGestureRecognizer = UILongPressGestureRecognizer(
228             target: self, action: "tableViewCellLongPressed:")
229         longPressGestureRecognizer.minimumPressDuration = 0.5
230         cell.addGestureRecognizer(longPressGestureRecognizer)
231
232         return cell
233     }
234
```

图 4.34　配置 UITableView 中的单元格

确定单元格是否可以被编辑和删除

通过触摸 UITableView 上面的 "Edit" 按钮，用户可以打开编辑模式，用于删除和重新排列搜索。这会调用第 236~239 行（见图 4.35）的 UITableViewDataSource 协议的 tableView 方法，它确定被给定 NSIndexPath 的单元格是否可以编辑。在这个应用程序中，所有的单元都是可编辑的，所以这个方法返回真。如果有些单元应该是可编辑的，有些单元不是，这个方法相应地返回真或假。

```
235     // callback that returns whether a cell is editable
236     override func tableView(tableView: UITableView,
237         canEditRowAtIndexPath indexPath: NSIndexPath) -> Bool {
238         return true // all cells are editable
239     }
240
241     // callback that deletes a row from the UITableView
242     override func tableView(tableView: UITableView,
243         commitEditingStyle editingStyle: UITableViewCellEditingStyle,
244         forRowAtIndexPath indexPath: NSIndexPath) {
245         if editingStyle == .Delete {
246             model.deleteSearchAtIndex(indexPath.row)
247
248             // remove UITableView row
249             tableView.deleteRowsAtIndexPaths(
250                 [indexPath], withRowAnimation: .Fade)
251         }
252     }
253
```

图 4.35　确定 UITableView 的单元格是否可以编辑和正在编辑

当用户选择删除一个单元格时，UITableView 调用第 242~252 行的 UITableViewDataSource 协议的 tableView 方法，该方法接收一个 UITableView 对象和一个来自于 UITableViewCellEditingStyle 枚举的常量和一个 NSIndexPath 对象。如果给定的 UITableViewCellEditingStyle 常量是删除（第 245 行），用户单击 "Delete" 按钮，所以第 246 行调用模型的 deleteSearchAtIndex 方法，移除该行的标签。然后第 249~250 行调用 UITableView 的 deleteSearchAtIndex 方法来移除从 tableView 中删除的行。

检测 UITableView 单元格是否可以移动和正在移动

在测试中，当看到 UITableView 处于编辑模式时，用户能对搜索进行重新排序。当用户单击 "Edit" 按钮时，UITableView 调用第 255~258 行（见图 4.36）的 UITableViewDataSource 协议的 tableView 方法来确定一个被给定的 NSIndexPath 单元格能否被移动。如果可以移动，UITableView 会显示≡图标以便用户能移动这个单元格。在这个应用程序中，所有的单元格都是可移动的，所以这个方法只是返回真，但如果一个特定的单元格不能移动时，也可以返回假。

当用户选择移动一个单元格时，UITableView 会调用第 261~267 行的 UITableViewDataSource 协议的 tableView 方法，它接收一个 UITableView 对象和两个 NSIndexPath 对象，它们表示单元格的原始位置和新的位置。用户使用这个方法通知模型的变化（第 265~266 行），所以它能对数组中的标记进行重新排序。

```
254    // callback that returns whether cells can be moved
255    override func tableView(tableView: UITableView,
256        canMoveRowAtIndexPath indexPath: NSIndexPath) -> Bool {
257        return true
258    }
259
260    // callback that reorders keys when user moves them in the table
261    override func tableView(tableView: UITableView,
262        moveRowAtIndexPath sourceIndexPath: NSIndexPath,
263        toIndexPath destinationIndexPath: NSIndexPath) {
264        // tell model to reorder tags based on UITableView order
265        model.moveTagAtIndex(sourceIndexPath.row,
266            toDestinationIndex: destinationIndexPath.row)
267    }
268 }
```

图 4.36　检测 UITableView 单元格是否可以移动和正在移动

4.7　DetailViewController 类

图 4.37 定义了 DetailViewController 类，它继承自 UIViewController，实现了 UIWebViewDelegate 协议，响应来自显示搜索结果的 UIWebView 的消息。当用户使用主－从应用程序模板创建这个应用程序时，Xcode 会自动生成 DetailViewController 类以及各种属性和方法，我们使用图 4.37 中的代码修改并替换这些属性和方法。第 6 行定义了我们用来与 UIWebView 进行交互的 webView 属性。我们将 detailItem 属性的类型改变为一个可选的 NSURL 对象，它表示要执行的 Twitter 搜索。

```
 1  // DetailViewController.swift
 2  // Displays search results for selected query
 3  import UIKit
 4
 5  class DetailViewController: UIViewController, UIWebViewDelegate {
 6      @IBOutlet weak var webView: UIWebView! // displays search results
 7      var detailItem: NSURL? // URL that will be displayed
 8
 9      // configure DetailViewController as the webView's delegate
10      override func viewDidLoad() {
11          super.viewDidLoad()
12          webView.delegate = self
13      }
14
15      // after view appears, load search results into webview
16      override func viewDidAppear(animated: Bool) {
17          super.viewDidAppear(animated)
18
19          if let url = self.detailItem {
20              webView.loadRequest(NSURLRequest(URL: url))
21          }
22      }
23
24      // stop page load and hide network activity indicator when
25      // returning to MasterViewController
26      override func viewWillDisappear(animated: Bool) {
```

图 4.37　DetailViewController 私有声明和类实现

```
27          super.viewWillDisappear(animated)
28          UIApplication.sharedApplication()
29              .networkActivityIndicatorVisible = false
30          webView.stopLoading()
31      }
32
33      // when loading starts, show network activity indicator
34      func webViewDidStartLoad(webView: UIWebView) {
35          UIApplication.sharedApplication()
36              .networkActivityIndicatorVisible = true
37      }
38
39      // hide network activity indicator when page finishes loading
40      func webViewDidFinishLoad(webView: UIWebView) {
41          UIApplication.sharedApplication()
42              .networkActivityIndicatorVisible = false
43      }
44
45      // display static web page if error occurs
46      func webView(webView: UIWebView,
47          didFailLoadWithError error: NSError) {
48          webView.loadHTMLString(
49              "<html><body><p>An error occurred when performing " +
50              "the Twitter search: " + error.description +
51              "</body></html>", baseURL: nil)
52      }
53  }
```

图 4.37　DetailViewController 私有声明和类实现（续）

4.7.1　覆写 UIViewController 类的 viewDidLoad 方法

在视图被初始化后，viewDidLoad 方法（第 10～13 行）会被调用。我们添加了第 12 行，它指定 UIWebView 的委托为自己，DetailViewController 对象遵循了 UIWebViewDelegate 协议（第 5 行）。

4.7.2　覆写 UIViewController 类的 viewDidAppear 方法

一旦 DetailViewController 被添加到视图层级中（屏幕上视图的集合），viewDidAppear 方法（第 16～22 行）就会被调用。这时，第 19 行会检查 detailItem 是否为非空，如果非空，第 20 行会调用 UIWebView 的 loadRequest 方法，以加载 NSURL 所代表的网页。这个方法需要一个 NSURLRequest 对象，所以第 20 行在调用 loadRequest 方法之前，会传递 NSURL 对象给 NSURLRequest 的初始化程序。

4.7.3　覆写 UIViewController 类的 viewWillDisappear 方法

当 DetailViewController 类将要从视图层级中移除时，viewWillDisappear 方法（第 26～31 行）会被调用。例如，当用户返回到搜索的主列表时。当网页开始加载时，我们会在屏幕顶部的状态栏中展示一个网络活动指示器，以便用户知道应用程序正通过网页请求信息。如果用户返回到搜索的主列表时，搜索结果还在加载，我们会把网络活动指示器移除（第 28～29 行）。每个应用程序都有一个 UIApplication 类对象，这个对象在配置状态栏时能够被使用。

当应用程序开始执行时，这个对象就被创建（在 AppDelegate. swift 中）。第 28 行会调用 UIApplication 类的 sharedApplication 方法，以获得应用程序的 UIApplication 的对象。然后我们设置它的 networkActivityIndicatorVisible 属性为 false，从而从状态栏中移除网络活动指示器。当这个值为真时，网络活动指示器会在状态栏中一直旋转。然后第 30 行会调用 UIWebView 的 stopLoading 方法来终止当前请求（如果有的话）。

4.7.4 UIWebViewDelegate 协议方法

第 5 行的类定义中表明这个类遵循 UIWebViewDelegate 协议，它声明了如下几个方法。

- 当 UIWebView 开始加载 URL 时，webViewDidStartLoad（第 34 ~ 37 行）会被调用。第 35 ~ 36 行显示一个网络活动的指示器以表明一个请求正在进行中。
- 当 UIWebView 结束加载一个 URL 时，webViewDidFinishLoad（第 40 ~ 43 行）会被调用。当 Twitter 搜索结果页面结束加载时，第 41 ~ 42 行会从状态栏中移除网络活动的指示器。
- 当一个网页无法正常加载到 UIWebView 时，webView（第 46 ~ 52 行）会接收一个 NSError 作为其第二个参数。例如，当发生请求时，如果没有网络连接，这个请求将会失败，这个错误将会传递给这个方法。如果一个错误在这个应用程序中发生，我们使用 UIWebView 的 loadHTMLString 方法来展现包含 NSError 描述信息的 HTML 字符串。

当 UIWebView 将要加载页面时，还有第四个方法被调用。这个方法会接收一些信息以表明是什么导致的加载要求，例如，用户单击一个超链接，提交一个表单，单击一个前进或后退按钮，重新加载一个页面等。

4.8 小结

在本章中，我们创建了 Twitter 搜索应用程序，它使用短标签名称来保存冗长的 Twitter 搜索内容，便于用户关注 Twitter 上的热门话题。

我们使用了 Xcode 的主 - 从应用程序模板创建一个包含主列表和详情视图的应用程序。在详情视图中，我们使用了一个网页视图（UIWebView 类）来展示 Twitter 搜索结果，就像网页一样。

将用户的常用搜索记录作为应用程序的偏好设置存储在设备上，通过 iOS 的默认系统存储实现这个功能。读者已经了解了每个应用程序都有一个存储键 - 值对的 NSUserDefaults 类的关联对象。我们使用这个对象存储包含常用搜索记录的字典以及一个以用户的偏好顺序存储的搜索标签数组。

要跨设备同步用户的常用搜索，通过应用程序的 NSUbiquitousKeyValueStore 对象，也可以将常用搜索作为键 - 值对（标签 - 查询内容）存储在 iCloud 中。当用户的常用搜索在其他设备上发生改变时，要从 iCloud 接收变化的通知，可以使用 NSNotificationCenter 类将模型注册成为一个监听者，以监听应用程序中键 - 值对存储的变化。

在程序的执行期间，我们使用 Swift 的数组和字典集合来存储应用程序的数据。我们还讨论了 Foundation 框架集合的对象返回到 Swift 代码时发生的桥接。

第 4 章 Twitter 搜索应用程序

我们使用了社交框架将分享功能集成进应用程序。一个 UIActivityViewController 类给用户提供一个共享选项，然后根据用户的选择呈现一个相应的共享用户界面。

我们使用了 UIAlertController 类来显示一个对话框，在这个对话框中，用户可以添加一个新的搜索、选择是否编辑或者共享一个已存在的搜索。我们也使用了 UIAlertAction 定义了一些按钮，用户可以单击取消或者执行特定的行为来关闭对话框。

我们讨论了 Swift 协议。我们知道协议也可以被描述为可以被一个类、枚举或结构体实现的一系列功能。我们定义了一个协议，它被 MasterViewController 类实现，当模型的数据改变时，它能够被通知到。也使用了 UITableViewDelegate 协议确保 MasterViewController 能与模型进行交互以便更新应用程序的 UITableView。UIWebViewDelegate 协议确保当 UIWebView 开始加载一个网页、完成加载网页或者加载网页出现错误时，DetailViewController 类能执行相应的任务。

在第 5 章中，我们将创建国旗竞猜应用程序，将从头开始创建一个 Storyboard，使用新的用户界面控件让用户可以为每个竞猜问题选择答案并定义竞猜的相关设置。我们将演示如何操作许多同样类型的控件的 Outlet 集合，并使用视图动画可视化的表示不正确的答案。最后，我们将使用 iOS 的 GCD 来安排任务在未来执行。

第 5 章
国旗竞猜应用程序

UISegmentedControl、UISwitch、Outlet 集合、视图动画、UINavigationController、连线、NSBundle、用 GCD 计划任务

主题

本章，读者将学习：

- 用一个 Storyboard、UINavigationController、UIViewController 类以及连线来设计应用程序场景之间的切换，主要是竞猜和设置场景。
- 用 UISegmentedControl 控件展示用户的选择选项。
- 用 UISwitch 控件展示开关状态选项。
- 创建 Outlet 集合用于和一系列同样类型的用户界面控件进行交互。
- 每一次应用程序运行时，随机生成不同的国旗和竞猜选项。
- 给一个视图的边框和透明度属性添加动画从而创建"晃动"和"淡入淡出"的视图动画。
- 用一个 NSBundle 获取应用程序的图片文件名列表。
- 在一个竞猜中为每一个国旗动态创建一个图片并将其显示在图片视图中。
- 用 GCD 计划一个在未来要执行的任务。

5.1 介绍

国旗竞猜应用程序（见图 5.1）是测试用户是否能正确识别 10 种国旗的能力。确切地说，该应用程序提供一张国旗的图片以及有可能是正确答案的竞猜选项，其中一个选项是和国旗相匹配的，其他选项都是随机选项，不能重复选择不正确的答案。应用程序会显示用户整个竞猜的进度，在当前的国旗图片下面，展示了一个包含问题数量的标签。竞猜选项是用 UISegmentedControl 控件展示的（每一个控件分两段），它位于进度标签的下面。每一个 UISegmentedControl 控件显示的都是互斥的选项，因此每一次一个控件只有一段可以被选中。本应用程序的逻辑是所有的 UISegmentedControl 中，用户只能选一段。默认情况下，应用程序显示 4 个竞猜选项，图 5.1 显示的界面有 8 个竞猜选项。如果猜错了，应用程序会有一个动画来晃动国旗并且在屏幕的底部显示一个"不正确"的标签，之后这个标签会逐渐淡出。当猜对时，应用程序会使用 iOS 系统的多线程技术（避免阻塞主线程），延迟 2s 之后显示下一个国旗。

当用户单击应用程序导航栏的"Settings"按钮时，应用程序会展示一个设置（Settings）页面（见图 5.2）。用户可通过选择 2、4、6、8 个竞猜选项和选择国旗所属的世界区域（默认是 North America）来设置应用程序的难易程度。UISegmentedControl 控件展示了可能显示

的竞猜选项数量。UISwitche 控件有"开"和"关"两种状态，开表示那个地区的国旗可在竞猜中显示，关就不能。

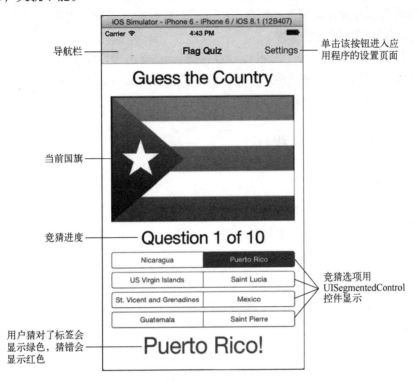

图 5.1 有 8 个竞猜选项的国旗竞猜应用程序

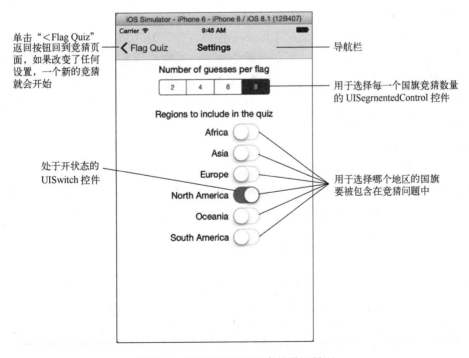

图 5.2 国旗竞猜应用程序的设置界面

国旗竞猜页面和设置页面都有很多控件，它们分别是4个UISegmentedControl控件和6个UISwitch控件。在这个应用程序中，读者将学会如何创建包含同样类型的多个控件的Outlet集合。读者可以看到，它们都是用数组的方式来实现的，因此，用户可以遍历这些控件，就像在其他集合类型中所做的那样。

首先，用户将会测试这个应用程序。然后我们将会概述用户创建这个应用程序用到的技术。紧接着，会设计应用程序的用户界面。最后，我们将展示应用程序的完整源代码并逐一讲解，并着重讲解应用程序用到的一些新特性。

5.2 测试国旗竞猜应用程序

打开完整的应用程序

将本书的示例代码解压，并在用户的Mac文件夹中找到它。在FlagQuiz文件夹中，双击FlagQuiz.xcodeproj文件在Xcode中打开工程。

运行应用程序

在Xcode工具栏上的Scheme选择器中选择iPhone 6 Simulator，然后运行应用程序。这会构建工程并在iPhone模拟器上运行（见图5.1）。

设置应用程序

当用户第一次运行应用程序时，界面上会为每一个国旗显示4个竞猜问题，这些国旗都来自于北美洲。单击导航栏的"Settings"按钮会显示设置界面（见图5.2）。为了让竞猜变得更具挑战性，通过单击UISegmentedControl控件相应的段，可以改变竞猜问题的数量。你也可以单击Africa、Asia、Europe、North America、Oceania（澳大利亚、新西兰和南太平洋岛国）和South America标签后面的UISwitch控件，在"开"或者"关"之间切换，只有那些处于"开"状态的地区才会出现在竞猜选项中。当完成设置后，触摸导航栏上的" < Flag Quiz"按钮会返回到竞猜页面。如果做了任何的设置改变，基于新的设置会产生一个新的竞猜问题；否则先前的竞猜还会继续。（这个示例应用程序并没有一个界面告知用户一个新的竞猜开始了，我们把它当作练习留给读者。）

竞猜：做一个正确的选择

参加这个竞猜，主要就是通过单击用户认为和出现的国旗相对应的答案。如果选择是对的，如图5.3（a）所示，应用程序会禁用所有的竞猜答案，并且在屏幕的底部会用绿色的标签显示国家的名称和一个感叹号，如图5.3（b）所示。在一个简短的延迟后，应用程序会加载下一个国旗并显示新的竞猜答案。

竞猜：做一个不正确的选择

如果用户选择的答案不对，应用程序会让相应的答案不能点击，如图5.4所示的Jamaica就变成了灰色。为了能更直观地表明竞猜的答案不对，应用程序用了一个从左到右的晃动动画，并且在屏幕底部还会用红色标签显示回答不正确的提示。我们给显示不正确提示的标签加了一个逐渐淡出的视图动画，以便在竞猜时它不会一直停留在屏幕上。继续竞猜，直到得到正确的国旗答案。

图 5.3 选择了正确的答案并显示正确的结果

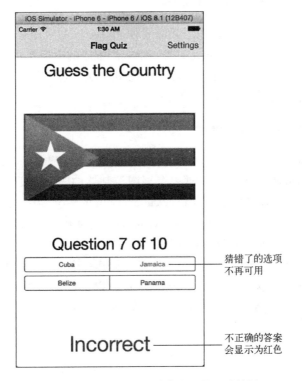

图 5.4 选择了错误的答案之后的显示结果

完成竞猜

在全部正确地猜中了每一个国家的名字之后，应用程序会显示一个 UIAlertController 对话框，上面会显示竞猜问题的总数和用户答对问题的百分比（见图5.5）。当用户单击对话框的"New Quiz"按钮时，应用程序会在2s后开始一个新的竞猜。

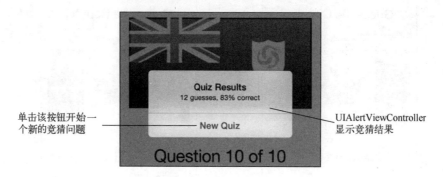

图5.5 竞猜的最后结果

5.3 技术预览

本节将会介绍创建国旗竞猜应用程序所需要使用到的Swift的一些特性。

5.3.1 从头开始设计一个Storyboard

第2~4章的每一个应用程序，用户只需要使用Xcode的应用程序模板创建的视图控制器并加入其他一些控制器，这样就能完成每一个应用程序的用户界面。在本应用程序中，将会使用一个单个视图的应用程序模板，然后将视图控制器嵌入到一个UINavigationController类中，利用Storyboard来设计应用程序的流程。

5.3.2 UINavigationController类

在第4章，读者学习了UINavigationController可以帮助用户在多个视图控制器之间导航。每一个UINavigationController类都会管理一个视图控制器的栈，以便可以轻松地回到之前场景。当一个新的视图控制器被添加到UINavigationController类，它会被放到栈顶并且显示出来。当用户导航到之前的场景，UINavigationController会从屏幕上移除视图控制器并将其从栈中弹出，在栈顶部的试图控制器就会从新显示出来。

在5.4.2节，将会通过单个视图应用程序模板创建一个视图控制器，并将其嵌入到一个UINavigationController类。这个视图控制器将会显示竞猜问题并被设置为UINavigationController的根视图控制器，它是UINavigationController类展示的第一个视图控制器。

5.3.3 Storyboard连线（Segues）

在第4章，读者已经看到主-从应用程序模板的Storyboard包含了一个预定义的连线，它代表一个视图控制器到另外一个的过渡。在5.4.2节，将会添加第二个视图控制器到Storyboard，然后在根视图控制器和第二个视图控制器之间创建一个连线。就像之前看到的那样，在根视图控制器的导航栏上有一个"Settings"按钮，当用户单击它时（见图5.1），便会让用户的应用程序从竞猜问题页面过渡到设置页面。

5.3.4 UISegmentedControl 控件

本应用程序使用 UISegmentedControl 控件（见图5.1 的底部）来显示竞猜选项。每一个 UISegmentedControl 控件由若干个段组成，每一个段代表一个互斥的选项（和其他用户界面技术中的单选按钮相似）。我们将通过编程的方式设置每一个段的文字。当用户猜错时，那一段就不能用了。当用户猜对时，所有的 UISegmentedControl 控件都不能用，直到下一个问题的出现。

5.3.5 UISwitch 控件

本应用程序使用 UIswitche 控件（见图5.2）来确定世界的哪一个地区应该被包含在竞猜问题中。每一个 UISwitch 控件有两个状态，即开和关。当应用程序第一次被加载时，我们会基于应用程序的 NSUserDefaults 的值，通过编程的方式来设置 UIswitch 的状态，并且当用户改变了一个 UISwitch 控件的状态，我们会更新 NSUserDefaults 的值。

5.3.6 Outlet 集合

到目前为止，只要在视图控制器类中创建 Outlet 属性，就可以通过编程的方式和用户控件进行交互。当有许多的同样类型的用户界面控件时，可以将它们视为一个数组来操作，称之为 Outlet 集合。在本应用程序中，将会使用两个 Outlet 集合。在 QuizViewController 类中，将会使用一个 Outlet 集合来和 UISegmentedControl 控件进行交互，如图5.1 所示。在 SettingsViewController 类中，将会用一个 Outlet 集合来和 UIswitche 控件进行交互，如图5.2 所示。

5.3.7 使用应用程序的主 NSBundle 获取图片名称列表

应用程序的国旗图片只有当需要时才会被加载并且它们被放置在一个图片组，这个图片组将会在工程目录中创建。为了添加国旗图片到用户的工程，将要从文件系统拖动每个地区文件夹的图片到用户的工程的图片组。国旗文件夹 images1 位于示例代码目录的 images/FlagQuizImages 文件夹下。

Foundation 框架提供的 NSBundle 类可以访问应用程序的资源文件。每一个应用程序都有一个主 Bundle，它可以访问和应用程序的可执行文件在同一目录下的文件夹。组（Group）包含的是一些资源，比如添加到本应用程序的图片组，当构建应用程序时，它们会被添加到应用程序的主 Bundle 中。我们将使用 NSBundle（5.5.3 节）类在应用程序的 bundle 中查找所有以 .png 格式结尾的文件（PNG 格式的图片）。

5.3.8 使用 Grand Central Dispatch 在未来执行任务

今天的 iOS 设备其 CPU 大多都是双核或者三核的，未来的 CPU 肯定有更多核。通过写代码来利用多核 CPU 是很困难的，特别是发现用户的应用程序会运行在有不同数量核心的 CPU 设备上，并且多个应用程序和服务都会去竞争这些设备的 CPU 时间。iOS 的 Grand Central Dispatch（GCD）由语言特性、相关库和操作系统特性组成，它可以帮助应用程序和操作系统更有效地利用多核处理器。在 iOS 开发中，GCD 是一个非常重要的并发编程技术。

在这个应用程序中，当用户猜对了一个国旗，应用程序会等 2s，然后显示下一个国旗。

为了实现这个功能，我们使用了 GCD 的 dispatch_after 函数（见 5.6.4 节），它会让任务在指定的时间间隔之后执行。对用户界面的相关操作必须在主线程上进行，因为用户界面控件不是线程安全的。正是由于这个原因，显示用户界面和响应用户交互的任务都必须在同一个线程中执行。关于 GCD 的详细信息，请访问苹果公司的 Grand Central Dispatch（GCD）参考：

```
http://bit.ly/GCDReference
```

5.3.9 给视图添加一个动画

当用户选择错误时，通过使用一系列的视图动画，应用程序会晃动国旗，这些动画使用的方法都是 UIView 类的方法。为了晃动国旗，我们将会给一个 UIImageView 类的 frame 属性添加一个动画（见 5.6.5 节）。同时，我们也会给一个 UILabel 的 alpha 属性添加动画，让它从不透明变成透明，这会让"不正确"这个文字逐渐淡出屏幕，因为它只是一个简短的猜错的提示。图 5.6 显示了 UIView 类可以被添加动画的属性。

属 性	描 述
alpha	指定一个视图的透明度——0.0（透明）至 1.0（不透明）
backgroundColor	指定一个视图的背景色
bounds	一个视图相对于它中心点的尺寸
center	指定一个视图相对于它父视图的中心点
frame	一个视图相对于它父视图的尺寸
transform	相对于一个视图的中心点进行缩放、旋转、变换（移动）

图 5.6 可以用视图动画操作的 UIView 类的属性

5.3.10 Darwin 模块——使用预先定义的 C 函数

正如用户的应用程序可以复用 Cocoa Touch 框架（大部分是用 Objective - C 写的）一样，它们也可以复用基于 C 语言的 UNIX 函数（如 5.5.6 节至 5.6.3 节的 arc4random_uniform）和内建在 iOS 系统的标准 C 语言的库函数。UNIX 和 C 语言的这些特性被封装在 Darwin 模块里，通过它可以很容易地访问 C 语言的库——苹果公司的 OS X 和 iOS 操作系统的内核都是基于开源的 UNIX 系统创建的。一些 Cocoa Touch 框架默认是引入了 Darwin 模块的，如 Foundation 和 UIKit 框架。但是用户也可以显示地引入它，通过下面的 import 声明：

```
import Darwin
```

5.3.11 生成随机数

在本应用程序中，利用 arc4random_uniform 函数（来自于 Darwin 模块的基于 C 语言的 UNIX 函数），可以选择一个随机的数组下标，从而确定要选择的国旗，这个函数可以产生随机的 32 位无符号整数（Swift 类型 UInt32），其范围从 0 到参数中指定的上界，但不包括上界。另外一个 arc4random 函数，它不接受任何参数并返回一个随机的无符号 32 位整数，其范围从 0（UInt32.min）到 4 294 967 295（UInt32.max）。

这两个函数使用 RC4 的（也称 ARCFOUR）随机数生成算法（http://en.wikipedia.org/wiki/RC4）并且产生的不确定随机数字是无法预测的。

避免错误提示 5.1

arc4random_uniform 和 arc4random 函数不能产生可重复的随机数字序列。如果需要进行重复性测试，使用 Darwin 模块的 C 函数 random 可以获取随机值并且函数 srandom 是随机数种子生成器，每次程序执行时，都使用相同的种子。一旦测试完成，还可以使用 arc4random_uniform 或者 arc4random 产生随机值。

5.3.12 介绍 Swift 的一些特性

本节将介绍在本应用程序的代码中遇到的 Swift 语言的一些新特性。

while 语句

在 5.5.6 节，将使用 Swift 的 while 语句来重复执行一些语句。语句由 while 关键词和紧随其后的一个条件以及用大括号（{和}）分隔的一些语句构成，例如：

```
while condition {
    statements
}
```

for – in 语句

for – in 语句（第一次使用是在 5.5.3 节）遍历一个集合而不需要使用一个计数器，这就避免了各种常见的错误，如边界错误。for – in 的语法如下：

```
for item in collection {
    statements
}
```

当整个集合被处理完后循环就会停止。每一项的类型都是从集合的元素类型推导而来的。

闭区间、半开区间和全局函数 stride

for – in 语句可以用于不同类型的集合，包括数组和整形值区间，它们可以通过 Swift 的闭区间操作符（...）、半开区间操作符（..<）和全局函数 stride 实现。

用户可以使用 for...in 循环来遍历一个包含整型值的闭区间集合，例如：

```
for count in 1 ... 5 {
    statements
}
```

遍历的集合包含 5 个值，分别是 1（第一个值）、2、3、4、5（最后一个值）。"..."操作符称为闭区间操作符，其范围包含第一个值和最后一个值。

用户可以使用 for...in 循环来遍历一个包含整型值的半开区间集合，例如：

```
for count in 1 ..< 5 {
    statements
}
```

遍历的集合包含4个值，分别是1（第一个值）、2、3、4（最后一个值，小于5）。".. <"操作符称为半开区间操作符，因为它包含区间的起始值，但不包括结尾值。

闭区间和半开区间产生的区间的值都是升序的，并且每次增加1。用户可以使用Swift的全局函数stride，它可以产生任意的升序或者降序的区间。例如，for...in循环：

```swift
for count in stride(from: 11, through: 1, by: -2) {
    statements
}
```

使用了stride函数实现了降序的闭区间值。这个循环会遍历包含6个值的集合，它们分别是11（第一个参数）、9、7、5、3和1（第二个参数），每一次递减2（第三个参数）。

第二个版本的stride函数会产生一个半开区间。例如，for...in循环：

```swift
for count in stride(from: 10, to: 50, by: 10) {
    print("\(count) ")
}
```

使用了stride函数实现了一个升序的半开区间。循环遍历的集合的值分别是10（第一个参数）、20、30和40（小于第二个参数的值但是最大的值），每一次增加10（第三个参数）。

计算属性

在这个应用程序的模型中（见5.5节），我们将要定义存储属性和计算属性。计算属性并不会存储数据，相反，它们操作其他属性。例如，一个Circle类有一个存储属性为半径和计算属性为直径、周长和面积。它们都是使用半径的值来分别计算直径、周长和面积的。计算属性也可以修改存储属性。在5.5.4节我们将会展示计算属性的语法。

Swift标准库的全局函数swap、countElements和join

Swift标准库定义了超过70个全局函数（包括在本节前面介绍的跨步函数）来执行各种任务。在这个应用程序中，我们将会使用到下面一些全局函数。

- swap——这个函数接受两个参数并将它们的值交换。在5.6.8节，当我们需要对数组元素随机排序时，在定义的随机函数中就需要使用它。
- countElements——这个函数接受一个集合参数，并返回集合所包含的元素个数。在5.6.3节，我们将会给这个函数传递一个字符串参数并获得字符串的长度。
- join——在5.6.3节，我们将会用这个函数创建一个字符串，其第一个参数是空格，第二个参数是字符串数组，它会将数组的每一个元素用空格和其他元素连接起来。

Swift扩展

扩展可以给现有的类型增加一些新的特性，如计算属性、方法、初始化、下标（下标操作符主要用于数组和字典）、协议一致性等。每一个扩展都以extension关键字作为开头，紧随其后的是要扩展的类型的名称和用括号包裹的语句。我们将为一个数组添加一个扩展，其中包含一个shuffle方法（见5.6.8节），用这个方法对一个字符串数组进行随机排序。更多关于扩展的信息，请查看《Swift编程语言》的扩展章节：

http://bit.ly/SwiftExtensions

5.4 创建图形用户界面

本节，你将创建工程，设计 Storyboard，为 Storyboard 的视图控制器创建类并为各种用户界面控件创建 Outlet 属性和行为方法。

5.4.1 创建工程

首先，创建一个新的单视图应用程序工程。在新工程的选择选项页中做如下设置：
- Product Name：FlagQuiz。
- Organization Name：Deitel & Associates，Inc.，或者用自己的组织名称。
- Company Identifier：com. deitel，或者使用自己公司的标识符。
- Language：Swift。
- Devices：Universal。

设置好之后，单击"Next"按钮，会出现一个保存工程的目录位置，单击"Create"按钮完成工程的创建。

竖屏

这个应用程序只支持竖屏，以便所有的 UI 控件在竖屏时能够很好地显示。在 Xcode 的编辑区域，有一个工程的通用（General）设置栏，选中它并滑动到发布信息那一段，在设备方向中只选择竖屏。

应用程序图标

正如在之前的应用程序中所做的那样，添加应用图标到用户的工程资源目录。

5.4.2 设计 Storyboard

对于这个应用程序，我们将会使用 Storyboard 来设计应用程序场景的流程，将会把应用程序的默认视图控制器（View Controller）嵌入到一个导航控制器（Navigation Controller）中。该视图控制器就会自动成为导航控制器的根控制器，它位于导航控制器栈的底部。当应用程序被加载时，导航控制器就会将根视图控制器展示给用户。在这个应用程序中，根视图控制器将会显示竞猜场景，之后用户将会添加其他的视图控制器用于展示设置场景。

对于这个应用程序的 Storyboard，读者会发现放大和缩小是非常有用的，因为那样用户才能看到整个设计场景。右键单击 Storyboard 的空白区域，选择一个缩放选项。

步骤1：将一个 UIViewController 类嵌入到一个 UINavigationController 类中按如下步骤进行：

1. 在编辑区域选中 Main. storyboard 文件。
2. 在 Storyboard 中，单击视图控制器，然后选择 Editor > Embed In > Navigation Controller。

Xcode 会将导航控制器加入 Storyboard，并将原来的视图控制器作为它的根控制器。根视图控制器是用这个（──⊙→）箭头图标表示的。导航控制器左边的箭头图标（──→）表示这个导航控制器是应用程序的初始化控制器，当 Storyboard 第一次被加载时，它是第一个被显示的。如果初始化控制器是一个导航控制器，它的根控制器会是第一个被显示的场景。

步骤2：为竞猜场景配置视图控制器。

接下来，我们将会配置国旗竞猜场景的视图控制器（见图5.1）。

1. 双击导航栏的中心，输入标题 Flag Quiz（见图5.7）。也可以选中导航栏，然后在属性查看器中设置标题属性。

图 5.7　设置导航栏的标题属性

2. 从对象库中拖动一个导航按钮（Bar Button Item）到导航栏的右边（见图5.8），然后双击该按钮并设置它的标题属性。这个按钮将会初始化一个从国旗竞猜场景（根控制器）到设置场景的连线。

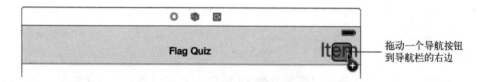

图 5.8　添加一个导航按钮到导航栏

步骤3：为设置场景添加视图控制器并在国旗竞猜场景和设置场景间创建一个连线接下来，我们将会添加设置场景的视图控制器（见图5.2）并创建连线。

1. 从对象库中拖动另外一个视图控制器放到国旗竞猜视图控制器的右边。

2. 为了创建一个从国旗竞猜场景（见图5.1）到设置场景（见图5.2）的连线，首先从国旗竞猜场景导航栏的设置按钮拖动到刚刚创建视图控制器上，然后放开鼠标，会出现一个弹出框，如图5.9所示。选择 Action Segue 下面的 show 选项，它表示这个连线执行的方法是显示另外一个视图控制器。在 Interface Builder 中可以配置这个连线（—⓪→）并给设置场景的视图控制器添加一个导航栏。

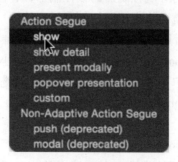

图 5.9　连线弹出框

3. 在 Storyboard 中选中连线（—⓪→），然后在属性查看器中设置连线的标识符为 showSettings。我们将会在 5.6.7 节通过编程的方式来检测哪一个连线是正在被执行的。

4. 单击设置场景的导航栏然后设置它的标题属性为设置文本（Settings）。

运行应用程序来测试 Storyboard 的连线

在 iOS 模拟器上运行应用程序来测试 Storyboard 的连线。最开始，国旗竞猜场景是空白的，只有导航栏的右边有一个"Settings"按钮。单击"Settings"按钮可以进入设置场景。注意，导航控制器会自动在设置场景导航栏上添加一个"< Flag Quiz"的返回按钮，以便用户可以返回到国旗竞猜场景。单击"< Flag Quiz"按钮返回国旗竞猜场景。

5.4.3 配置视图控制器类

当创建这个应用程序的工程时，Xcode 自动生成 UIViewController 的子类 ViewController 类，它是 Storyboard 的原始视图控制器。本节，我们将重命名这个类并指定它来管理根视图控制器（国旗竞猜场景），然后创建另外一个 UIViewController 的子类来管理设置场景。按照下面的步骤进行。

1. 在工程的资源管理器中，选中 ViewController.swift 文件，再次单击文件名让它可以编辑，然后重命名为 QuizViewController.swift。

2. 在编辑区域，将类的名称从 ViewController 改为 QuizViewController 并移除 didReceiveMemoryWarning 方法。

3. 在工程的资源管理器中，选中 Main.storyboard 文件。

4. 为了表明国旗竞猜场景是由 QuizViewController 类管理的，使用 Storyboard 的文档大纲在国旗竞猜场景中选中国旗竞猜对象，然后在标识符查看器的自定义类选项中设置类的属性为 QuizViewController。当 Storyboard 被加载时，它会自动给这个类创建一个实例。它也会初始化所有的@IBOutlet 属性，这些属性是通过从这个场景的控件拖动到 QuizViewController 类而创建的。

5. 接下来，将要创建 SettingsViewController.swift 文件，选中 FlagQuiz 组，然后右键在菜单中选择 File > New > File…，在出现的菜单中，从 iOS > Source 类别中选择 Cocoa Touch Class 并单击"Next"按钮。在 Class 一栏中输入 SettingsViewController。在 Subclass 一栏选择 UIViewController。在 Language 一栏选择 Swift（它是默认被选中的）然后单击"Next"按钮。单击"Create"按钮完成文件的创建。

6. 在工程的资源管理器中，选中 Main.storyboard。

7. 为了表明设置场景是由 SettingsViewController 类管理的，使用文档大纲在设置场景中选中设置，然后在标识符查看器的自定义类选项中设置为 SettingsViewController。当 Storyboard 被加载时，它会自动为这个类创建一个实例。它也会初始化所有的@IBOutlet 属性，这些属性是通过从这个场景的控件拖动到 SettingsViewController 类而创建的。

5.4.4 为 QuizViewController 类创建用户界面

本节将展示 QuizViewController 类的用户界面。图 5.10 展示了 QuizViewController 类的 Outlet 和 Outlet 集合的名称。到目前为止，我们已经实现了几个应用程序的用户界面，接下来我们将会确定哪些控件应该被添加用户交互以及如何设置它们。在这个用户界面中，首先要确保所有的控件与屏幕的左边缘和右边缘的距离一样，这个场景只有图片视图和 UISegmentedControl 控件，因此很容易辨识。图 5.11 展示了（从上到下）图 5.10 中各个控件的属性值。下面两节将会讨论自动布局的设置以及创建 Outlet 和行为方法。

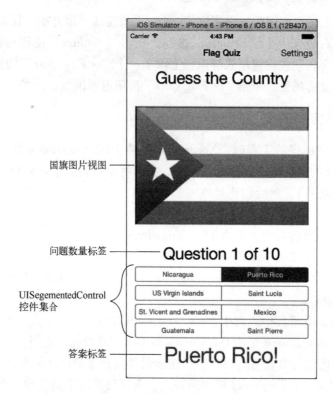

图 5.10 国旗竞猜页面中的标签控件以及它们的 Outlet 名称

用户界面控件	属性	值
标签	文本	竞猜国家
	对齐	居中对齐
	字体	系统 32 号字体
	自动缩小	缩放的最小字体（默认值为 0.5）
	高度	确保标签是 36 个点高
图片视图（flagImageView）	显示模式	填充
	高度	确保图片视图是 219 个点高
标签（questionNumberLabel）	文本	1/10 问题
	对齐	居中对齐
	字体	系统 32 号字体
	自动伸缩	缩放的最小字体（默认值为 0.5）
	高度	确保标签是 36 个点高
Segmented Controls（segmentedControls）	选中	取消复选框选中状态
标签（answerLabel）	文本	正确！
	对齐	居中对齐
	字体	系统 42 号字体
	自动伸缩	缩放的最小字体（默认值为 0.5）
	高度	确保标签是 50 个点高

图 5.11 国旗竞猜页面中各个控件的属性值

5.4.5 为 QuizViewController 类的用户界面设置自动布局

按照下面的步骤设置自动布局约束。

- 对于每一个控件，设置控件的"Leading Space to Container Margin"和"Trailing Space to Container Margin"约束。通过在文档大纲窗口选中这些控件，然后拖动它们到场景的视图节点，一次就可以完成这些设置。
- 对于文本属性为"Guess the Country"的标签，设置它的 Top Space to Top Layout Guide 约束。
- 对于标题标签下面的其他一些控件，设置它们相互之间垂直方向的间距。
- 对于底部的提示标签，设置它的 Bottom Space to Bottom Layout Guide 约束。
- 对于图片视图，需要设置它的高度约束。首先，创建一个固定高度的约束，它是基于图片视图在当前场景中的高度。我们希望这个控件的高度可以占满整个用户界面。为了实现这个功能，必须修改高度约束。选中该图片视图，然后在尺寸查看器中单击高度约束的编辑按钮。在弹出框中，将之前的等于（=）约束修改为大于或等于约束。
- 最后，在文档大纲窗口中选中国旗竞猜场景的视图节点，在 Storyboard 底部的解决自动布局问题菜单（|◄|）中选择添加缺失的约束选项，然后保存 Storyboard。

5.4.6 QuizViewController 的 Outlet 属性和相关的行为方法

打开辅助编辑器（Assitant Edit），然后创建如下的 Outlet 属性和行为方法。

- 使用在之前章节学到的技术在 QuizViewController 类中为 flagImageView、questionNumberLabel 和 answerLabel 创建@IBOutlet 属性，如图 5.10 所示。
- 从第一个 UISegmentedControl 控件拖动到 QuizViewController 类上，会出现一个 Outlet 的弹出框，它会将被选择的 Outlet 集合和名称为 segmentedControls 的 Outlet 集合属性连接起来。因为这个方法只会被 UISegmentedControl 控件调用，所以在类型中选择（该方法的 sender 参数的类型）UISegmentedControl。接下来，为了让每一个 UISegmentedControl 控件添加到数组的顺序和用户界面上显示的顺序一样，以从上到下的顺序，将剩下的 UISegmentedControl 控件都拖动到 Outlet 集合的名称上。这个拖动操作可以让用户连接到一个已经存在的 Outlet 集合属性上，而不需要创建一个新的。
- 使用在之前章节中学到的技术来为第一个 UISegmentedControl 控件创建 submitGuess 方法，然后将剩下的其他 UISegmentedControl 控件拖动到 QuizViewController 类的 submitGuess 方法名上并确保用户已经连接到了该方法。

5.4.7 创建 SettingsViewController 的用户界面

本节将展示 SettingsViewController 的用户界面。图 5.12 显示了 SettingsViewController 类的 Outlet 以及它们的名称。图 5.13 显示了（从上到下和从左到右的用户控件）图 5.12 中的控件的属性设置。对于这个场景的自动布局约束，只需要在 Storyboard 中选中场景的视图，然后单击 Storyboard 底部的解决自动布局问题的菜单，选择添加丢失的约束，然后保存 Storyboard。下一节将讨论创建场景的 Outlets 和行为方法。

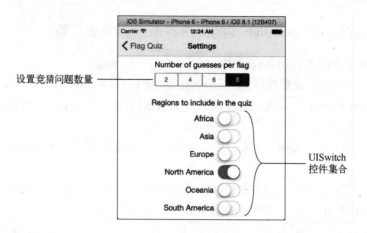

图 5.12 用 Outlet 名称设置用户界面上的标签控件

GUI 控件	属 性	值
标签	文本 对齐	每一个国旗竞猜的数量 居中对齐
Segmented Control（guessesSegmentedControl） [注意：每一个段都有它自己的属性。要访问这些属性，使用段属性来选择段数量（段 0、段 1 等）]	段 段 > Segment 0 标题 段 > 段 1 标题 选中 段 > 段 2 标题 段 > 段 2 标题	4 2 4 选中复选框 6 8
标签	文本 对齐	竞猜包含的地区 居中对齐
开关（Switch）	状态	关
标签	文本 对齐	非洲 靠右对齐
开关	状态	关
标签	文本 对齐	亚洲 靠右对齐
开关	状态	关
标签	文本 对齐	欧洲 靠右对齐
开关	状态	关
标签	文本 对齐	北美洲 靠右对齐
开关	状态	开
标签	文本 对齐	大洋洲 靠右对齐
开关	状态	关
标签	文本 对齐	南美洲 靠右对齐
开关	状态	关

图 5.13 在 fragment_quiz.xml 文件中 GUI 控件的属性值

5.4.8 SettingsViewController 类的 Outlet 和行为方法

打开辅助编辑器，创建如下的 Outlet 和行为方法。

- 使用在之前学到的技术在 SettingsViewController 类中创建 guessesSegmentedControl 的 Outlet（见图 5.12）。
- 从第一个 UISwitch 控件拖动到 SettingsViewController 类上，会出现一个 Outlet 的弹出框，它会将被选择的 Outlet 集合和名字为 switches 的 Outlet 集合属性连接起来。接下来，为了让每一个 UISegmentedControl 控件添加到数组的顺序和用户界面上显示的顺序一样，以从上到下的顺序，将剩下的 UISwitch 控件都拖动到 Outlet 集合的名称上。
- 使用在之前章节学到的技术来为 UISegmentedControl 控件创建 numberOfGuessesChanged 方法。因为这个方法只会被 UISegmentedControl 控件调用，在弹出框的类型中选择 UISegmentedControl。
- 下一步，为第一个 UISwitch 控件创建 switchChanged 方法。因为这个方法只会被 UISwitch 控件使用，在弹出框的类型中选择 UISwitch。在 QuizViewController 类中将剩下的每一个 UISwitch 控件拖动到 switchChanged 方法上。之后，将会看到在方法中如何区分这些 UISwitch 控件。

5.4.9 创建 Model 类

和第 4 章一样，这个应用程序用一个名字叫 Model 的类来管理应用程序的本地存储数据，这里主要是应用程序的设置和图片。为了创建这个类：

1. 在 Xcode 中，从菜单中选择 File > New > File…，会显示一个包含文件模板的菜单。
2. 在 iOS 子菜单中，选择源类别，然后选择 Swift 文件并单击 "Next" 按钮。
3. 输入文件名称为 Model.swift 并单击 "Create" 按钮。

新的文件被放置在工程的 FlagQuiz 组，单击并在编辑区域打开它。

5.4.10 添加国旗图片到应用程序

国旗图片位于本书示例代码目录下的 images/FlagQuizImages 文件夹下。按照下面的步骤将它们添加到工程。

1. 在 Xcode 中，右键选择 FlagQuiz 组（文件夹）并在出现的菜单中选择创建新组（New Group）。
2. 将新组的名称设置为 images。
3. 在 Finder 中打开 images/FlagQuizImages 文件夹，然后拖动包含 6 个世界地区（非洲、亚洲、欧洲、北美洲、大西洋洲和南美洲）的子文件夹到刚刚在 Xcode 中创建的 images 组。在出现的对话框中选中 "Copy if needed"。

5.5 Model 类

本节我们将讨论应用程序的 Model 类。它位于 Model.swift 文件中，在 5.4.9 节中创建的，我们将在 5.5.1 节至 5.5.6 节中输入相关代码。

5.5.1 ModelDelegate 协议

第 6~8 行（见图 5.14）定义了 ModelDelegate 协议，它会被 QuizViewController 类使用，当应用程序的设置发生改变时它能够被通知到。这个协议只定义了一个 settingsChanged 方法，它没有参数也没有返回值。在 5.6.2 节中，QuizViewController 类将会定义一个方法，这个方法可以根据新的应用程序设置来重置竞猜问题。我们将会在 Model 类中定义一个 ModelDelegate 类型的属性并且用一个 QuizViewController 类的引用来初始化它。在 QuizViewController 类中，当模型数据发生改变时，Model 类将会通过这个引用去调用 settingsChanged 方法。

```
1   // Model.swift
2   // Manages the app's settings and quiz data
3   import Foundation
4
5   // adopted by delegate so it can be notified when settings change
6   protocol ModelDelegate {
7       func settingsChanged()
8   }
9
```

图 5.14　ModelDelegate 协议

5.5.2 Model 类的属性

图 5.15 展示了 Model 类的定义以及它的相关属性。

```
10  class Model {
11      // keys for storing data in the app's NSUserDefaults
12      private let regionsKey = "FlagQuizKeyRegions"
13      private let guessesKey = "FlagQuizKeyGuesses"
14
15      // reference to QuizViewController to notify it when settings change
16      private var delegate: ModelDelegate! = nil
17
18      var numberOfGuesses = 4 // number of guesses to display
19      private var enabledRegions = [ // regions to use in quiz
20          "Africa" : false,
21          "Asia" : false,
22          "Europe" : false,
23          "North_America" : true,
24          "Oceania" : false,
25          "South_America" : false
26      ]
27
28      // variables for maintaining quiz data
29      let numberOfQuestions = 10
30      private var allCountries: [String] = [] // list of all flag names
31      private var countriesInEnabledRegions: [String] = []
32
```

图 5.15　Model 类的属性

- 第 12~13 行定义了私有属性 regionsKey 和 guessesKey。这两个属性被 Model 类用来存储和解析设置，这些设置存储在应用程序的 NSUserDefaults 中。

- 第16 行定义了私有属性 delegate，它作为一个隐式拆包 ModelDelegate 类型的可选值。当设置发生改变时，Model 类通过这个属性可以通知 QuizViewController 类开启一个新的竞猜问题。
- 第18 行定义了 numberOfGuesses 属性，其默认值是 4。QuizViewController 类用它来显示每一个国旗被猜测了多少次，并且通过 SettingsViewController 类可以改变这个值。
- 第19～26 行定义了一个私有的字典属性 enabledRegions，它代表了竞猜中的各个地区以及它们是否可用。
- 第29 行定义了常量 numberOfQuestions，它表示在这个竞猜中有多少个问题。Model 类和 QuizViewController 类都在使用它。
- 第30～31 行定义了字符串数组，allCountries 表示这个应用程序中所有国旗的文件名，countriesInEnabledRegions 表示在可用的地区中所有国家的国旗名称。

5.5.3 Model 类的初始化和 regionsChanged 方法

Model 类接受一个 ModelDelegate 作为参数来初始化（见图 5.16 的第 34～63 行），它会被用来初始化 Model 类的 delegate 属性（第 35 行）。第 38～49 行是获取应用程序的 NSUserDefaults 对象并用它来获取存储的竞猜数量（第 41～44 行）和地区设置（第 47～49 行）。如果应用程序是第一次运行或者用户从来没有改变过应用程序的默认设置，那么 numberOfGuesses 和 enabledRegions 属性定义的默认值就会被使用。注意，如果键的值之前没有被存储，那么 NSUserDefaults 对象的 integerForKey 方法会返回 0。

```
33      // initialize the Settings from the app's NSUserDefaults
34      init(delegate: ModelDelegate, numberOfQuestions: Int) {
35          self.delegate = delegate
36
37          // get the NSUserDefaults object for the app
38          let userDefaults = NSUserDefaults.standardUserDefaults()
39
40          // get number of guesses
41          let tempGuesses = userDefaults.integerForKey(guessesKey)
42          if tempGuesses != 0 {
43              numberOfGuesses = tempGuesses
44          }
45
46          // get Dictionary containing the region settings
47          if let tempRegions = userDefaults.dictionaryForKey(regionsKey) {
48              self.enabledRegions = tempRegions as [String : Bool]
49          }
50
51          // get a list of all the png files in the app's images group
52          let paths = NSBundle.mainBundle().pathsForResourcesOfType(
53              "png", inDirectory: nil) as [String]
54
55          // get image filenames from paths
56          for path in paths {
57              if !path.lastPathComponent.hasPrefix("AppIcon") {
58                  allCountries.append(path.lastPathComponent)
59              }
60          }
```

图 5.16　Model 初始化和 regionsChanged 方法

```
61
62            regionsChanged() // populate countriesInEnabledRegions
63        }
64
65        // loads countriesInEnabledRegions
66        func regionsChanged() {
67            countriesInEnabledRegions.removeAll()
68
69            for filename in allCountries {
70                let region = filename.componentsSeparatedByString("-")[0]
71
72                if enabledRegions[region]! {
73                    countriesInEnabledRegions.append(filename)
74                }
75            }
76        }
77
```

图 5.16 Model 初始化和 regionsChanged 方法（续）

用 NSBundle 获取文件名

通过 Foundation 框架的 NSBundle 类可以获取应用程序的资源。第 52~53 行是获取一个字符串数组，里面包含了存储在应用程序的主 bundle 里面的所有 PNG 格式图片的路径。NSBundle 类的 mainBundle 方法会返回应用程序的主 bundle。NSBundle 类的实例方法 pathsForResourcesOfType 会返回一个包含字符串对象的 NSAarray，里面的字符串代表的是指定目录（第二个参数）下的指定格式（第一个参数）的文件路径。如果第二个参数是 nil（第 53 行），该方法会搜索应用程序主 bundle 的所有匹配的文件。我们将返回的 Objective-C 的字符串数组转换成 Swift 的字符串数组，之所以能够实现这种转换是因为 NSArray 和 NSString 类型能够被运行时桥接成 Swift 的数组和字符串类型。接下来，第 56~60 行利用 NSString 的 lastPathComponent 属性获得了 PNG 图片的名称。对于每一个图片名称，第 57 行利用了字符串的 hasPrefix 方法来判断一个文件名是否以"AppIcon"开头。当用户将应用图标拖动到应用程序的资源目录时，Xcode 会将它们命名为 AppIcon。我们的应用图标同样也是 PNG 格式，因此只有当文件名不以"AppIcon"开头时，我们才将它放入 allCountries。最后，第 62 行调用了 regionsChanged 方法来填充 countriesInEnabledRegions 数组，QuizViewController 类用它来显示每一个国旗要选择的竞猜答案。

使用 regionsChanged 方法获取文件名

regionsChanged 方法（第 66~76 行）会被 Model 类的初始化方法调用，并且只要用户改变竞猜的地区，它也会被调用。第 67 行会先清空数组，然后第 69~75 行决定哪一个文件名会被添加到 countriesInEnabledRegions 数组。每一个国家的文件名称都以地区名称开头，用一个破折号分隔，例如

```
North_America-United_States.png
```

第 70 行使用了 NSString 类的 componentsSeparatedByString 方法将文件名用破折号分开。这个方法会返回一个字符串数组。数组的第一个元素是地区名称。第 72 行会判断是否这个地区是可用的，如果是可用的，第 73 行会将这个文件名添加到可用地区的数组中。

5.5.4 Model 类的计算属性

图 5.17 定义了只读的计算属性 regions 和 enabledRegionCountries。regions 属性返回的是 enabledRegions 字典的一个副本。SettingsViewController 类使用它来决定哪一个地区是可用的以及配置 UISwitche 控件的显示状态。enableRegionCountries 属性返回一个 countriesInEnabledRegions 数组的副本。QuizViewController 用它来为每一个国旗显示随机的竞猜答案。

```
78      // returns Dictionary indicating the regions to include in the quiz
79      var regions: [String : Bool] {
80          return enabledRegions
81      }
82
83      // returns Array of countries for only the enabled regions
84      var enabledRegionCountries: [String] {
85          return countriesInEnabledRegions
86      }
87
```

图 5.17　Model 类的计算属性

计算属性的语法

一个计算属性的通用语法是：

```
var propertyName: Type {
    get {
        statements
    }
    set {
        statements
    }
}
```

所有的计算属性都需要 var 关键字声明。一个计算属性的 get 方法会返回一个计算值，大部分都是基于其他属性的值。计算属性的 set 方法会设置其他属性的值。如果一个计算属性以上两个方法都定义了，那它就是一个可读写的属性。如果只定义了 get 方法，它就是一个只读属性。当定义一个只读的计算属性时，可以不用写 get 关键字以及相应的括号，就像图 5.17 中我们所做的那样。

5.5.5 Model 类的 toggleRegion、setNumberOfGuesses 和 notifyDelegate 方法

图 5.18 定义了 toggleRegion、setNumberOfGuesses 和 notifyDelegate 方法。当用户切换一个地区的 UISwitch 控件时，toggleRegion 方法（第 89～95 行）就会被 SettingsViewController 类调用。第 90 行会切换在 enabledRegions 字典里面相应的值，第 91～93 行将字典的值存储到应用程序的 NSUserDefaults 中并更新应用程序的设置。第 94 行是基于现在可用的地区，调用 regionsChanged 方法（见 5.5.3 节）重新填充 countriesInEnabledRegions 数组。

当用户改变每一个国旗显示的竞猜问题的数量时，setNumberOfGuesses 方法（第 98～103 行）就会被 SettingsViewController 类调用。第 99 行会更新 numberOfGuesses 属性，第 100～102 行会将更新的值存储到应用程序的 NSUserDefaults 中。

如果用户改变了竞猜问题的数量或者让某些地区可用，notifyDelegate 方法（第 107～

109 行）就会被 SettingsViewController 类调用。第 108 行会调用委托属性（确切地说，就是 QuizViewController 类）的 settingsChanged 方法，它会根据应用程序的设置重置竞猜页面。

```
88      // toggles a region on or off
89      func toggleRegion(name: String) {
90          enabledRegions[name] = !(enabledRegions[name]!)
91          NSUserDefaults.standardUserDefaults().setObject(
92              enabledRegions as NSDictionary, forKey: regionsKey)
93          NSUserDefaults.standardUserDefaults().synchronize()
94          regionsChanged() // populate countriesInEnabledRegions
95      }
96
97      // changes the number of guesses displayed with each flag
98      func setNumberOfGuesses(guesses: Int) {
99          numberOfGuesses = guesses
100         NSUserDefaults.standardUserDefaults().setInteger(
101             numberOfGuesses, forKey: guessesKey)
102         NSUserDefaults.standardUserDefaults().synchronize()
103     }
104
105     // called by SettingsViewController when settings change
106     // to have model notify QuizViewController of the changes
107     func notifyDelegate() {
108         delegate.settingsChanged()
109     }
110
```

图 5.18　Model 类的 toggleRegion、setNumberOfGuesses 和 notifyDelegate 方法

5.5.6　Model 类的 newQuizCountries 方法

每次一个新的竞猜问题开始时，SettingsViewController 类便会调用 newQuizCountries 方法（见图 5.19），它会得到一个随机选择的国旗文件名的数组。第 113 行创建了一个空的数组，第 117~127 行开始填充它。第 118~119 行是获取一个随机的下标，然后第 120 行用这个下

```
111     // return Array of flags to quiz based on enabled regions
112     func newQuizCountries() -> [String] {
113         var quizCountries: [String] = []
114         var flagCounter = 0
115
116         // add 10 random filenames to quizCountries
117         while flagCounter < numberOfQuestions {
118             let randomIndex = Int(arc4random_uniform(
119                 UInt32(enabledRegionCountries.count)))
120             let filename = enabledRegionCountries[randomIndex]
121
122             // if image's filename is not in quizCountries, add it
123             if quizCountries.filter({$0 == filename}).count == 0 {
124                 quizCountries.append(filename)
125                 ++flagCounter
126             }
127         }
128
129         return quizCountries
130     }
131 }
```

图 5.19　Model 类的 newQuizCountries 方法

标去获取一个文件名。第 123 行用闭包参数 {$ 0 == filename} 传递给数组的 filter 方法来检查是否这个文件名已经在 quizCountries 数组中。如果没有在数组里面，第 124 行会将这个文件名添加到数组中。一旦适当数量的国旗文件名被选中，第 129 行返回 quizCountries 数组的一个副本给 SettingsViewController 类。

5.6 QuizViewController 类

QuizViewController 类（5.6.1 节至 5.6.8 节）实现了国旗竞猜的主要逻辑。在 QuizViewController.swift 文件中，用 5.6.1 节至 5.6.8 节的代码替换类的定义。

5.6.1 属性

图 5.20 包含了 QuizViewController 类的开始部分，它继承于 UIViewController 类。我们会修改这个类让其遵循 ModelDelegate 协议（第 5 行），当应用程序设置发生改变时，Model 类可以通知到它，让其重置竞猜页面。

```swift
1  // QuizViewController.swift
2  // Manages the quiz
3  import UIKit
4
5  class QuizViewController: UIViewController, ModelDelegate {
6      @IBOutlet weak var flagImageView: UIImageView!
7      @IBOutlet weak var questionNumberLabel: UILabel!
8      @IBOutlet var segmentedControls: [UISegmentedControl]!
9      @IBOutlet weak var answerLabel: UILabel!
10
11     private var model: Model! // reference to the model object
12     private let correctColor =
13         UIColor(red: 0.0, green: 0.75, blue: 0.0, alpha: 1.0)
14     private let incorrectColor = UIColor.redColor()
15     private var quizCountries: [String]! = nil // countries in quiz
16     private var enabledCountries: [String]! = nil // countries for guesses
17     private var correctAnswer: String! = nil
18     private var correctGuesses = 0
19     private var totalGuesses = 0
20
```

图 5.20　QuizViewController 类的属性

IBOutlet 属性

第 6~8 行定义了一些 IBOutlet 属性，它们让 QuizViewController 类可以和用户界面进行交互。我们已经在 5.4.6 节创建了这些 @IBOutlet 属性。第 8 行是一个 Outlet 集合，它是一个 UISegmentedControl 控件数组。读者可以看到，它们用于显示在国旗下面的问题。

其他属性

第 11~19 行定义了 QuizViewController 类的私有属性，整个竞猜逻辑都会用到它们。

- 第 11 行定义了一个 Model 类的引用，它用来获取应用程序的设置和代表国旗文件名称的字符串数组。
- 第 12~14 行定义两个 UIColor 对象，它们用于设置正确和错误标签的文本颜色。第 12~13 行使用了 UIColor 类的一个初始化函数，传递给该函数的参数值是 0.0~

1.0 范围内的浮点数。我们用这个初始化函数返回一个中绿色，用于设置正确的标签文本颜色。第 14 行使用了 UIColor 类内建的 redColor 方法返回一个红色，用于设置不正确的标签的文本颜色。

- 第 15 行定义了 quizCountries 数组，它用来存储在当前竞猜问题中要显示的国旗文件名称。
- 第 16 行定义了 enabledCountries 数组，它根据应用程序当前可用的地区来存储所有国家的文件名，这些名称就是竞猜中要显示的国旗的名称。
- 第 17 行定义了 correctAnswer 变量，它存储的是当前显示的国旗图片的正确答案。
- 第 18 ~ 19 行追踪问题总数以及回答正确的问题数量。

5.6.2 覆写 UIViewController 的 viewDidLoad 方法并介绍 settingsChanged 和 resetQuiz 方法

当 QuizViewController 的场景被加载，viewDidLoad 方法（见图 5.21 中的第 22 ~ 28 行）就会被调用。我们会修改这个自动生成的方法，创建一个 Model 对象（第 26 行）并调用 settingsChanged 方法。

```
21      // obtains the app
22      override func viewDidLoad() {
23          super.viewDidLoad()
24
25          // create Model
26          model = Model(delegate: self)
27          settingsChanged()
28      }
29
30      // SettingsDelegate: reconfigures quiz when user changes settings;
31      // also called when app first loads
32      func settingsChanged() {
33          enabledCountries = model.enabledRegionCountries
34          resetQuiz()
35      }
36
37      // start a new quiz
38      func resetQuiz() {
39          quizCountries = model.newQuizCountries() // countries in new quiz
40          correctGuesses = 0
41          totalGuesses = 0
42
43          // display appropriate # of UISegmentedControls
44          for i in 0 ..< segmentedControls.count {
45              segmentedControls[i].hidden =
46                  (i < model.numberOfGuesses / 2) ? false : true
47          }
48
49          nextQuestion() // display the first flag in quiz
50      }
51
```

图 5.21 覆写 UIViewController 类的 viewDidLoad 方法以及 settingsChanged 和 resetQuiz 方法

当用户修改设置时，settingsChanged 方法（第 32 ~ 35 行）也会被 Model 对象调用。第 33 行是获取当前的可用国家的文件名列表，然后调用 resetQuiz 方法。

resetQuiz 方法（第 38 ~ 50 行）会从 Model 对象中获取一些新的被选择的图片文件名，它们用于在新的竞猜中显示国旗图片（第 39 行），并将 correctGuesses 和 totalGuesses 属性重新初始化为 0。第 44 ~ 47 行是遍历包含 UISegmentedControl 控件的 Outlet 集合并让指定数量的问题显示。最后，第 49 行会调用 nextQuestion 方法（见 5.6.3 节）。

5.6.3　nextQuestion 和 countryFromFilename 方法

nextQuestion 方法（见图 5.22）会为竞猜的下一个国旗准备用户界面。第 54 ~ 55 行显示下一个问题的数量，第 56 行会清空 answerLabel 的内容。第 57 行会移除数组 quizCountries 的第一个元素并将该元素赋值给 correctAnswer 变量。第 58 行会根据该元素的文件名初始化一个 UIImage 对象，然后将这个对象赋值给 flagImageView 的 image 属性从而显示新的国旗。第 61 ~ 64 行是遍历 segmentedControls 集合，设置每一个 UISegmentedControl 的 enable 属性为真并清空它的段设置（通过调用 UISegmentedControl 控件的 removeAllSegments 方法），准备显示竞猜界面。

```
52      // displays next question
53      func nextQuestion() {
54          questionNumberLabel.text = String(format: "Question %1$d of %2$d",
55              (correctGuesses + 1), model.numberOfQuestions)
56          answerLabel.text = ""
57          correctAnswer = quizCountries.removeAtIndex(0)
58          flagImageView.image = UIImage(named: correctAnswer) // next flag
59
60          // re-enable UISegmentedControls and delete prior segments
61          for segmentedControl in segmentedControls {
62              segmentedControl.enabled = true
63              segmentedControl.removeAllSegments()
64          }
65
66          // place guesses on displayed UISegmentedControls
67          enabledCountries.shuffle() // use Array extension method
68          var i = 0
69
70          for segmentedControl in segmentedControls {
71              if !segmentedControl.hidden {
72                  var segmentIndex = 0
73
74                  while segmentIndex < 2 { // 2 per UISegmentedControl
75                      if i < enabledCountries.count &&
76                          correctAnswer != enabledCountries[i] {
77
78                          segmentedControl.insertSegmentWithTitle(
79                              countryFromFilename(enabledCountries[i]),
80                              atIndex: segmentIndex, animated: false)
81                          ++segmentIndex
82                      }
83                      ++i
84                  }
85              }
86          }
87
```

图 5.22　nextQuestion 和 countryFromFilename 方法

```
 88        // pick random segment and replace with correct answer
 89        let randomRow =
 90            Int(arc4random_uniform(UInt32(model.numberOfGuesses / 2)))
 91        let randomIndexInRow = Int(arc4random_uniform(UInt32(2)))
 92        segmentedControls[randomRow].removeSegmentAtIndex(
 93            randomIndexInRow, animated: false)
 94        segmentedControls[randomRow].insertSegmentWithTitle(
 95            countryFromFilename(correctAnswer),
 96            atIndex: randomIndexInRow, animated: false)
 97    }
 98
 99    // converts image filename to displayable guess String
100    func countryFromFilename(filename: String) -> String {
101        var name = filename.componentsSeparatedByString("-")[1]
102        let length: Int = countElements(name)
103        name = (name as NSString).substringToIndex(length - 4)
104        let components = name.componentsSeparatedByString("_")
105        return join(" ", components)
106    }
107
```

图 5.22　nextQuestion 和 countryFromFilename 方法（续）

nextQuestion 方法的其余部分是将随机选择的竞猜问题显示在 UISegmentedControl 控件上，然后再放置正确的答案。首先第 67 行会调用 enabledCountries 数组的 shuffle 方法来对数组进行随机排序。Swift 的数组并没有 shuffle 方法。然而，我们使用了 Swift 的扩展功能实现了这个方法，任意的数组都可以直接调用这个方法，在 5.6.8 节可以看到它的定义。

第 70～86 行将随机的国家名称（除了正确答案）放置到 UISegmentedControls 控件上显示，UISegmentedControl 控件会显示 1～4 个，这依赖于应用程序设置中的竞猜问题数量（分别是 2、4、6、8）。第 78～80 行通过调用 UISegmentedControl 类的 insertSegmentWithTitle 方法可以添加新的段，这个方法接受三个参数。

- 每一个段显示的字符串。
- 段的索引（段的索引是从 0 开始的）。
- 一个布尔值，表示在显示段的时候是否要加动画。

insertSegmentWithTitle 方法的第一个参数来自于调用 countryFromFileName 方法的返回值（第 100～106 行），该方法会将文件名转换成一个可显示的国家名称。

第 89～96 行会用第 70～86 行创建的正确答案取代 UISegmentedControl 控件中的一个段。第 89～91 行是在 segmentedControls 数组中获取一个随机的索引并在 UISegmentedControl 控件的段中获取一个随机索引，然后第 92～96 行会移除刚刚随机索引的段并将正确答案放入 UISegmentedControl 控件中。

countryFromFileName 方法

enabledCountries 数组中的图片文件名格式如下：

regionName-countryName.png

如果 regionName 或者 countryName 包含多个单词，它们用下画线分割开（_）。countryFromFileName 方法（第 100～106 行）会从图片文件名中解析国家名称。首先，第 101 行会获取文件名破折号后面的部分，破折号可以将地区名和国家名分隔开。第 102 行用到了

Swift 的全局函数 countElements，它可以获取字符串的长度。第 103 行，我们调用了 NSString 类的 substringToIndex 方法来获取一个子字符串，它不包含 .png 的扩展。接下来，第 104 行将文件名用下画线分隔开。最后，第 105 行使用了 Swift 的全局函数 join，将包含国家名称的各个单词以空字符串作为分隔，组装成一个字符串。

5.6.4　submitGuess 方法

图 5.23 定义了返回值为 @IBAction 的 submitGuess 方法（在 5.4.6 节创建），当用户触摸 UISegmentedControl 控件中一个可用的段，它就会被调用。第 111～112 行使用了 UISegmentedControl 类的 titleForSegmentAtIndex 方法来获取被选中段（它就是用户选择的竞猜答案）的标题文本。第 113 行为 correctAnswer 变量获取可供显示的国家名称，第 114 行将 totalGuesses 变量加 1。

```
108     // called when the user makes a guess
109     @IBAction func submitGuess(sender: UISegmentedControl) {
110         // get the title of the bar at that segment, which is the guess
111         let guess = sender.titleForSegmentAtIndex(
112             sender.selectedSegmentIndex)!
113         let correct = countryFromFilename(correctAnswer)
114         ++totalGuesses
115
116         if guess != correct { // incorrect guess
117             // disable incorrect guess
118             sender.setEnabled(false,
119                 forSegmentAtIndex: sender.selectedSegmentIndex)
120             answerLabel.textColor = incorrectColor
121             answerLabel.text = "Incorrect"
122             answerLabel.alpha = 1.0
123             UIView.animateWithDuration(1.0,
124                 animations: {self.answerLabel.alpha = 0.0})
125             shakeFlag()
126         } else { // correct guess
127             answerLabel.textColor = correctColor
128             answerLabel.text = guess + "!"
129             answerLabel.alpha = 1.0
130             ++correctGuesses
131
132             // disable segmentedControls
133             for segmentedControl in segmentedControls {
134                 segmentedControl.enabled = false
135             }
136
137             if correctGuesses == model.numberOfQuestions { // quiz over
138                 displayQuizResults()
139             } else { // use GCD to load next flag after 2 seconds
140                 dispatch_after(
141                     dispatch_time(
142                         DISPATCH_TIME_NOW, Int64(2 * NSEC_PER_SEC)),
143                     dispatch_get_main_queue(), {self.nextQuestion()})
144             }
145         }
146     }
147
```

图 5.23　submitGuess 方法

选择不正确的答案

如果用户猜错了，第 118 ~ 119 行会让用户选择的段不可用。第 120 ~ 122 行会将 answerLabel 标签的文本颜色设置为红色，其文本属性为"不正确"并且透明度为 1.0（不透明）。第 123 ~ 124 行使用了 UIView 的 animateWithDuration 方法开启一个视图动画。这个方法的第一个参数是动画持续的秒数。第二个参数是一个闭包，用于设置 UIView 可以被动画的属性，在这里我们用的是透明度属性。当动画开始时，它会自动改变透明度属性的值，从动画开始前的 1.0 到闭包里面定义的 0.0，整个持续的时间是该方法的第一个参数定义的 (1s)。其效果就是"不正确"这个单词在 1s 后逐渐消失。最后，第 125 行调用了 shakeFlag 方法（见 5.6.5 节），它会在给国旗加入水平方向的动画以表明选择的答案是不正确的。注意，调用 animateWithDuration 方法可以使用尾闭包语言，如下：

```
UIView.animateWithDuration(1.0){self.answerLabel.alpha = 0.0}
```

选择正确的答案

如果用户猜对了，第 127 ~ 129 行会将 answerLabel 标签的文本颜色设置为绿色，其文本属性的值为国家的名称和一个感叹号，其透明度为 1.0。第 130 行会将 correctAnswers 变量加 1。接下来，第 133 ~ 135 行会让所有的 UISegmentedControl 控件都失效。如果 correctAnswers 变量的值和 model.numberOfQuestions（第 137 行）相等，那么第 138 行会调用 displayQuizResults 方法（见 5.6.6 节）显示竞猜已经结束。否则，第 140 ~ 143 行会利用 GCD 的 dispatch_after 函数在延迟 2s 后在主线程中显示下一个竞猜问题。使用主线程是非常重要的，因为控件都不是线程安全的，因此对于它们的所有修改都必须在主线程完成从而避免破坏用户界面。

dispatch_after 函数接受三个参数。

- dispatch_time_t——表示多长时间之后可以执行任务。我们使用了 GCD 的 dispatch_time 函数创建了一个这个类型的对象，DISPATCH_TIME_NOW 参数表明这个延迟时间是相对于当前时间而言的，它的第二个参数是一个相对于未来的纳秒数，它是 64 位整数。NSEC_PER_SEC 常数是每一秒的纳秒数，我们通过将它乘以 2 从而创建 2s 的延迟。
- dispatch_queue_t——一个非空参数，它表示要执行的任务应该运行在哪个队列（线程）。GCD 的 dispatch_get_main_queue 函数会返回应用程序的主线程，应用程序的用户界面的创建和用户交互时间的处理都是在这个线程上完成的。
- 一个没有参数也没有返回值的函数——为了简洁，这个参数通常是一个闭包（第 143 行）。这里我们调用的是 nextQuestion 方法。

5.6.5　shakeFlag 方法

图 5.24 定义了 shakeFlag 方法，它用了一系列的视图动画实现国旗水平方向的移动，并加入晃动的效果以表明用户选择的答案不正确。从第 150 ~ 163 行的每一个动画都是修改 flagImageView 的 frame 属性，该属性根据父视图的大小和位置来确定 flagImageView 的大小和位置。它的原点属性就是 flagImageView 的左上角，它包含 x 和 y 坐标。为了实现晃动的效果，我们修改了原点的 x 属性。第 150 ~ 151 行使用了 UIView 的 animateWithDuration 方法，将原点的 x 属性加上 16（国旗的右边缘到屏幕的右边缘之间的距离）。这个动画持续 0.1s。第 152～163 行使用了一个重载过的 animateWithDuration 方法。它的 5 个参数分别如下。

- 动画持续的秒数。
- delay：在开始动画之前的延迟。
- Options：一个 UIViewAnimationOptions 类型的位掩码。如果为空（见图 5.24），默认的动画选项就会被使用。
- animations：一个闭包，其中包含被加入动画的 UIView 属性的最终值。
- completion：一个闭包，其输入参数是布尔值，没有返回值。如果它非空，当动画结束时它会被执行。

```
148    // shakes the flag to visually indicate incorrect response
149    func shakeFlag() {
150        UIView.animateWithDuration(0.1,
151            animations: {self.flagImageView.frame.origin.x += 16})
152        UIView.animateWithDuration(0.1, delay: 0.1, options: nil,
153            animations: {self.flagImageView.frame.origin.x -= 32},
154            completion: nil)
155        UIView.animateWithDuration(0.1, delay: 0.2, options: nil,
156            animations: {self.flagImageView.frame.origin.x += 32},
157            completion: nil)
158        UIView.animateWithDuration(0.1, delay: 0.3, options: nil,
159            animations: {self.flagImageView.frame.origin.x -= 32},
160            completion: nil)
161        UIView.animateWithDuration(0.1, delay: 0.4, options: nil,
162            animations: {self.flagImageView.frame.origin.x += 16},
163            completion: nil)
164    }
165
```

图 5.24　shakeFlag 方法

第 152～154 行表示动画在 0.1s 之后开始，从原点的 x 属性中减去 32，国旗会移动到屏幕的左边缘。第 155～157 行表示动画在 0.2s 之后开始，将原点的 x 属性加上 32，国旗会移动到屏幕的右边缘。第 158～160 行表示动画在 0.3s 之后开始，从原点的 x 属性中减去 32，国旗会移动到屏幕的左边缘。最后，在第 161～163 行表示动画在 0.4s 之后开始执行，将原点的 x 属性加上 16，国旗会回到它原来的位置。

5.6.6　displayQuizResults 方法

当用户回答完所有的竞猜问题后，submitGuess 方法会调用 displayQuizResults 方法来显示一个包含竞猜结果的对话框。第 168～170 行创建了一个基于地区的百分比字符串（3.6.6 节介绍过），它包含了回答正确的问题数以及问题总数。第 173～182 行创建并显示了一个 UIAlertController 对象，它会以提醒对话框的形式向用户展示结果。当用户触摸对话框的新问题（New Quiz）按钮时，处理者会（第 179 行）调用 resetQuiz 方法并用新的随机选择的国旗开始一个新的竞猜。

```
166    // displays quiz results
167    func displayQuizResults() {
168        let percentString = NSNumberFormatter.localizedStringFromNumber(
169            Double(correctGuesses) / Double(totalGuesses),
170            numberStyle: NSNumberFormatterStyle.PercentStyle)
171
172        // create UIAlertController for user input
173        let alertController = UIAlertController(title: "Quiz Results",
174            message: String(format: "%1$i guesses, %2$@ correct",
175                totalGuesses, percentString),
176            preferredStyle: UIAlertControllerStyle.Alert)
177        let newQuizAction = UIAlertAction(title: "New Quiz",
178            style: UIAlertActionStyle.Default,
179            handler: {(action) in self.resetQuiz()})
180        alertController.addAction(newQuizAction)
181        presentViewController(alertController, animated: true,
182            completion: nil)
183    }
184
```

图 5.25   displayQuizResults 方法

5.6.7   覆写 UIViewController 类的 prepareForSegue 方法

图 5.26 定义了覆写 UIViewController 类的 prepareForSegue 方法。正如在 4.6.7 节所学到的那样,当应用程序将要从一个视图控制器切换到另外一个时,这个方法就会被调用。在这个应用程序中,当用户单击导航栏的设置按钮并准备切换到 SettingsViewController 类时,这个方法就会被调用。第 189 行会检查连线的标识符是否是"showSettings",如果是,第 190 ~ 191 行会将连线的 destinationViewController 属性转换成 SettingsViewController 类型并将结果赋值给 controller 常量。然后第 192 行会设置 SettingsViewController 对象的 model 属性,以便它可以和 Model 对象进行交互。

```
185    // called before seque from MainViewController to DetailViewController
186    override func prepareForSegue(segue: UIStoryboardSegue,
187        sender: AnyObject?) {
188
189        if segue.identifier == "showSettings" {
190            let controller =
191                segue.destinationViewController as SettingsViewController
192            controller.model = model
193        }
194    }
195 }
196
```

图 5.26   覆写 UIViewController 的 prepareForSegue 方法

5.6.8   数组的扩展方法 shuffle

图 5.27 定义了 shuffle 方法,它是 Swift 数组类型的一个扩展。扩展可以给现有数据类型增加一些新特性。每一个扩展都以 extension 关键字开头,紧随其后的是扩展名和用括号包裹的一些语句。这个扩展定义了一个 shuffle 方法(第 199 ~ 205 行),它可以被任何数组对

象调用。因为这个扩展会修改数组的数据，所以关键字 mutating（第 199 行）是必要的，在这里，shuffle 方法会对数组元素进行重新排序。第 201～204 行实现了 Fisher‐Yates 随机算法。这个扩展通过 self 来访问数组的数据（见图 5.22 的第 65 行）。比如，第 201 行的 self.count 会获取数组元素个数。第 203 行使用了 Swift 的全局函数 swap 来交换索引为第一和第二的元素。这个函数用了两个输入输出参数是为了方便修改它们，Swift 要求传递给输入输出参数的值必须以 & 符号开头。

```swift
197    // Array extension method for shuffling elements
198    extension Array {
199        mutating func shuffle() {
200            // Modern Fisher-Yates shuffle: http://bit.ly/FisherYates
201            for first in stride(from: self.count - 1, through: 1, by: -1) {
202                let second = Int(arc4random_uniform(UInt32(first + 1)))
203                swap(&self[first], &self[second])
204            }
205        }
206    }
```

图 5.27　数组的扩展方法 shuffle

5.7　SettingsViewController 类

SettingsViewController 类（见 5.7.1～5.7.4 节）是 UIViewController 的一个子类，它让用户可以管理每一个国旗要显示的问题数量以及国旗所处的地区。在 SettingsViewController.swift 文件中，用 5.7.1～5.7.4 节中的代码替换原来类的定义。

5.7.1　属性

图 5.28 包含了 SettingsViewController 类定义的开头部分以及它的一些属性。

```swift
1    // SettingsViewController.swift
2    // Manages the app's settings
3    import UIKit
4
5    class SettingsViewController: UIViewController {
6        @IBOutlet weak var guessesSegmentedControl: UISegmentedControl!
7        @IBOutlet var switches: [UISwitch]!
8
9        var model: Model! // set by QuizViewController
10       private var regionNames = ["Africa", "Asia", "Europe",
11           "North_America", "Oceania", "South_America"]
12       private let defaultRegionIndex = 3
13
14       // used to determine whether any settings changed
15       private var settingsChanged = false
16
```

图 5.28　SettingsViewController 类的属性

- 第 6 行定义了一个 Outlet 属性，名为 guessesSegmentedControl，它可以和定义竞猜问题数量的 UISegmentedControl 控件进行交互。我们已经在 5.4.8 节中创建了这个 Outlet。
- 第 7 行定义了名为 switches 的 Outlet 集合，它用于和 UISwitch 控件进行交互，这些控件用于表示哪一个地区的国旗应该出现在竞猜问题中。我们已经在 5.4.8 节创建了这个 Outlet 集合。

- 第 9 行定义了 model 变量，它是 Model 类的一个引用，在切换到 SettingsViewController 类之前，被 QuizViewController 类设置。
- 第 10~11 行定义了 regionNames 变量，这个数组中的字符串的顺序和 Outlet 集合中的相应的 UISwitche 控件的顺序是一样的。
- 第 12 行定义了 defaultRegionIndex 常量，如果用户关掉所有地区，与北美地区相对应的 UISwitch 控件将会被打开，处于该地区的国旗将会被当作默认值使用。
- 第 15 行定义了布尔值变量 settingsChanged，当用户返回到 QuizViewController 类时，如果设置发生改变，它将会被设置为真，Model 类的 notifyDelegate 方法将会被调用（见 5.7.4 节）并告知 QuizViewController 类根据新的设置开始一个新的竞猜问题。

5.7.2　覆写 UIViewController 类的 viewDidLoad 方法

当 QuizViewController 类的场景被加载时，可以覆写 UIViewController 类的 viewDidLoad 方法（见图 5.29）。在该方法中，我们根据应用程序的当前设置，来设置场景的 UISegmentedControl 和 UISwitche 控件。第 22~23 行根据 Model 的 numberOfGuesses 属性设置了 UISegmentedControl 控件的 selectedSegmentIndex 属性。第 26~28 行会遍历包含所有 UISwitch 控件的 Outlet 集合，并根据 Model 类的地区属性来设置每一个 UISwitch 控件的 on 属性。我们利用 UISwitch 控件在 Outlet 集合中的索引，来获取 regionNames 数组中相应的地区名称，然后用它作为键在字典中进行查找。

```
17      // called when SettingsViewController is displayed
18      override func viewDidLoad() {
19          super.viewDidLoad()
20
21          // select segment based on current number of guesses to display
22          guessesSegmentedControl.selectedSegmentIndex =
23              model.numberOfGuesses / 2 - 1
24
25          // set switches based on currently selected regions
26          for i in 0 ..< switches.count {
27              switches[i].on = model.regions[regionNames[i]]!
28          }
29      }
30
```

图 5.29　覆写 UIViewController 类的 viewDidLoad 方法

5.7.3　事件处理和 displayErrorDialog 方法

图 5.30 包含了 SettingsViewController 类的 @IBAction 方法，它们是在 5.4.8 节中创建的。当用户改变竞猜问题的数量时，numberOfGuessesChanged 方法会设置 Model 类的竞猜问题的数量并将 settingsChanged 变量赋值为真，它表明 QuizViewController 类需要开始一个新的竞猜（这个布尔值在 5.7.4 节会被用到）。

当用户切换一个 UISwitch 控件时，返回值为 @IBAction 的 switchChanged 方法会切换 Model 类中相应的地区（第 41 行），并将 settingsChanged 变量赋值为真。接下来，第 47 行会

```
31      // update guesses based on selected segment's index
32      @IBAction func numberOfGuessesChanged(sender: UISegmentedControl) {
33          model.setNumberOfGuesses(2 + sender.selectedSegmentIndex * 2)
34          settingsChanged = true
35      }
36
37      // toggle region corresponding to toggled UISwitch
38      @IBAction func switchChanged(sender: UISwitch) {
39          for i in 0 ..< switches.count {
40              if sender === switches[i] {
41                  model.toggleRegion(regionNames[i])
42                  settingsChanged = true
43              }
44          }
45
46          // if no switches on, default to North America and display error
47          if model.regions.values.filter({$0 == true}).array.count == 0 {
48              model.toggleRegion(regionNames[defaultRegionIndex])
49              switches[defaultRegionIndex].on = true
50              displayErrorDialog()
51          }
52      }
53
54      // display message that at least one region must be selected
55      func displayErrorDialog() {
56          // create UIAlertController for user input
57          let alertController = UIAlertController(
58              title: "At Least One Region Required",
59              message: String(format: "Selecting %@ as the default region.",
60                  regionNames[defaultRegionIndex]),
61              preferredStyle: UIAlertControllerStyle.Alert)
62
63          let okAction = UIAlertAction(title: "OK",
64              style: UIAlertActionStyle.Cancel, handler: nil)
65          alertController.addAction(okAction)
66
67          presentViewController(alertController, animated: true,
68              completion: nil)
69      }
70
```

图 5.30　事件处理和 displayErrorDialog 方法

检测是否所有的 UISwitch 控件都是处于"关"的状态，如果是，我们会通过编程的方式设置北美地区的 UISwitch 控件为"开"状态。首先，我们用 Model 的地区属性来获取定义地区设置的字典，然后调用字典的只读属性 values，它会返回字典中存储的所有值的集合。接下来，我们使用集合的 array 属性获取它的数组表示，然后给数组的 filter 方法传入闭包参数 {$0 == true} 从而过滤只为真的值。filter 方法会返回一个包含过滤结果的数组。如果数组的个数是 0，就表示没有一个 UISwitche 控件处于"开"状态，那么第 48 行会将北美地区作为参数传递给 model 对象的 toggleRegion 方法，第 49 行会设置相应的 UISwitch 控件状态为"开"，第 50 行会显示一个错误信息对话框，它表示至少有一个地区应该被选中。displayErrorDialog 方法（第 55～69 行）用到了读者在第 4 章学到的同样的 UIViewController 技术。

5.7.4 覆写 UIViewController 的 viewWillDisappear 方法

当用户单击导航栏的"< Flag Quiz"返回按钮时，便会返回到竞猜国旗的页面，UIViewController 类的 viewWillDisappear 方法（见图 5.31）就会被调用。我们覆写这个方法，在 QuizViewController 类被重新显示之前，它会让 SettingsViewController 去执行一个任务。第 73 行是检查是否有设置发生了改变，如果确实改变了，第 74 行会调用 Model 类的 notifyDelegate 方法（见 5.5.5 节），它会通知委托对象（也就是 QuizViewController 类）设置已经发生了改变。

```
71      // called when user returns to quiz
72      override func viewWillDisappear(animated: Bool) {
73          if settingsChanged {
74              model.notifyDelegate() // called only if settings changed
75          }
76      }
77  }
```

图 5.31 覆写 UIViewController 的 viewWillDisappear 方法

5.8 小结

本章，我们创建了一个国旗竞猜应用程序，它可以测试用户正确识别国旗的能力。对于本应用程序的用户界面，我们将默认的 Storyboard 的内容替换并定义了自己的场景切换流程。使用了一个 UINavigationController 类来帮助用户在视图控制器之间进行导航。我们演示了如何指定 UINavigationController 类来作为 Storyboard 的初始视图控制器，如何指定其根视图控制器以及如何从根视图控制器（竞猜场景）创建一个连线到另一个视图控制器（设置场景）。

我们使用了 UISegmentedControl 控件来显示互斥选项。我们演示了如何通过编程的方式来设置每一个段的文本和每一个段可用还是不可用。我们使用了 UISwitche 控件允许用户选择哪一个地区的国旗应该被包括在竞猜问题中，读者也看到了如何通过编程的方式设置一个 UISwitch 控件的状态。

在本应用程序的两个场景中，我们使用了一些相同类型的用户界面控件，如竞猜场景的 UISegmentedControl 控件和设置场景的 UISwitch 控件。我们演示了如何将若干个同样类型的控件连接到一个 Outlet 集合（控件的集合），以便用户可以通过编程的方式遍历它们。

本应用程序使用了几百张国旗图片。为了能动态获取它们的文件名，我们使用了 Foundation 框架的 NSBundle 类，它会从应用程序的主 bundle 中获取 PNG 图片文件的列表。在用户完成一次竞猜之后，我们使用了 GCD 的 dispatch_after 函数在延迟 2s 之后在主线程加载下一个问题。使用主线程是非常重要的，因为控件都不是线程安全的，所以对控件所做的修改都必须运行在主线程上从而避免破坏用户界面。

为了能更直观地表明用户猜错了，我们利用视图的透明度和边框属性给视图添加了动画，并且读者也学会了给视图的背景色、边界、中心和变换属性添加动画。我们使用了

UNIX 函数 arc4random_uniform 来产生一些随机数,它们可以用于选择一个竞猜问题要显示的国旗,一个国旗相关的答案和混排数组。

最后,我们使用了许多 Swift 编程语言的特性,包括 while 循环、for – in 循环,产生整数区间的区间操作符(...和..<)、各种全局 Swift 标准库函数(stride、swap、countElements 和 join)、计算属性(操作存储属性)和扩展(为现有类型添加功能)。

在第 6 章,我们将会利用 iOS 的 SpriteKit 框架创建一个大炮游戏,该框架提供了创建游戏的一些基本元素,一个显示游戏动画的游戏循环和一个模拟游戏元素之间物理交互的物理引擎,比如如何判断对象之间是否发生了碰撞,重力和摩擦力如何影响游戏元素等。我们将会处理一些触摸事件从而实现炮弹的发射。

第 6 章
大炮游戏应用程序

Xcode 游戏模板、SpriteKit 框架、动画、图形、声音、物体、碰撞检测、场景变换、监听触摸事件

主题

本章，读者将学习：
- 使用 SpriteKit 框架和 Xcode 游戏模板创造一个容易编写并且好玩的游戏。
- 创建自定义的 SKScene 子类，用于显示游戏场景和游戏结束场景。
- 用 SKNode 类、SKTextNode 类、SKSpriteNode 类和 SKShapeNode 类创建游戏的图形元素。
- 使用 SKPhysicsBody 对象来定义游戏元素的物理属性并对其添加脉冲让游戏元素移动。
- 通过遵循 SKPhysicsContactDelegate 协议以响应游戏元素之间的碰撞。
- 使用 AVFoundation 框架的 AVAudioPlayer 类将声音添加到用户的应用程序中。
- 响应触摸事件。
- 使用 SKTransition 类实现场景之间的变换。

6.1 介绍

本章将介绍 SpriteKit，它是 iOS 最强大的游戏开发框架之一。我们将使用 SpriteKit 来建立一个大炮游戏应用程序，它是一个只支持横屏的通用应用程序，在游戏中需要在指定的时间内摧毁掉九个目标（见图 6.1）。该游戏由以下几个可视化的组件组成，分别是一个大炮、一个炮弹和目标，以及保护目标的拦截器。通过触摸屏幕来选择目标和发射炮弹，大炮可以旋转方向朝向触摸点并且炮弹会沿着触摸点的方向进行发射。

游戏开始时会有 10s 的倒计时。每次玩家摧毁一个目标，就可以获得额外的时间奖励，这些时间可以加到剩余的时间上面，因为更小的目标比较难击中，因此玩家摧毁它们可以获得更多的时间奖励。每次玩家击中拦截器，会被惩罚 2s，也就是从剩余时间里面扣除 2s。在时间截止之前摧毁所有的目标，玩家才能获胜。在游戏结束时，应用程序会在屏幕上显示玩家是获胜（见图 6.2）还是失败（见图 6.3），并且会显示出花费的总时间。

当玩家发射炮弹时，游戏会发出一个发射的声音。当炮弹击中一个目标时，就会有玻璃破碎的声音并且目标也会消失。当炮弹击中了拦截器时，就会有一个撞击的声音，并且炮弹会被拦截器反弹回来。拦截器是不能够被摧毁的。起初，目标和拦截器以不同的速度垂直移动，当它们击中屏幕的顶部或者底部就会以相反的方向继续移动。当炮弹击中拦截器，SpriteKit 的物理引擎会让拦截器旋转并且向右移动，通常这会导致它与目标发生碰撞。一旦发生碰撞，在拦截器和目标体之间的弹力、移动和旋转，以及它们彼此之间的碰撞便会一个接

一个地发生，这些都是基于在代码中设置的物理属性。

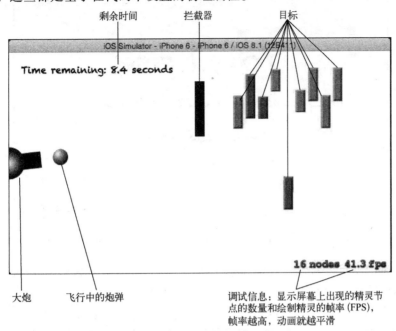

图 6.1　完整的大炮游戏应用程序

图 6.2　当玩家摧毁所有目标赢得游戏时屏幕的显示

SpriteKit 包含如下特性。

- 一个类的层级结构用来管理游戏场景和显示游戏中的元素，如文本、图片（称之为精灵）、图形等。提供的这些图元可以用来创建游戏元素。
- 一个游戏循环（也称之为一个渲染循环）会驱动游戏，为了展示平缓的动画，它会尝试以 60 帧每秒（FPS）的速度刷新屏幕。在还没有像 SpriteKit 这样的游戏框架之前，我们必须创建自己的游戏循环。我们主要使用多线程技术，在一个线程中处理每一个动画帧，然后在主线程中将该帧显示到屏幕上。SpriteKit 会帮助我们处理所有这些事情，我们只需要关注游戏动画中每一帧的内容。

图6.3 当时间用完后玩家也没有摧毁所有目标时屏幕的显示

- 一个物理引擎可以模拟游戏中元素的物理交互，如碰撞对象如何反弹，重力和摩擦力如何影响游戏元素等。在游戏框架和物理引擎出现之前，碰撞检测和其他的一些物理效果都必须自己写代码实现。有一些交互可能需要更复杂的计算。使用像SpriteKit这样的框架，只需要定义游戏元素的物理属性，游戏引擎会处理剩下的事情。另外，当有物理上的交互时，SpriteKit会通知我们，如当某一些元素碰撞时，我们的游戏逻辑就会被执行。我们将会使用这个来处理炮弹和场景边缘、拦截器、目标之间的交互。

Xcode提供了各种工具，它们可以设计SpriteKit场景和特别的效果，但是本章我们不会用到这些。关于SpriteKit的其他细节，请访问苹果公司的SpriteKit编程指南：

http://bit.ly/SpriteKitProgrammingGuide

关于Xcode的SpriteKit场景编辑工具，请查看WWDC中SpriteKit带来的新特性的会议视频：

https://developer.apple.com/videos/wwdc/2014/

6.2 测试大炮游戏应用程序

打开完整的应用程序

找到从本书例子中解压出来的文件夹。在大炮文件夹中，双击Cannon.xcodeproj文件将在Xcode中打开该项目，在iOS模拟器或者设备上运行该应用程序。

玩游戏

瞄准并准备开火，点击屏幕的任何地方，炮弹就会像那个方向发射。大炮会转向玩家点击的那个方向，炮弹会沿着一条直线进行发射，这条直线是从大炮的炮管到玩家点击的那个点。图6.4显示了一个飞行中的炮弹将要和一个目标发生碰撞。

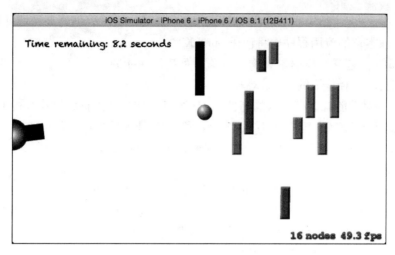

图 6.4　飞行中的炮弹将要和一个目标发生碰撞

图 6.5 显示了一个炮弹和拦截器相撞后，导致拦截器和目标发生碰撞。此时 SpriteKit 的物理引擎决定了每个元素的速度、方向和旋转。元素之间进一步的碰撞会不断地改变着它们的方向和旋转。

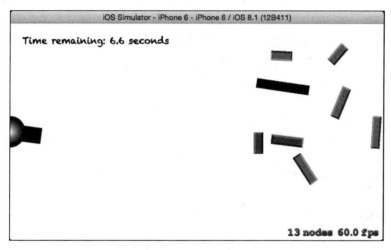

图 6.5　一个炮弹和拦截器碰撞后，导致拦截器和目标发生了碰撞

只有当屏幕上没有其他炮弹时，才可以发射炮弹。我们假设玩家在 iOS 模拟器上运行这个应用程序，鼠标就相当于玩家的手指。玩家的目标是在最短的时间内摧毁所有的目标。如果玩家在时间耗尽之前摧毁了所有的目标，那么玩家就赢了；否则就输了。当游戏结束的画面出现时，玩家可以点击屏幕的任何地方开始新的游戏。

6.3　技术预览

本节介绍我们将在大炮游戏应用中使用到的一些新技术。

6.3.1　Xcode 游戏模板和 SpriteKit

Xcode 的游戏模板为游戏的开发提供了一个入口，在 iOS 中使用了如下的一些游戏技术。

- SpriteKit——包含渲染引擎和物理引擎的一个框架，它可以创建高性能并且省电的 2D 游戏。在本章的应用程序中将使用 SpriteKit。
- SceneKit——包含渲染引擎和物理引擎以及其他功能的一个框架，它可以创建没有严格性能要求的轻量级的 3D 游戏。
- Metal——对性能有极高要求的高性能 3D 游戏（如当今流行的游戏主机上最复杂的游戏）。这个框架针对苹果公司的 A7、A8 和 A8X 处理器进行了优化。
- OpenGL ES——一个基于 C 语言的底层库，用于绘制 2D 和 3D 图形，是许多其他游戏框架的基础。

SpriteKit 开发的游戏可以包含 SceneKit 元素，反之亦然。当使用 Xcode 的游戏模板并且选择 SpriteKit 作为应用程序的游戏技术时，Xcode 会自动生成一段代码，它的作用就是每次玩家触摸屏幕就会显示一个旋转的飞船图片。我们将会用自己的游戏元素来替换它。我们可以使用并且自定义这些自动生成的代码。

6.3.2 使用 AVFoundation 框架和 AVAudioPlayer 类给游戏添加声音

在游戏中使用 AVAudioPlayer 类可以播放声音，它来自于 AV Foundation 框架。添加声音文件到项目中以后，我们将会用 AVAudioPlayer 类的 initializer 方法将每一个声音加载到内存，这个方法接受一个 NSURL 参数，它代表的是声音文件的位置。虽然在这个应用程序中我们只是调用 AVAudioPlayer 类的 play 方法来播放每一个声音，但是 AVAudioPlayer 也提供了各种属性和方法，让我们可以控制音频的回放，iOS 还支持许多其他的多媒体功能。更多的信息，请查看苹果公司的开始音频视频编程：

```
http://bit.ly/iOSAudioVideoStartingPoint
```

以及苹果公司的多媒体编程指南：

```
http://bit.ly/iOSMultimediaProgrammingGuide
```

6.3.3 SpriteKit 框架类

在这个应用程序中，将用到各种 SpriteKit 框架类，包括如下内容。
- SKView——显示游戏场景和运行游戏循环。
- SKScene——游戏中每一个场景的基类。这个类为场景提供了一个框架，包括一些被游戏循环调用的方法，以便我们可以改变每一个动画帧的游戏元素以及每一帧中的游戏逻辑。
- SKNode——SKNode 是一个基本元素，用于构建在 SKScene 中显示的各个元素。每一个 SKScene 是一个 SKNode 树的根节点，这个树定义了场景的内容。SKNode 提供了一个场景元素的基本特性，包括它的大小、位置和一个 SKPhysicsBody 属性（用来定义节点的物理属性）等。所有的 SKNode 的物理交互都依赖于 SKScene 的 SKPhysicsWorld 属性。每一个 SKNode 在场景中的位置是相对于它的父节点的位置来定义的。另外，在一个节点上进行任何变换，比如旋转，都会被应用到它的所有子节点。我们在创建大炮时也用到了这个概念，大炮是一个 SKNode，它包含大炮的底座和炮管，当我们旋转大炮时，底座和炮管也是一起旋转的。
- SKLabelNode——一个 SKNode 的子类，用于显示文本。
- SKSpriteNode——一个 SKNode 子类，用于显示界面（图像）。
- SKShapeNode——一个 SKNode 的子类，用于显示矩形、圆形、椭圆形、任意形状等。
- SKTransition——在 SKScenes 之间定义一个过场动画。预定义的过场动画包括交叉淡入淡出、开门、关门、门廊、淡入淡出、翻转、移入、推送和展开。在这个应用程序中我们使用翻转和开门动画。
- SKTexture——代表一个图片，用于显示一个精灵。在这个应用程序中，我们将使用一个 SKSpriteNode 对象来进行初始化，它通过一个图片文件创建一个 SKTexture 对象。
- SKAction——SKNode 可以一直执行一些任务（主要是许多的动画帧）。SKAction 通常用来执行一些改变 SKNode 属性的动画，如缩放、透明度和位置。SKAction 也可以用来播放声音、执行代码、添加节点和删除已经存在的节点。

6.3.4 SpriteKit 的游戏循环和动画帧

正如我们在 6.1 节提到的，SpriteKit 提供了一个游戏循环，使游戏的动画帧以每秒 60 帧的最大速度平缓地播放动画。实际帧的速率取决于游戏逻辑的复杂性以及屏幕上节点的数量。当在模拟器上运行应用程序时，帧的速率也可能取决于用户的计算机上除了模拟器之外是否还运行了其他程序。例如，图 6.1 显示应用程序以每秒 41.3 帧的速度运行在模拟器上，然而当我们在设备上测试应用程序时，应用程序却已每秒 58 帧或者更高的速度在运行。注意，关于节点数量的信息和在这个应用程序中帧速率的显示对调试功能和优化应用程序是有帮助的。当准备把最终应用程序提交到应用程序商店时，应移除显示这些信息的语句。

游戏循环是通过 SKScene 类来定义的。在每一个动画帧中，游戏循环执行如下任务。

1. 调用场景的 update 方法。可以覆写这个方法，将每一帧的游戏逻辑的执行和屏幕上元素的更新都放在里面，如手动管理元素的移动而不是让物理引擎来做。这个方法接收一个代表系统时间的 CFTimeInterval 参数（它是双精度浮点数的一个别名）。通过追踪先前帧的时间，可以确定两帧之间消耗的时间，然后扩展更新相应的游戏元素。我们将在 6.9.7 节使用这个技术来更新游戏的剩余时间。

2. 执行那些为场景的 SKNode 定义的 SKAction。这些 SKActions 可能要花费许多动画帧才能完成。

3. 调用场景的 didEvaluateActions 方法。在 SKAction 执行后，我们可以覆写这个方法做一些变化。例如，在一个从左到右的横屏游戏中，当一个节点移动到右边，我们可能需要将这个节点重新定位到场景的中间并移动场景的背景。

4. 根据我们给场景的节点设置的物理属性，执行物理模拟。

5. 调用场景的 didSimulatePhysics 方法。在当前动画帧中，物理引擎更新完场景的节点后，我们可以覆写这个方法来做一些变化。这个方法的使用和 didEvaluateActions 方法很相似。

6. 应用 SKConstraint 到场景的各个节点。SKConstraint 就是定义在节点上的一个约束，如节点的方向、节点显示的最大边界以及节点之间的最大距离。

7. 调用场景的 didApplyConstraints 方法。在节点的 SKConstraint 被应用之后，我们可以覆写这个方法做出一些变化。这个方法的使用与 didEvaluateActions 方法和 didSimulatePhysics 方法相似。

8. 调用场景的 didFinishUpdate 方法。在当前的动画帧渲染之前，该方法为我们提供了最后一次机会来改变场景。

场景先是离屏渲染它的节点，然后再显示整个帧。也可以将上面我们讨论的这些方法定义在一个类中，这个类需要实现 SKSceneDelegate 协议。如果设置 SKScene 对象的 delegate 属性为 SKSceneDelegate，那么本节我们讨论的这些方法是被委托调用，而不是 SKScene。

6.3.5 物理

使用像 SpriteKit 这样的游戏开发框架，它最大的好处在于内置的物理模拟功能，这需要进行很复杂的计算。通过场景的 SKPhysicsWorld 对象和设置在节点的 SKPhysicsBody 对象的各种属性，SpriteKit 可以帮助我们处理这些事情。SpriteKit 支持两种类型的物体——基于边缘和基于数量。基于边缘的物体没有质量，不受物理运动的影响——它们也非常有用，比如定义一个场景的边缘和一个场景内的固定区域。基于数量的物体有质量并且受物理运动的影响（除非在构造的基础上退出）。

当我们创建 SKPhysicsBody 对象时，SpriteKit 会自动根据它的大小计算节点的质量——质量越大，移动物体的力量就要越大，并且更大的力量会以碰撞的形式体现在其他物体上。我们可以手动设置每一个 SKPhysicsBody 对象的质量，以便能够指定游戏元素的相对质量。这十分有用，比如，如果我们有一些炮弹，它们大小一样，密度不一样——密度更大就会更重，因此也会有更多的质量元素。因此，如果我们以相同的速度，扔一个相同大小的空心球和一个坚固的岩石，因为岩石密度更大，所以它与其他物体碰撞时就需要更多的能量。

6.3.6 冲突检测和 SKPhysicsContactDelegate 协议

在之前关于 Android 和 iOS 的书籍中，从游戏循环到游戏元素的渲染，这些都是我们自己用代码写的。我们根据对象所处的矩形区域来判断是否发生碰撞。这样做有一点复杂并且一点也不准确（有时发生碰撞的元素其实并没有真正接触到）。SpriteKit 会帮助我们处理这些复杂的东西。一旦我们为 SKScene 的节点指定了 SKPhysicsBody 属性，SpriteKit 的物理引擎会帮助我们处理碰撞检测。另外，在 iOS 8 中，SpriteKit 现在支持更精确的碰撞检测，它是基于节点的实际形状，而不再是矩形区域。

读者可以看到，通过定义一个遵循 SKPhysicsContactDelegate 协议的类，当游戏中的对象发生碰撞时，玩家会被通知到。我们将会使用下面的 SKPhysicsBody 的一些属性来定义位掩码，物理引擎通过它来决定哪一个碰撞会导致调用 SKPhysicsContactDelegate 协议。

- categoryBitMask——可以为物体指定最多 32 个分类（1 位代表一个分类）。我们定义了这些分类并使用这个位掩码可以帮助我们确定哪个物体应该参与碰撞。这个位掩码的默认值是所有位都是开。
- collisionBitMask——当两个节点重叠时，一个节点的 categoryBitMask 与另外一个节点的 collisionBitMask 按位相与，反之亦然。如果操作的结果是非零，物体之间就发生了碰撞。因为 categoryBitMask 和 collisionBitMask 所有位默认都是开，所以创建了 SKPhysicsBody 对象的所有节点默认都会加入碰撞。

- contactTestBitMask——默认情况下，只有当用这个位掩码来定义冲突时，SKPhysicsContactDelegate 委托才会被通知到。当两个节点重叠时，一个节点的 categoryBitMask 会与另外一个节点的 contactTestBitMask 按位相与（反之亦然）。如果结果不为零，SKPhysicsContactDelegate 协议的方法就会被游戏循环调用。这个协议提供 didBeginContact 方法和 didEndContact 方法，它们每一个都接收一个 SKPhysicsContact 对象作为参数，它里面包含两个参与碰撞的 SKPhysicsBody 对象的引用。这个位掩码的默认值是所有位都是关，所以只有当我们在 categoryBitMask 中设置了合适的位时，SKPhysicsContactDelegate 委托才会被通知到。我们将会在之后的章节中展示如何使用它。

我们将在新书《写给程序员的 Swift》中介绍 Swift 的位操作。

6.3.7 CGGeometry 结构体和相关函数

ApplicationServices 框架包含一个 CGGeometry 结构体和一些便利的函数，它们可以处理基本的几何类型。在 SpriteKit 框架中，许多的属性以及方法的参数都是用 CGGeometry 类型来声明的。在这个应用程序中，我们将使用这些类型以及这些便利函数。

- CGFloat——这个 CGGeometry 类型的值是用浮点数定义的。Swift 不允许隐式转换，因此在使用 SpriteKit 框架时经常需要将 Swift 的数值转换成 CGFloat 类型。
- CGPoint——表示一个对象的坐标，包含 x 属性和 y 属性。可以调用 CGPointMake 方法来创建 CGPoint 对象，它接受 x 和 y 坐标作为参数。我们将使用 CGPoint 来定义 SpriteKit 节点的位置。在 UIKit 框架中，坐标是从视图的左上角开始计算的，x 坐标是从左往右增长，y 坐标是从上往下增长。然而，SpriteKit 的坐标是从父节点的左下角开始计算的，x 坐标是从左往右增长，y 坐标是从下往上增长。
- CGSize——表示一个对象的边界框，包含高和宽两个属性。我们可以用 CGSizeMake 方法来创建一个 CGSize 对象，它接受高和宽作为其参数。
- CGRect——表示一个矩形的左上角和它的高和宽，包含一个 CGPoint 对象和 CGSize 对象。通过调用 CGRectMake 方法可以创建一个 CGRect 对象，传入的参数是 CGPoint 的 x 和 y 坐标以及 CGSize 的高和宽。
- CGVector——代表一个有大小和方向的向量。向量被定义为从一个对象的当前位置到新位置的 x 和 y 轴的偏移量（称为 dx 和 dy），偏移量越大，向量的大小就越大。我们可以通过调用 CGVectorMake 方法创建一个 CGVector 对象，它的参数是 dx（沿着 x 轴的变化）和 dy（沿着 y 轴的变化）。我们将使用 CGVector 来定义一个 SpriteKit 节点应该移动的方向和力量大小，并将其应用到节点上。

6.3.8 覆写 UIResponder 的 touchesBegan 方法

UIResponder 类定义了屏幕上的元素响应事件的能力，如用户触摸屏幕。SKNode 类是 UIResponder 类的子类，因此所有的 SKNode 节点都可以响应用户交互事件。用户通过触摸设备的屏幕可以和这个应用程序进行交互。通过触摸，大炮可以瞄准一个触摸点，然后大炮就会发射。处理一些简单的触摸事件，我们可以覆写 UIResponder 类的 touchesBegan 方法（见 6.9.6 节）。在第 7 章中，我们将学习更多关于触摸事件处理的方法，特别是在处理和追踪多点触摸时，如用户通过拖动一个以上的手指可以一次绘制多行。

6.3.9 根据屏幕的大小确定游戏元素的大小和速度

在这个例子中,我们定义了许多的常量,它们表示的是游戏元素的大小和位置基于 SKScene 高度和宽度的百分比。例如,我们将拦截器放在 SKScene 中间的位置,第一个目标放在 SKScene 宽度的 60% 的位置。同样,拦截器和目标的高度都是基于 SKScene 高度的百分比。可以改变我们定义的常量,从而改变游戏的元素的大小和位置。

6.3.10 Swift 语言的特性

在这个应用程序中,我们将会使用更多的 Swift 编程语言特性。

可选值链

当操作一个被定义为可选值类型的属性时,我们可以用可选值链(用问号操作符)来确保只有当属性不为 nil 时才执行表达式。比如下面的语句。

```
self.physicsBody?.friction = 0.0
```

self. physicsBody? 就等同于检测 physicsBody 是否为 nil。如果不为 nil,在这个链条中下一个操作符就会被执行;反之,它们就会被忽略。

结构体类型,类型常量和枚举类型

在 3.2.13 节,读者了解到 Swift 支持引用类型(类)和值类型(结构体和枚举)。Swift 的结构体和枚举类型和类很相似,只是值类型不支持继承。

在这个应用程序中,我们将定义一个结构体类型(见 6.9.1 节)来代表位标志,Sprite-Kit 用它来给物体分类以及物体之间的碰撞检测。这个结构体包含几种类型常量,也就是说,常量也就是一个类型而不是一个单独类型的对象。读者可以看到,这些常量声明用 static 关键字并且取值是在类型的名称后面加一个点(.)和常量的名称(如 CollisionCategory. Target)。类型常量(相似的类型变量是用 var 来声明的)和许多其他基于 C 语言的面向对象语言的类变量很相像。关于 Swift 结构体的更多细节,请查看苹果公司的《Swift 编程语言》的类和结构体章节:

```
http://bit.ly/SwiftClassesAndStructs
```

我们也可以定义枚举类型(见 6.6.1 节至 6.7.1 节)来表示一系列的名称常量,通过在枚举类型名称后面跟一个点(.)和常量名称就可以获取这些常量值了。比起其他基于 C 的编程语言,Swift 的枚举类型(更多细节我们将在《写给程序员的 Swift》书中讨论)更易于使用也更强大。关于 Swift 枚举的更多细节,请查看苹果公司的《Swift 编程语言》的枚举章节:

```
http://bit.ly/SwiftEnums
```

6.3.11 NSLocalizedString 函数

在 2.8 节,我们演示了如何利用 Xcode 和 XLIFF 文件来国际化欢迎应用程序并提供本地化的西班牙语字符串。所有的这些字符串都是在应用程序的 Storyboard 中设计用户界面时被定义的。大多数应用程序也在代码中定义用于显示的字符串（或者 VoiceOver 可以将字符串读给用户听），这些字符串必须在运行时被本地化。在 6.11 节，我们将展示如何使用 Foundation 框架的 NSLocalizedString 函数在源代码中定义本地化字符串。

6.4 创建工程和类

本节我们将会对大炮游戏的工程进行一些设置。不像之前的应用程序，本章不需要创建用户界面，Xcode 的游戏应用程序模板会自动创建我们需要的视图控制器。游戏的各种图形显示在一个 SKView 上，它最后被添加到视图控制器上。

创建工程

在开始创建一个新的游戏工程之前，在新工程的选项页中做如下设置。
- Product Name：Cannon。
- Organization Name：Deitel & Associates, Inc. ，或者用自己的组织名称。
- Company Identifier：com. deitel，或者使用自己公司的标识符。
- Language：Swift。
- Game Technology：iOS 的 2D 游戏框架 SpriteKit。
- Devices：Universal。

设置好之后，单击"Next"按钮，会出现一个保存工程的目录位置，单击"Create"按钮完成工程的创建。

横屏

就像大多数游戏一样，这个应用程序只支持横屏。在 Xcode 的编辑区域，有一个工程的通用设置栏，选中它滑动到发布信息那一段，在设备方向中只选择横向左和横向右。

隐藏状态栏

大多数游戏都是全屏显示它们的游戏内容。默认情况下，游戏应用程序模板会隐藏设备的状态栏，状态栏一般出现屏幕的顶端。如果想要保持状态栏在屏幕上，可以在工程的设置中选择通用栏，它位于 Xcode 的编辑器区域，然后滚动到部署信息段，让隐藏状态栏按钮不选中。在这个应用程序中它是选中的。

将应用图标添加到资源目录

正如我们在之前的应用程序中所做的那样，添加应用图标到我们的工程资源目录。

将游戏的精灵（各种图片）添加到资源目录

这个应用程序显示了若干个精灵，它们分别代表大炮、炮弹、目标和拦截器。这些图片都位于本书的示例代码文件夹的 images/ CannonImages 子文件夹，按照如下步骤添加图片。

1. 在工程的资源管理器中，选择应用程序的资源目录（Images. xcassets）。

2. 在 Finder 中，找到包含本书示例代码的文件夹，然后打开 images 文件夹下的 CannonImages 文件夹。

3. 将图片文件拖动到资源目录左边的一列，放在 AppIcon 下面。

给应用程序添加声音

这个应用程序的声音文件包括 blocker_hit.wav、target_hit.wav 和 cannon_fire.wav，它们位于本书示例代码的声音文件夹下。将这些文件添加到我们的工程，步骤如下。

1. 在工程的资源管理器中，选中大炮组，单击鼠标右键，在出现的菜单中选择新建组，并将其命名为声音组。
2. 在 Finder 中，找到包含本书示例代码的文件夹，然后打开名为声音的子文件夹。
3. 将声音文件拖动到刚刚创建的声音组。
4. 在出现的菜单中，确保"Copy items if needed"按钮被选中。
5. 单击"Finish"按钮。

添加游戏需要的其他一些类

接下来，重复下面的步骤，为拦截器、目标创建类文件。下面我们创建的是 Cannon 类和 GameOverScene 类。

1. 在工程的资源管理器中，选中大炮组，单击鼠标右键，在出现的菜单中选择新增文件…。
2. 从菜单中选择 iOS > Source 分类，选择 Cocoa Touch 类并单击"Next"按钮。
3. 在出现的菜单中，在类一栏中输入类名。
4. 在子类一栏中，为拦截器和目标类选择 SKSpriteNode 作为父类，SKNode 作为 Cannon 类的父类，SKScene 作为 GameOverScene 类的父类。
5. 在语言一栏中，确保 Swift 是被选中（默认是 Swift）的，然后单击"Next"按钮。
6. 单击"Create"按钮完成文件的创建。
7. 在编辑区域，将 import UIKit 的代码修改为 import SpriteKit 并保存。

6.5 GameViewController 类

GameViewController 类（见图 6.6）定义了一个视图控制器，它包含一个 SKView，用于显示由 SpriteKit 节点组成的 SKScene。当我们创建游戏工程时（见 6.4 节），这个类是 Xcode 自动生成的，但是我们可以修改 viewDidLoad 方法。我们也删掉了 GameViewController 类的 SKNode 扩展，它会从一个 sks 文件加载预定义的场景——在这个应用程序中，我们通过编程的方式创建场景，而不是使用 Xcode 的 SpriteKit 场景设计工具。第 8～10 行声明了一个全局的隐式拆包 AVAudioPlayer 类型的可选值变量，当大炮发射时，炮弹撞到拦截器和炮弹撞到目标时，它用来播放相应的声音。

```
1   // GameViewController.swift
2   // Creates and presents the GameScene
3   import AVFoundation
4   import UIKit
5   import SpriteKit
6
7   // sounds defined once and reused throughout app
8   var blockerHitSound: AVAudioPlayer!
```

图 6.6　GameViewController 类

```
 9  var targetHitSound: AVAudioPlayer!
10  var cannonFireSound: AVAudioPlayer!
11
12  class GameViewController: UIViewController {
13      // called when GameViewController is displayed on screen
14      override func viewDidLoad() {
15          super.viewDidLoad()
16
17          // load sounds when view controller loads
18          blockerHitSound = AVAudioPlayer(contentsOfURL:
19              NSURL(fileURLWithPath: NSBundle.mainBundle().pathForResource(
20                  "blocker_hit", ofType: "wav")!), error: nil)
21          targetHitSound = AVAudioPlayer(contentsOfURL:
22              NSURL(fileURLWithPath: NSBundle.mainBundle().pathForResource(
23                  "target_hit", ofType: "wav")!), error: nil)
24          cannonFireSound = AVAudioPlayer(contentsOfURL:
25              NSURL(fileURLWithPath: NSBundle.mainBundle().pathForResource(
26                  "cannon_fire", ofType: "wav")!), error: nil)
27
28          let scene = GameScene(size: view.bounds.size) // create scene
29          scene.scaleMode = .AspectFill // resize scene to fit the screen
30
31          let skView = view as SKView // get GameViewController's SKView
32          skView.showsFPS = true // display frames-per-second
33          skView.showsNodeCount = true // display # of nodes on screen
34          skView.ignoresSiblingOrder = true // for SpriteKit optimizations
35          skView.presentScene(scene) // display the scene
36      }
37  }
```

图 6.6　GameViewController 类（续）

6.5.1　覆写 UIViewController 的 viewDidLoad 方法

当视图加载时，viewDidLoad 方法会为每一个声音创建一个 AVAudioPlayer 对象（第 18~26 行）。AVAudioPlayer 类的初始化参数是一个 NSURL 对象和一个 NSErrorPointer 对象，NSURL 对象表示的是在应用程序资源中声音文件的位置，当加载声音文件失败时，错误信息会被存储在 NSErrorPointer 对象中。第二个参数我们传的值是 nil，它表明即便错误发生，我们也会忽略这个错误。

第 19~20 行使用了 NSURL 的初始化方法，它接受一个定义声音文件路径的 NSPath 对象。我们从应用程序的主 NSBundle（在 5.5.3 节已经这样做了）中获取它。NSBundle 类的 pathForResource 方法会返回一个可选值 NSPath 对象，我们知道声音文件被包括在应用程序的 bundle 中，因此我们使用 Swift 的"!"操作符来强制拆包可选值，而不需要检查它是否为 nil。

在 viewDidLoad 方法里面的其他代码都是自动生成的。第 28 行创建了一个 GameScene 对象。这个类（将在 6.9 节讨论）是 SKScene 类的子类，它定义了游戏的元素和逻辑。当然，一个游戏可以有很多个场景，因此当视图控制器第一次加载时，GameViewController 类就负责展现游戏的最初场景。GameScene 类的初始化方法接受一个 CGSize 对象，它定义了场景的宽度和高度，在这里就是视图控制器的根视图的尺寸。如果我们希望用户通过游戏时是移动的，那么展示的场景就需要比包含它的场景要大。

第 29 行设置场景的 scaleMode 属性，其值为 SKSceneScaleMode 类型常量的 AspectFill 值，它会调整场景的大小并充满整个屏幕。这个属性的值包括 Fill、AspectFill 和 AspectFit。这些选项值不会影响到大炮游戏，因为场景的大小是和它的父视图的大小是精确匹配的。

在 GameViewController 类中，根视图就是视图控制器继承的视图属性，它实际上是一个 SKView 视图，用于展示 SpriteKit 节点。第 31 行将利用 Swift 的 as 操作符将这个属性转换为 SKView 类，以便第 32～35 行可以使用 SKScene 的属性和方法。第 32～33 行设置 SKScene 的 showsFPS 和 showsNodeCount 属性为真，它表示场景应该显示的图形渲染的帧率和 SpriteKit 节点显示的数量。

性能提示 6.1

SKScene 类的 showsFPS 和 showsNodeCount 属性可以帮助我们了解游戏场景的性能。SpriteKit 试图以每秒 60 帧（帧率）来渲染场景。如果场景渲染得很慢，我们应该优化游戏的性能。节点的数量会影响到帧率，所以我们可能需要减少节点总的数量。

第 34 行设置 SKScene 的 ignoresSiblingOrder 属性设置为真（默认是假）。这是一个性能优化，当在屏幕上渲染节点时，它会让 SpriteKit 忽略父子关系。如果这种父子关系对于应用程序是非常重要的，例如，为了确保一个子节点总是出现在父节点的前面，我们应该删除这一行代码。

第 35 行调用 SKScene 的 presentScene 方法用于展示游戏场景。读者可以看到，这将会调用游戏场景的 SKScene 的 didMoveToView 方法（见 6.9.3 节），它会配置并启动游戏。

6.5.2　为什么 AVAudioPlayer 是全局变量

在其他编程语言中，我们通常都会定义一些静态类变量，如拦截器类（见 6.6 节）、目标类（见 6.7 节）和大炮类（见 6.8 节）的第 8～10 行的变量，因为这些声音和这些类的对象是相关联的，并且可以在对象之间共享。Swift 将这种类变量叫作类型变量。在写本书的时候，类型变量只在结构体和枚举中被支持。虽然 Swift 文档展示了如何在类中创建类型变量，如果现在使用它们，Swift 会报错。不幸的是，我们不能够在这个应用程序中使用 Swift 的结构体和枚举类型。我们定义的这些类变量必须继承于 SpriteKit 框架类，结构体和枚举都不支持继承。

6.5.3　删除 GameViewController 类中自动生成的方法

我们删除在 GameViewController 类中从 UIViewController 继承而来的自动生成的方法，因为在这个应用程序中它们不是必需的。

- shouldAutorotate 方法，它确定当用户转动它们的设备时视图控制器是否需要自动转屏。自动生成的方法默认返回的是真，所以这个方法不是必需的。如果一个应用程序想要保持它的初始方向，应让这个方法返回假。
- supportedInterfaceOrientations 方法，它确定视图控制器是否支持转屏。和 6.4 节中的做法一样，可以在应用程序的设置中配置它，所以这个方法是不必需的。自动生成的这个方法默认返回的是支持所有方向，除了 iPhone 的上下颠倒。在这个方法中，也可以提供更复杂的逻辑，这要取决于应用程序的需求。
- prefersStatusBarHidden 方法，它确定 iOS 状态栏是否显示在视图控制器之上。和 6.4

节中的做法一样，可以在应用程序的设置中配置它，所以这个方法不是必需的。

6.6 拦截器类

拦截器类（见 6.6.1 节至 6.6.3 节）使用一个矩形精灵来定义一个拦截器并配置它的 physicsBody 属性。我们只创建一个中等大小的拦截器。这个类允许我们创建小、中大等多种拦截器以便让游戏更具挑战性。

6.6.1 BlockerSize 枚举和拦截器类的属性

回想一下，所有屏幕上的游戏元素都是基于场景的大小来进行缩放的。BlockerSize 枚举（见图 6.7 的第 6～10 行）定义了三个常量（小、中、大）作为乘数来计算拦截器的高度（6.6.2 节中将会看到）。它们也被用于当一个炮弹撞到拦截器时，确定从游戏的剩余时间中减去惩罚的时间，如果撞击的拦截器越大，惩罚的时间就越多。

```
1   // Blocker.swift
2   // Defines a blocker
3   import AVFoundation
4   import SpriteKit
5
6   enum BlockerSize: CGFloat {
7       case Small = 1.0
8       case Medium = 2.0
9       case Large = 3.0
10  }
11
12  class Blocker : SKSpriteNode {
13      // constants for configuring a blocker
14      private let blockerWidthPercent = CGFloat(0.025)
15      private let blockerHeightPercent = CGFloat(0.125)
16      private let blockerSpeed = CGFloat(5.0)
17      private let blockerSize: BlockerSize
18
```

图 6.7　BlockerSize 枚举和拦截器类的属性

第 12 行表示拦截器类是 SKSpriteNode 的一个子类，它是一个显示精灵的节点。第 14～15 行是百分比常量，我们使用它们根据场景的大小来计算拦截器的大小。第 16 行的常量可以帮助确定拦截器的速度。当拦截器被初始化时，blockerSize 变量会被初始化成 BlockerSize 常量（小、中、大）。

6.6.2 拦截器的初始化方法

图 6.8 展示了拦截器类的初始化方法。在第 20～39 行，这个初始化方法接受两个参数，一个是场景的大小（GCSize），另一个是 BlockerSize。第 21 行初始化 blockerSize 属性。第 22～27 行会调用父类 SKSpriteNode 的初始方法，它接受如下参数。

- 一个 SKTexture 类表示的是节点的精灵图片（这里就是拦截器）。
- SKColor 类表示的是精灵使用的颜色（在这里，它的值为 nil，表示精灵没有颜色）。
- CGSize 定义节点的高和宽。

```
19      // initializes the Cannon, sizing it based on the scene's size
20      init(sceneSize: CGSize, blockerSize: BlockerSize) {
21          self.blockerSize = blockerSize
22          super.init(
23              texture: SKTexture(imageNamed: "blocker"),
24              color: nil,
25              size: CGSizeMake(sceneSize.width * blockerWidthPercent,
26                  sceneSize.height * blockerHeightPercent *
27                  blockerSize.rawValue))
28
29          // set up the blocker's physicsBody
30          self.physicsBody =
31              SKPhysicsBody(texture: self.texture, size: self.size)
32          self.physicsBody?.friction = 0.0
33          self.physicsBody?.restitution = 1.0
34          self.physicsBody?.linearDamping = 0.0
35          self.physicsBody?.allowsRotation = true
36          self.physicsBody?.usesPreciseCollisionDetection = true
37          self.physicsBody?.categoryBitMask = CollisionCategory.Blocker
38          self.physicsBody?.contactTestBitMask = CollisionCategory.Cannonball
39      }
40
41      // not called, but required if subclass defines an init
42      required init?(coder aDecoder: NSCoder) {
43          fatalError("init(coder:) has not been implemented")
44      }
45
```

图 6.8 拦截器的初始化方法

配置拦截器的物理属性

正如我们在 3.6.5 节中讨论的，每一个游戏元素的物理属性都是由 SKPhysicsBody 对象定义的。每一个 SKNode 对象都有一个可选的 SKPhysicsBody 属性值，其名称为 physicsBody。第 30~31 行利用一个 SKTexture 对象和 CGSize 来初始化拦截器的 physicsBody 属性，在这里，拦截器的材质和尺寸都是继承而来的，它们都是在调用父类的初始化方法时被初始化的。第 32~38 行配置了 SKPhysicsBody 对象的其他属性，它们会被同时应用到应用中的其他游戏元素。因为 physicsBody 属性是一个可选值，在使用它时都需要使用可选值链（也就是说 physicsBody 必须跟一个 "?"）来确保只有当 physicsBody 值不为 nil 时，第 32~38 行的属性才会被设置。

- friction 属性。一个从 0.0（平滑）到 1.0（粗糙）的浮点数值，表示节点表面的粗糙程度。默认值是 0.2。这个属性可以帮助物理世界来确定当节点碰撞时物体之间如何交互。例如，停在粗糙的柏油路上的汽车会比会停在冰块上的汽车滑动更慢，在这个程序中，我们对所有物体的 friction 属性设置为 0.0，这样它们就不会因为摩擦力而减慢速度了。为了模拟真实世界的物体表面，应将这个值设置得高一点。

- restitution 属性。一个从 0.0（有弹性）到 1.0（无弹性）的浮点数值。默认值是 0.2。这个属性可以帮助物理世界确定当一个物体和其他物体碰撞时会损失多少能量。在这个程序中，我们将所有物体的这个属性都设置为 1.0。

- linearDamping 属性。一个从 0.0 到 1.0 的浮点数值，物理世界用它来模拟来自于空气或者液体的摩擦。这个值为 0.0（用于这个应用程序的所有物体）表示物理世界没有任何的线性阻尼。默认值是 0.1。
- allowsRotation 属性。一个布尔值，它表示该节点是否可以旋转。在测试中已经看到，当它被一个炮弹撞击时，拦截器会开始旋转。
- usePreciseCollisionDetection 属性。一个布尔值，表示当一个节点与其他节点发生碰撞时，物理世界是否应使用更精确的碰撞检测。对于快速移动的节点应设置为真；如果设置为假，节点之间应发生碰撞的却有可能互相穿过对方。

性能提示 6.2

计算精确的碰撞检测会消耗更多的 CPU 时间并且可能会影响游戏帧率，所以一个 SKPhysicsBody 类的 usePreciseCollisionDetection 属性只应在小的、快速移动的游戏元素上才应设置为真。

- categoryBitMask。这个应用程序中的物体类别是在 6.9.1 节中的 CollisionCategory 结构体中定义的。第 37 行表示这个物体是一个拦截器。用 1、2、4、8、16、32 这几个值来定义应用程序中物体的类别。
- contactTestBitMask。物理世界用它来确定当节点之间发生碰撞时通知一个 SKPhysics-ContactDelegate 委托。当两个节点重叠时，其中一个的 categoryBitMask 属性会和另外一个节点的 contactTestBitMask 属性进行位与操作。如果结果为非零，SKPhysicsContactDelegate 委托会被通知并传递一个 SKPhysicsContact 对象，它包含了发生碰撞的节点以及碰撞本身一些信息。第 38 行表示物理世界会测试拦截器和一个炮弹之间的碰撞检测，也就是一个节点的 categoryBitMask 属性值设置为 CollisionCategory.Cannonball。

为了查看前面的每一个属性如何影响游戏的物理世界，可以用不同的值来实验每一个属性。

Swift 要求的初始化方法

第 42~44 行的初始化方法没有被用在这个应用程序并且它的存在只是为了让拦截器类通过编译。在 NSCoding 协议中这个初始化方法是必需的，所有的 SKNode 类都遵循这个协议，拦截器类继承于 SKNode。如果一个类遵循的协议要求初始化方法，那么它就必须定义这个初始化方法。

Swift 类型必须初始化所有它的属性，要么是在声明时，要么是在初始方法中。Swift 的初始化分成两类。

- 指定初始化方法并让每一个属性在该方法中初始化。
- 便捷的初始化方法每一个都会调用一个指定的初始化方法，并为初始化方法中的参数提供默认值。

当定义一个子类时，如果它没有提供任何的初始化方法，它会继承父类的初始化方法。如果显式地定义了任何子类的初始化方法，那么：

- 必须直接或者间接地调用指定的父类初始化方法。
- 如果父类有任何必需的初始化方法（表明它们必须在每一个子类被定义），子类必须显式地定义这些必需的初始化方法（第 42~44 行）。

为什么在调用 super.init 方法之前有一个语句

我们在放置第 21 行的代码在调用父类的初始化方法之前是为了避免当初始化函数被调

用时发生编译错误。在 Swift 中，指定初始化方法要求初始化类的所有属性。然而父类并不知道有新的属性被加入子类。有如下两种方式来处理。

1. 将子类属性的初始化语句放在调用父类初始化方法之前，比如我们的第 21 行代码。
2. 声明子类属性为可选值类型（?）或者是隐式拆包可选值类型（!），在调用父类的初始化方法之后初始化它们。

如果一个子类属性的初始化要求继承的父类属性先被初始化，那么我们必须用第二种方式，以便可以将初始化语句放在调用父类的初始化方法之后。

6.6.3　startMoving、playHitSound 和 blockerTimePenalty 方法

图 6.9 包含了拦截器类的其他方法。startMoving 方法（第 47~50 行）使用了 SKPhysicsBody 类的 applyImpulse 方法来让拦截器向一个指定的方向进行移动，这个方法是由 CGVector 参数指定的。在这里，CGVector 对象表示拦截器应以一定的速度向上移动，这个速度是由拦截器的质量来决定的（第 49 行已经计算了）。我们用 velocityMultiplier 常量（传递给了 startMoving 方法）来根据屏幕的大小来调整元素的速度。因为一个元素的最终速度也依赖于它的质量，所以我们将它和拦截器大小的原始值（BlockerSize 对象的枚举常量）相乘，因此，拦截器越大移动越慢。

```
46      // applies an impulse to the blocker
47      func startMoving(velocityMultiplier: CGFloat) {
48          self.physicsBody?.applyImpulse(CGVectorMake(0.0,
49              velocityMultiplier * blockerSpeed * blockerSize.rawValue))
50      }
51
52      // plays the blockerHitSound
53      func playHitSound() {
54          blockerHitSound.play()
55      }
56
57      // returns time penalty based on blocker size
58      func blockerTimePenalty() -> CFTimeInterval {
59          return CFTimeInterval(BlockerSize.Small.rawValue)
60      }
61  }
```

图 6.9　拦截器类

当一个炮弹和拦截器发生碰撞时，游戏场景会调用 playHitSound 方法（见 6.9.5 节）。第 54 行调用 AVAudioPlayer 类的播放方法来播放声音。当炮弹撞击到拦截器时，游戏场景会调用 blockerTimePenalty 方法，我们会从游戏的剩余时间中减去惩罚的时间。惩罚的时间和拦截器大小的值是一样的，在这里因为我们只用了一个中等的拦截器，所以惩罚时间是 2s。该方法返回的 BlockerSize 对象常量的原始值是一个 CFTimeInterval 对象，它是浮点数的一个别名。

6.7　目标（Target）类

目标类（见 6.7.1 节至 6.7.4 节）和拦截器类有许多相似的地方，本节我们将关注它们

不同的地方。

6.7.1 TargetSize 和 TargetColor 枚举类

图 6.10 包含了 TargetSize 和 TargetColor 枚举类。TargetSize 枚举类定义了三个目标尺寸常量。这些常量作为乘数来计算每一个目标的最终尺寸。当一个炮弹撞击到目标时，它也可以用来确定游戏的奖励时间。TargetColor 枚举定义了用来创建目标的精灵的名称。第 22～23 行和第 24～25 行分别创建了 TargetColor 和 TargetSize 数组常量。目标的初始化方法（见 6.7.3 节）会随机从这些常量数组中选择一个新的目标的颜色和尺寸。在其他编程语言中，我们会定义这些数组作为类变量（Swift 中是类型变量），我们在 6.5.2 节已经提到，Swift 并不支持这种类的概念。

```swift
1   // Target.swift
2   // Defines a target
3   import AVFoundation
4   import SpriteKit
5
6   // enum of target sizes
7   enum TargetSize: CGFloat {
8       case Small = 1.0
9       case Medium = 1.5
10      case Large = 2.0
11  }
12
13  // enum of target sprite names
14  enum TargetColor: String {
15      case Red = "target_red"
16      case Green = "target_green"
17      case Blue = "target_blue"
18  }
19
20  // arrays of enum constants used for random selections;
21  // global because Swift does not yet support class variables
22  private let targetColors =
23      [TargetColor.Red, TargetColor.Green, TargetColor.Blue]
24  private let targetSizes =
25      [TargetSize.Small, TargetSize.Medium, TargetSize.Large]
26
```

图 6.10 TargetSize 和 TargetColor 枚举类

6.7.2 目标类的属性

图 6.11 显示了目标类以及其属性。拦截器类、目标类都是 SKSpriteNode 类的一个子类。

```swift
27  class Target : SKSpriteNode {
28      // constants for configuring a blocker
29      private let targetWidthPercent = CGFloat(0.025)
30      private let targetHeightPercent = CGFloat(0.1)
31      private let targetSpeed = CGFloat(2.0)
32      private let targetSize: TargetSize
33      private let targetColor: TargetColor
34
```

图 6.11 Target 类的属性

第29~30行是我们根据场景的尺寸来计算目标大小的百分比常量。第31行的常量可以帮助我们确定每个目标的速度。targetSize 常量和 targetColor 常量是在目标被创建时，在初始化方法中被初始化为一个 TargetSize 和 TargetColor 常量。

6.7.3 目标类的初始化

图 6.12 展示了目标类的初始化方法，它接受场景尺寸参数（CGSize）。第 38~39 行随机选择一个 TargetSize 对象，第 40~41 行随机选择一个 TargetColor 对象。接下来，第 44~49 行调用父类 SKSpriteNode 累的初始化方法，它接受三个参数，分别是 SK-Texture 对象（目标精灵中的一个），一个 SKColor 对象（nil）和一个 CGSize，就像我们在 6.6.2 节中初始化拦截器那样。第 52~61 行根据目标的尺寸创建目标对象的 physicsBody 属性，并配置它的相关属性。对于目标对象，我们设置 categoryBitMask 属性值为 CollisionCategory.Target，contactTestBitMask 属性值为 CollisionCategory.Cannonball。当炮弹和目标发生碰撞时，物理世界会通知 SKPhysicsContactDelegate 协议，以便将目标从场景中移除。正如我们在 6.6.2 节中讨论的，我们在初始化方法中加入第 65~67 行是为了让目标类通过编译。

```
35      // initializes the Cannon, sizing it based on the scene's size
36      init(sceneSize: CGSize) {
37          // select random target size and random color
38          self.targetSize = targetSizes[
39              Int(arc4random_uniform(UInt32(targetSizes.count)))]
40          self.targetColor = targetColors[
41              Int(arc4random_uniform(UInt32(targetColors.count)))]
42
43          // call SKSpriteNode designated initializer
44          super.init(
45              texture: SKTexture(imageNamed: targetColor.rawValue),
46              color: nil,
47              size: CGSizeMake(sceneSize.width * targetWidthPercent,
48                  sceneSize.height * targetHeightPercent *
49                      targetSize.rawValue))
50
51          // set up the target's physicsBody
52          self.physicsBody =
53              SKPhysicsBody(texture: self.texture, size: self.size)
54          self.physicsBody?.friction = 0.0
55          self.physicsBody?.restitution = 1.0
56          self.physicsBody?.linearDamping = 0.0
57          self.physicsBody?.allowsRotation = true
58          self.physicsBody?.usesPreciseCollisionDetection = true
59          self.physicsBody?.categoryBitMask = CollisionCategory.Target
60          self.physicsBody?.contactTestBitMask =
61              CollisionCategory.Cannonball
62      }
63
64      // not called, but required if subclass defines an init
65      required init?(coder aDecoder: NSCoder) {
66          fatalError("init(coder:) has not been implemented")
67      }
68
```

图 6.12　目标初始化

6.7.4 startMoving、playHitSound 和 targetTimeBonus 方法

图 6.13 包含了目标类的其他一些方法。startMoving 方法（第 70～74 行）使用了 SKPhysicsBody 类的 applyImpulse 方法让拦截器可以根据它的 CGVector 参数按指定的方向进行移动，对于目标，我们使用第 72～73 行计算的值来随机获取它们的速度。最开始，拦截器和所有的目标都只是垂直方向移动，当炮弹和一个拦截器碰撞时，通常拦截器会和目标发生碰撞，游戏中的其他拦截器和目标会根据它们互相之间以及和场景边缘的相互碰撞，沿着场景进行移动。playHitSound 方法（第 77～79 行）会播放目标被撞击的声音。targetTimeBonus 方法（第 82～91 行）会根据目标的大小返回一个时间间隔。比较小的目标比较难撞击，所以我们给予 3s 的时间奖励，对于中等的奖励是 2s，更大的奖励是 1s。

```
69      // applies an impulse to the target
70      func startMoving(velocityMultiplier: CGFloat) {
71          self.physicsBody?.applyImpulse(CGVectorMake(0.0,
72              velocityMultiplier * targetSize.rawValue * (targetSpeed +
73              CGFloat(arc4random_uniform(UInt32(targetSpeed) + 5)))))
74      }
75
76      // plays the targetHitSound
77      func playHitSound() {
78          targetHitSound.play()
79      }
80
81      // returns time bonus based on target size
82      func targetTimeBonus() -> CFTimeInterval {
83          switch targetSize {
84          case .Small:
85              return 3.0
86          case .Medium:
87              return 2.0
88          case .Large:
89              return 1.0
90          }
91      }
92  }
```

图 6.13 startMoving、playHitSound 和 targetTimeBonus 方法

6.8 大炮类

大炮类（见 6.8.1 节至 6.8.4 节）是 SKNode 类的一个子类（见图 6.14，第 6 行），它包含一个用于表示大炮底座的 SKSpriteNode 类和一个表示炮筒的 SKShapeNode 类。大炮类可以旋转大炮并朝用户触摸屏幕的点的方向发射炮弹（一个 SKSpriteNode 类）。

6.8.1 大炮类的属性

图 6.14 显示了大炮类的属性。第 8～11 行的常量是百分比，通过它们并根据场景的大小可以确定炮弹、炮筒和底座的大小。第 12～13 行的常量可以帮助确定炮弹的速度，它在初始化方法中已经计算了（见 6.8.2 节）。第 14 行中的常量（也在初始化方法中计算了）

指定了炮筒的实际长度,在炮弹发射之前进行定位时会使用它。第 16 行的变量(当用户触摸屏幕时计算)指定炮筒的角度,大炮在旋转时会用到它。第 17 行是一个隐式的拆包可选值 SKSpriteNode 对象,当大炮发射时它指向该炮弹。当炮弹在屏幕上时,第 18 行的变量为真,这个变量被申明为内部可访问而不是私有,这是因为游戏场景要用它来确保一次只有一个炮弹在屏幕上。

```
1   // Cannon.swift
2   // Defines the cannon and handles firing cannonballs
3   import AVFoundation
4   import SpriteKit
5
6   class Cannon : SKNode {
7       // constants
8       private let cannonSizePercent = CGFloat(0.15)
9       private let cannonballSizePercent = CGFloat(0.075)
10      private let cannonBarrelWidthPercent = CGFloat(0.075)
11      private let cannonBarrelLengthPercent = CGFloat(0.15)
12      private let cannonballSpeed: CGFloat
13      private let cannonballSpeedMultiplier = CGFloat(0.25)
14      private let barrelLength: CGFloat
15
16      private var barrelAngle = CGFloat(0.0)
17      private var cannonball: SKSpriteNode!
18      var cannonballOnScreen = false
19
```

图 6.14　大炮类的属性

6.8.2　大炮类的初始化

大炮类的初始化方法(见图 6.15)计算了炮弹的速度和炮筒长度(第 22~23 行),调用父类的初始化方法(第 24 行),然后创建并配置炮筒和底座。炮筒是一个 SKShapeNode 对象(第 27~28 行),在这里,一个矩形形状被 rectOfSize 参数定义。SKShapeNode 也为其他形状提供了初始化方法,包括矩形、圆形、椭圆形和通过点和线定义的任意形状。第 29 行在了炮筒的 fillColor(一个 SKColor 对象)为黑色。SpriteKit 可以用来开发 iOS 和 OS X 平台的游戏。SKColor 是一个别名,在 iOS 平台实际上是 UIColor 对象,在 OS X 平台上是 NSColor 对象,在定义颜色时就可以独立于操作系统。第 30 行添加炮筒对象到大炮的节点上。

第 33 行创建一个大炮底座,它是一个 SKSpriteNode 对象,然后第 34~35 行计算它的大小。大炮底座实际上是一个圆形的图片,当我们把大炮放到场景中时,它的一半是在屏幕外面的。当我们旋转大炮时,位于屏幕左边缘外部的图片又会旋转回到屏幕上。第 36 行添加大炮底座到大炮节点。

默认情况下,当添加炮筒和底座到大炮节点时,它们在水平和垂直方向上都是居中的。然而,我们想要修改炮筒(第 39 行)的位置,以便它横坐标的起点从底座的中心开始,所以我们设置炮筒的横坐标为底座宽度的一半。纵坐标仍然是 0.0,在大炮节点中垂直居中。

```
20    // initializes the Cannon, sizing it based on the scene's size
21    init(sceneSize: CGSize, velocityMultiplier: CGFloat) {
22        cannonballSpeed = cannonballSpeedMultiplier * velocityMultiplier
23        barrelLength = sceneSize.height * cannonBarrelLengthPercent
24        super.init()
25
26        // configure cannon barrel
27        let barrel = SKShapeNode(rectOfSize: CGSizeMake(barrelLength,
28            sceneSize.height * cannonBarrelWidthPercent))
29        barrel.fillColor = SKColor.blackColor()
30        self.addChild(barrel)
31
32        // configure cannon base
33        var cannonBase = SKSpriteNode(imageNamed: "base")
34        cannonBase.size = CGSizeMake(sceneSize.height * cannonSizePercent,
35            sceneSize.height * cannonSizePercent)
36        self.addChild(cannonBase)
37
38        // position barrel based on cannonBase
39        barrel.position = CGPointMake(cannonBase.size.width / 2.0, 0.0)
40    }
41
42    // not called, but required if subclass defines an init
43    required init?(coder aDecoder: NSCoder) {
44        fatalError("init(coder:) has not been implemented")
45    }
46
```

图 6.15　大炮类的初始化方法

6.8.3　rotateToPointAndFire 方法

当用户触摸屏幕瞄准并发射炮弹时,游戏场景会传递触摸点(CGPoint)给 rotate-PointAndFire 方法(见图 6.16)。这个方法会根据大炮底座中心点与触摸点之间的坐标差值来计算炮筒的角度。因为大炮的横坐标是 0.0,所以横坐标的差值就会是触摸点的值。因为大炮位于场景左边缘的中心,如果触摸点在大炮位置的上方,纵坐标的差值就会是正数,如

```
47    // rotate cannon to user's touch point, then fire cannonball
48    func rotateToPointAndFire(point: CGPoint, scene: SKScene) {
49        // calculate barrel rotation angle
50        let deltaX = point.x
51        let deltaY = point.y - self.position.y
52        barrelAngle = CGFloat(atan2f(Float(deltaY), Float(deltaX)))
53
54        // rotate the cannon barrel to touch point, then fire
55        let rotateAction = SKAction.rotateToAngle(
56            barrelAngle, duration: 0.25, shortestUnitArc: true)
57
58        // perform rotate action, then call fireCannonball
59        self.runAction(rotateAction, completion: {
60            if !self.cannonballOnScreen {
61                self.fireCannonball(scene)
62            }
63        })
64    }
65
```

图 6.16　rotateToPointAndFire 方法

果触摸点位于它的下方，那差值就会是负数。回想一下，纵坐标是从场景的左下角开始计算的。第 52 行使用了 C 语言的标准库函数 atan2f（这个函数的解释请访问维基百科地址 en.wikipedia.org/wiki/Atan2）来计算角度的弧度。如果弧度为 0 表示大炮的横坐标和位置的角度是顺时针增加的。

为一个 SKNode 对象指定 SKAction 方法

第 55~56 行定义了一个 SKAction 方法，它会让大炮的根节点旋转到触摸点的方向。回想一下，如果对一个节点执行转换，那它的所有子节点也会被执行同样的转换，在这里就是大炮的底座和炮筒。SKAction 类型的 rotateToAngle 方法接收下面的参数。

- 大炮旋转的角度以便炮筒可以瞄准触摸点。
- 动画持续时间（0.25s）。
- 一个布尔值，它表示是否要在某个方向执行旋转动画，这里为真，这样炮筒就可以一直在屏幕上，如果不为真，如果旋转接近一个完整的圆，那将导致炮筒会暂时旋转出屏幕。

使用节点的 runAction 方法可以调用一个 SKAction 方法。第 59~63 行使用的版本需要两个参数，一个是要执行的 SKAction 方法和一个 SKAction 方法处理完之后的回调函数（Swift 是用闭包实现的）。游戏循环可能需要许多的动画帧来完成旋转方法，因为它会执行 0.25s 并且 SpriteKit 每秒会显示 60 帧。方法执行完毕后，回调函数会确保屏幕上没有一个炮弹（第 60 行），然后调用 fireCannonball（第 61 行）方法。将该方法放置在 runAction 方法的回调函数中是为了确保在大炮瞄准触摸点时，屏幕上没有炮弹。

6.8.4 fireCannonball 和 createCannonball 方法

一旦 rotateToPointAndFire 方法完成了大炮的转向，fireCannonball 方法（见图 6.17，第 67~85 行）会被调用来创建炮弹并放到屏幕上，开始移动它并播放发射炮弹的声音。第 68 行表示一个炮弹现已在屏幕上，以便游戏场景可以保证屏幕上一次只有一个。第 72~73 行使用了 C 语音的标准库函数 cos（余弦函数）和 sin（正玄函数）以及当前的炮筒角度来确定炮筒的方向，以便我们可以从正确的位置发射炮弹，如果炮筒的末端在大炮 x 轴的上方，它的 y 轴就会是正数。接下来，第 74 行会调用 createCannonball 方法（第 88~108 行）来创建一个表示炮弹的 SKSpriteNode 对象。第 75 行根据炮筒的末端来设置炮弹的位置。第 78~79 行的 velocityVector 变量用来表示炮弹的方向和速度。第 82 行是将炮弹放到屏幕上，第 83 行使用 velocityVector 变量给炮弹的 physicsBody 属性添加一个冲量。第 84 行是播放炮弹发射的声音。

createCannonball 函数（第 88~108 行）创建一个代表炮弹的 SKSpriteNode 对象（第 89 行），设置它的大小（第 92~90 行）并配置它的 physicsBody 属性（第 95~106 行），然后通过 fireCannonball 方法返回一个用于显示的炮弹。回想一下，物理世界使用 physicsBody 对象的 categoryBitMask 和 contactTestBitMask 属性来检查碰撞并通知 SKPhysicsContactDelegate 委托。第 102~103 行设置它的 categoryBitMask 属性值为 CollisonCategory.Cannonball 并且第 104~106 行设置 contactTestBitMask 属性值为 CollisonCategory.Target 和 CollisonCategory.Wall 进行位与操作。这些值加上拦截器、目标和游戏场景的位掩码，就可以实现如下操作。

```
66      // create cannonball, attach to scene and start it moving
67      private func fireCannonball(scene: SKScene) {
68          cannonballOnScreen = true
69
70          // determine starting point for cannonball based on
71          // barrelLength and current barrelAngle
72          let x = cos(barrelAngle) * barrelLength
73          let y = sin(barrelAngle) * barrelLength
74          let cannonball = createCannonball(scene.frame.size)
75          cannonball.position = CGPointMake(x, self.position.y + y)
76
77          // create based on barrel angle
78          let velocityVector =
79              CGVectorMake(x * cannonballSpeed, y * cannonballSpeed)
80
81          // put cannonball on screen, move it and play fire sound
82          scene.addChild(cannonball)
83          cannonball.physicsBody?.applyImpulse(velocityVector)
84          cannonFireSound.play()
85      }
86
87      // creates the cannonball and configures its physicsBody
88      func createCannonball(sceneSize: CGSize) -> SKSpriteNode {
89          cannonball = SKSpriteNode(imageNamed: "ball")
90          cannonball.size =
91              CGSizeMake(sceneSize.height * cannonballSizePercent,
92                  sceneSize.height * cannonballSizePercent)
93
94          // set up physicsBody
95          cannonball.physicsBody =
96              SKPhysicsBody(circleOfRadius: cannonball.size.width / 2.0)
97          cannonball.physicsBody?.friction = 0.0
98          cannonball.physicsBody?.restitution = 1.0
99          cannonball.physicsBody?.linearDamping = 0.0
100         cannonball.physicsBody?.allowsRotation = true
101         cannonball.physicsBody?.usesPreciseCollisionDetection = true
102         cannonball.physicsBody?.categoryBitMask =
103             CollisionCategory.Cannonball
104         cannonball.physicsBody?.contactTestBitMask =
105             CollisionCategory.Target | CollisionCategory.Blocker |
106             CollisionCategory.Wall
107         return cannonball
108     }
109 }
```

图 6.17 大炮类

- 检测当炮弹和一个拦截器发生碰撞时以便游戏场景可以播放拦截器被撞击的声音并添加一个时间惩罚。
- 检测当炮弹和一个目标发生碰撞时以便游戏场景可以播放目标被撞击的声音,并添加一个时间奖励以及移除拦截器和炮弹。
- 检测当炮弹和墙壁发生碰撞时以便游戏场景可以移除炮弹。

6.9 游戏场景类

GameScene 类(见 6.9.1 节至 6.9.7 节)创建了游戏的元素、管理游戏的状态、响应碰撞、处理发射炮弹的触摸事件和游戏结束时到 GameOverScene 场景的过渡（见6.10节）。

6.9.1 CollisionCategory 结构体

CollisionCategory 结构体（见图6.18）定义了若干类型的常量，这些常量都和类型相关联，而不和一个特定类型的对象相关联。回想一下，常量类型都是用 static 关键词声明并通过在它们的类型名称后面加上点符号来访问的，如 CollisionCategory.Target。为了能像真实的物理世界那样进行碰撞检测，CollisionCategory 常量应有唯一的位值，可以对它们进行位与（&）和位或（|）操作。从第 8~11 行的常量的值分别是 1、2、4、8。

```
1   // GameScene.swift
2   // Creates the scene, detects touches and responds to collisions
3   import AVFoundation
4   import SpriteKit
5
6   // used to identify objects for collision detection
7   struct CollisionCategory {
8       static let Blocker : UInt32 = 1
9       static let Target: UInt32 = 1 << 1 // 2
10      static let Cannonball: UInt32 = 1 << 2 // 4
11      static let Wall: UInt32 = 1 << 3 // 8
12  }
13
```

图6.18　用于碰撞检测的 CollisionCategory 结构体

6.9.2 场景类的定义以及它的相关属性

图6.18 包含了一个全局的私有常量 numberOfTargets，以及 GameScene 类定义的开始部分和类的属性。

```
14  // global because no type constants in Swift classes yet
15  private let numberOfTargets = 9
16
17  class GameScene: SKScene, SKPhysicsContactDelegate {
18      // game elements that the scene interacts with programmatically
19      private var secondsLabel: SKLabelNode! = nil
20      private var cannon: Cannon! = nil
21
22      // game state
23      private var timeLeft: CFTimeInterval = 10.0
24      private var elapsedTime: CFTimeInterval = 0.0
25      private var previousTime: CFTimeInterval = 0.0
26      private var targetsRemaining: Int = numberOfTargets
27
```

图6.19　GameScene 类和它的相关属性

numberOfTargets 常量

numberOfTargets 常量被定义为一个全局常量（对这个文件是私有的）以便它能够用来初始化 targetsRemaining 属性（第26行）。Swift 现在不允许一个类的属性在声明处用这个类的另外一个属性的值进行初始化。

游戏场景（GameScene）类

第 17 行表示 GameScene 类是 SKScene 的子类并遵循 SKPhysicsContactDelegate 协议。一个 SKScene 类是一个 SKNode 的子类，它表示一个 SpriteKit 框架的场景，它是场景中其他节点的根节点。这个场景被 GameViewController 类（见图 6.6）展现从而开始游戏画面。这个类实现了 SKPhysicsContactDelegate 协议以便当某一个对象和其他对象发生碰撞时，场景可以被通知到。如果定义了物体的 categoryBitMasks 和 contactTestBitMasks 属性，当碰撞发生时，协议的 didBeginContact 方法（见 6.9.5 节）会被调用。

属性

第 19 行声明了一个 SKLabelNode 对象，它用于显示游戏还剩下多长时间。SKLabelNode 类可以显示文本并配置文本的属性。因为 Swift 要求所有的属性必须被初始化，并且 GameScene 类并没有提供一个初始化方法，所以我们将这个属性声明为隐式拆包可选值，以便它的值可以在之后被设置。我们已经为 GameScene 类定义了一个初始化方法并设置 secondsLabel 属性；然而，一个 SKScene 类通常是在 didMoveToView 方法中进行设置的（见 6.9.3 节）。由于同样的原因，第 20 行将 cannon 声明为大炮类型的隐式拆包可选值。

第 23～26 行声明我们用来管理游戏状态的变量。timeLeft 变量是 CFTimeInterval 类型，它保存着游戏中剩下的时间。如果时间变成 0，游戏结束。elapsedTime 变量追踪游戏的总时间，回想一下，如果玩家撞到了目标会获得时间奖励，如果撞到拦截器就会扣掉一些时间。当游戏循环更新场景时，previousTime 变量可以让我们精确地显示到零点几秒。动画的帧率依赖于场景的复杂程度，所以 previousTime 可以帮助我们计算这些变化，读者将在 6.9.7 节看到。targetsRemaining 变量用于追踪当前屏幕上目标的数量。如果目标为 0，游戏结束。

6.9.3 覆写 SKScene 类的 didMoveToView 方法

当一个 SKScene 出现时，它的 didMoveToView 方法（见图 6.20）会被调用让我们可以配置场景。这个方法接受一个 SKView 类型的参数，它是将要被展现的场景，当我们使用游戏应用程序模板时，Xcode 会自动创建。第 30 行设置场景的背景色为白色。

```
28      // called when scene is presented
29      override func didMoveToView(view: SKView) {
30          self.backgroundColor = SKColor.whiteColor() // set background
31
32          // helps determine game element speeds based on scene size
33          var velocityMultiplier = self.size.width / self.size.height
34
35          if UIDevice.currentDevice().userInterfaceIdiom == .Pad {
36              velocityMultiplier = CGFloat(velocityMultiplier * 6.0)
37          }
38
39          // configure the physicsWorld
40          self.physicsWorld.gravity = CGVectorMake(0.0, 0.0) // no gravity
41          self.physicsWorld.contactDelegate = self
42
43          // create border for objects colliding with screen edges
44          self.physicsBody = SKPhysicsBody(edgeLoopFromRect: self.frame)
```

图 6.20　覆写 SKScene 类的 didMoveToView 方法

```
45          self.physicsBody?.friction = 0.0 // no friction
46          self.physicsBody?.categoryBitMask = CollisionCategory.Wall
47          self.physicsBody?.contactTestBitMask = CollisionCategory.Cannonball
48
49          createLabels() // display labels at scene's top-left corner
50
51          // create and attach Cannon
52          cannon = Cannon(sceneSize: size,
53              velocityMultiplier: velocityMultiplier)
54          cannon.position = CGPointMake(0.0, self.frame.height / 2.0)
55          self.addChild(cannon)
56
57          // create and attach medium Blocker and start moving
58          let blockerxPercent = CGFloat(0.5)
59          let blockeryPercent = CGFloat(0.25)
60          let blocker = Blocker(sceneSize: self.frame.size,
61              blockerSize: BlockerSize.Medium)
62          blocker.position = CGPointMake(self.frame.width * blockerxPercent,
63              self.frame.height * blockeryPercent)
64          self.addChild(blocker)
65          blocker.startMoving(velocityMultiplier)
66
67          // create and attach targets of random sizes and start moving
68          let targetxPercent = CGFloat(0.6) // % across scene to 1st target
69          var targetX = size.width * targetxPercent
70
71          for i in 1 ... numberOfTargets {
72              let target = Target(sceneSize: self.frame.size)
73              target.position = CGPointMake(targetX, self.frame.height * 0.5)
74              targetX += target.size.width + 5.0
75              self.addChild(target)
76              target.startMoving(velocityMultiplier)
77          }
78      }
79
```

图 6.20　覆写 SKScene 类的 didMoveToView 方法（续）

管理游戏元素的速度

第 33～37 行是计算 velocityMultiplier 变量，通过它根据设备屏幕的尺寸来缩放游戏元素速度计算。当设备是 iPad（第 35 行）。我们会将 velocityMultiplier 变量乘以 6.0 来获取更大的屏幕尺寸和元素尺寸。当我们给一个物体添加一个冲量时，SpriteKit 框架会使用物体的质量属性来决定它的速度。在更大的屏幕上，游戏元素也更大，质量也更大，一个更大的推动力（也就是更大的冲量）会让一个物体移动得更快。

SKPhysicsWorld 属性、Gravity 属性和 SKPhysicsContactDelegate 协议

每一个 SKScene 类都有一个 SKPhysicsWorld 属性，它模拟场景中的真实物理世界。默认情况下，physicsWorld 的重力属性（通过每一秒多少米来计算）用 CGVector 对象来初始化，其中 dx 的值为 0，dy 的值为 -9.8。-9.8 这个值是地球的重力。第 40 行通过将 physicsWorld 对象的重力向量设置为 0.0，就清除了游戏的重力。如果想查看游戏元素中重力的效果，可以将注释的代码取消就可以了。第 41 行表示游戏场景（self）是 SKPhysicsContactDelegate 协议的委托对象，当游戏元素发生碰撞时它会被通知到。

配置场景的 SKPhysicsBody

第 44~47 行创建并配置场景的 SKPhysicsBody 类。在这里，SKPhysicsBody 类的初始化方法接受一个 edgeLoopFromRect 参数，它会创建一个定义了场景边界的物体，以便其他物体和这个边界发生碰撞时可以被感知。这个物体没有摩擦力（第 45 行）。第 46 行设置 categoryBitMask 属性为 CollisionCategory.Wall。第 47 行设置 contactTestBitMask 属性为 Collision-Category.Cannonball 以表明当一个炮弹和场景边界发生碰撞时，SKPhysicsContactDelegate 协议的委托对象会被通知到，以便将炮弹从场景中移除。

创建并摆放游戏元素

第 49~77 行创建并显示场景中的游戏元素。第 49 行调用 createLabels（见 6.9.4 节）方法来创建显示剩余时间的 SKTextNode 对象。第 52~55 行会创建大炮对象，将它放在场景左边界的中心并添加到场景中。元素在场景中的位置是基于左下角的，x 轴从左往右增加，y 轴从下往上增加。

第 58~65 行创建拦截器，它的位置是基于屏幕宽度和高度的百分比（第 58~59 行），将它添加到场景中并调用拦截器的 startMoving 方法来添加一个冲量让拦截器朝场景的上边界进行移动。第 68~77 行创建并确定了目标的位置，将它们添加到场景中并调用它们的 startMoving 方法来添加冲量让它朝场景的上边界进行移动。回想一下 6.7.4 节，目标的 startMoving 方法使用了随机值以便目标以不同的速度进行移动。

6.9.4 createLabels 方法

createLabels 方法（见图 6.21）会创建并添加两个 SKLabelNode 对象到场景中，一个用于显示"剩余时间"文本，一个用于动态显示剩余的秒数。第 88 行创建 SKLabelNode 类的初始化方法接受一个字体名称作为其参数，并将初始化的对象赋值给 timeRemainingLabel 常量。我们使用了 Chalkduster 字体，在创建工程时 Xcode 自动生成的代码中有使用到，也可以使用任何可用的 iOS 字体（或字体簇）。第 89~95 行设置 timeRemainingLabel 常量的文本、

```
80      // create the text labels
81      func createLabels() {
82          // constants related to displaying text for time remaining
83          let edgeDistance = CGFloat(20.0)
84          let labelSpacing = CGFloat(5.0)
85          let fontSize = CGFloat(16.0)
86
87          // configure "Time remaining: " label
88          let timeRemainingLabel = SKLabelNode(fontNamed: "Chalkduster")
89          timeRemainingLabel.text = "Time remaining:"
90          timeRemainingLabel.fontSize = fontSize
91          timeRemainingLabel.fontColor = SKColor.blackColor()
92          timeRemainingLabel.horizontalAlignmentMode = .Left
93          let y = self.frame.height -
94              timeRemainingLabel.fontSize - edgeDistance
95          timeRemainingLabel.position = CGPoint(x: edgeDistance, y: y)
96          self.addChild(timeRemainingLabel)
97
```

图 6.21　createLabels 方法

```
 98        // configure label for displaying time remaining
 99        secondsLabel = SKLabelNode(fontNamed: "Chalkduster")
100        secondsLabel.text = "0.0 seconds"
101        secondsLabel.fontSize = fontSize
102        secondsLabel.fontColor = SKColor.blackColor()
103        secondsLabel.horizontalAlignmentMode = .Left
104        let x = timeRemainingLabel.calculateAccumulatedFrame().width +
105            edgeDistance + labelSpacing
106        secondsLabel.position = CGPoint(x: x, y: y)
107        self.addChild(secondsLabel)
108    }
109
```

图 6.21 createLabels 方法（续）

字体大小、字体颜色、水平布局模式和位置属性。默认情况下，一个 SKLabelNode 对象的水平布局模式是居中的，所以它的文本应会居中显示。设置水平布局模式居左（第 92 行），那么它的文本就会居左显示。第 99～107 行是对 secondsLabel 进行同样的设置。

6.9.5 SKPhysicsContactDelegate 协议的 didBeginContact 和支持方法

当两个物体之间发生碰撞并且我们已经注册了接收碰撞的通知，SKPhysicsContactDelegate 协议的 didBeginContact（见图 6.22，第 131～166 行）方法就会被调用。该方法接收一个 SKPhysicsContact 对象，该对象包含发生碰撞的两个物体的引用。我们通过 isCannonball 方法、isBlocker 方法、isTarget 方法、isWall 方法（第 111～128 行）来判断 SKPhysicsContact 对象中引用的是哪一类对象。每个方法接收一个 SKPhysicsBody 对象并返回一个布尔值，它表示 SKPhysicsBody 对象的 categoryBitMask 是否包含相应的 CollisionCategory 位（见 6.9.1 节）。例如，判断 SKPhysicsBody 对象是否是炮弹，第 112 行让 categoryBitMask 和 CollisionCategory.Cannonball 进行位与操作（&）。如果结果为零，那么 SKPhysicsBody 对象就是炮弹。

```
110        // test whether an SKPhysicsBody is the cannonball
111        func isCannonball(body: SKPhysicsBody) -> Bool {
112            return body.categoryBitMask & CollisionCategory.Cannonball != 0
113        }
114
115        // test whether an SKPhysicsBody is a blocker
116        func isBlocker(body: SKPhysicsBody) -> Bool {
117            return body.categoryBitMask & CollisionCategory.Blocker != 0
118        }
119
120        // test whether an SKPhysicsBody is a target
121        func isTarget(body: SKPhysicsBody) -> Bool {
122            return body.categoryBitMask & CollisionCategory.Target != 0
123        }
124
125        // test whether an SKPhysicsBody is a wall
126        func isWall(body: SKPhysicsBody) -> Bool {
127            return body.categoryBitMask & CollisionCategory.Wall != 0
128        }
129
```

图 6.22 响应冲突的 didBeginContact 方法

```
130     // called when collision starts
131     func didBeginContact(contact: SKPhysicsContact) {
132         var cannonball: SKPhysicsBody
133         var otherBody: SKPhysicsBody
134
135         // determine which SKPhysicsBody is the cannonball
136         if isCannonball(contact.bodyA) {
137             cannonball = contact.bodyA
138             otherBody = contact.bodyB
139         } else {
140             cannonball = contact.bodyB
141             otherBody = contact.bodyA
142         }
143
144         // cannonball hit wall, so remove from screen
145         if isWall(otherBody) || isTarget(otherBody) ||
146             isBlocker(otherBody) {
147             cannon.cannonballOnScreen = false
148             cannonball.node?.removeFromParent()
149         }
150
151         // cannonball hit blocker, so play blocker sound
152         if isBlocker(otherBody) {
153             let blocker = otherBody.node as Blocker
154             blocker.playHitSound()
155             timeLeft -= blocker.blockerTimePenalty()
156         }
157
158         // cannonball hit target
159         if isTarget(otherBody) {
160             --targetsRemaining
161             let target = otherBody.node as Target
162             target.removeFromParent()
163             target.playHitSound()
164             timeLeft += target.targetTimeBonus()
165         }
166     }
167
```

图 6.22 响应冲突的 didBeginContact 方法（续）

判断哪个对象是炮弹

在这个应用程序中，两个 SKPhysicsBody 对象中的一个将会是炮弹，这取决于我们对游戏元素如何配置 categoryBitMasks 和 contactTestBitMasks 属性。第 136 ~ 142 行使用 SKPhysics-Contact 类的 bodyA 和 bodyB 属性以及 isCannonball 方法来判断哪一个 SKPhysicsBody 对象是炮弹，哪一个是 otherBody 对象。

从场景中移除炮弹

接下来，第 145 行判断 otherBody 是墙、目标或者拦截器。如果是它们中的一个，就从屏幕中移除炮弹。第 148 行使用了炮弹的节点属性来获取 SKNode 对象，它代表的就是炮弹。我们然后调用 SKNode 类的 removeFromParent 方法将节点从场景中移除。节点属性是一个可选值，所以我们再次使用可选值链来确保只有当节点不为 nil 时才调用 removeFromParent 方法。

处理和拦截器的碰撞

第 152 行会判断 otherBody 变量是否是一个拦截器。如果是，第 153 行会将它的节点属性转换为拦截器对象；第 154 行播放拦截器被撞击的声音；第 155 行会将拦截器所消耗的时间从剩下的时间中减去。

处理和一个目标的碰撞

第 159 行判断 otherBody 变量是否是一个目标，如果是
- 第 160 行会更新剩下目标的数量；
- 第 161 行会将 otherBody 的节点属性转换为目标常量；
- 第 162 行会将该目标从场景中移除；
- 第 163 行会播放目标被撞击的声音；
- 第 164 行将击毁目标的奖励时间添加到剩下的时间。

SKPhysicsContactDelegate 协议的 didEndContact 方法

我们还没有定义 SKPhysicsContactDelegate 协议的 didEndContact 方法。物理引擎只有当委托的类存在时才会调用这个协议的方法。

6.9.6 覆写 UIResponder 的 touchesBegan 方法

回想一下 6.3.8 节，UIResponder 类定义了屏幕元素可以响应触摸事件的相关方法。SKNode 类是 UIResponder 的子类，所以所有的 SKNode 都能够响应用户界面的事件。当我们用 Xcode 的游戏模板创建应用程序时，自动生成的 GameScene 类覆写了 UIResponder 类的 touchesBegan 方法。通过在触摸点创建一个新的 SKSpriteNode 对象，这个方法能够响应每一个触摸事件。图 6.23 包含了我们更新过的 touchesBegan 方法。这个方法接受一个包含 UITouch 对象的数组（超过一个手指可以触摸屏幕）和表示触摸事件的 UIEvent 对象。NSSet 是一个无序的对象的集合，第 170～173 行会遍历 touches 数组。NSSet 的 allObjects 属性会返回一个包含任意对象的数组，我们可以将其转换成 UITouch 数组。对于数组中的元素，第 171 行会调用它们的 locationInNode 方法来确定触摸位置与游戏场景的相对距离，其参数是 GameScene 类。然后第 172 行会调用大炮的 rotateToPointAndFire（见 6.8.3 节）方法来瞄准并开火。

```
168     // fire the cannon if there is not a cannonball on screen
169     override func touchesBegan(touches: NSSet, withEvent event: UIEvent) {
170         for touch in touches.allObjects as [UITouch] {
171             let location = touch.locationInNode(self)
172             cannon.rotateToPointAndFire(location, scene: self)
173         }
174     }
175
```

图 6.23 覆写 UIResponder 的 touchesBegan 方法

6.9.7 覆写 SKScene 的 update 和 gameOver 方法

回想一下 6.3.4 节，在游戏循环的每一帧中 SKScene 类的 update 方法（见图 6.24，第

177～196 行）都会被调用，以便我们可以更新场景的元素和游戏状态。在这个应用程序中，我们会用它来更新之前的时间、消耗的时间和剩下的时间这些属性以及 secondsLabel 的文本属性。如果场景中没有更多目标或者时间已经用完了，我们将会显示游戏结束场景。

```
176     // updates to perform in each frame of the animation
177     override func update(currentTime: CFTimeInterval) {
178         if previousTime == 0.0 {
179             previousTime = currentTime
180         }
181
182         elapsedTime += (currentTime - previousTime)
183         timeLeft -= (currentTime - previousTime)
184         previousTime = currentTime
185
186         if timeLeft < 0 {
187             timeLeft = 0
188         }
189
190         secondsLabel.text = String(format: "%.1f seconds", timeLeft)
191
192         // check whether game is over
193         if targetsRemaining == 0 || timeLeft <= 0 {
194             runAction(SKAction.runBlock({self.gameOver()}))
195         }
196     }
197
198     // display the game over scene
199     func gameOver() {
200         let flipTransition = SKTransition.flipHorizontalWithDuration(1.0)
201         let gameOverScene = GameOverScene(size: self.size,
202             won: targetsRemaining == 0 ? true : false,
203             time: elapsedTime)
204         gameOverScene.scaleMode = .AspectFill
205         self.view?.presentScene(gameOverScene, transition: flipTransition)
206     }
207 }
```

图 6.24　覆写 SKScene 的 update 和 gameOver 方法

判断动画帧之间消耗的时间

通过 SpriteKit 显示的每一秒的帧率会根据场景的复杂程度而不同。正是由于这个原因，在更新方法中，我们对游戏做的任何状态的改变（如属性值或者节点位置）都是根据上一帧和这一帧之间消耗的时间来进行缩放的。例如，如果手动更新一个元素的位置时，我们通常判断它新的位置是基于其速度、方向和最后一帧用了多少时间来确定的。消耗的时间越长，我们的元素就移动得越远。

对于这个应用程序，我们确定帧之间时间差异以便我们可以精确地反映剩余时间并更新 elapsedTime 和 timeLeft 属性，消耗的时间越长，elapsedTime 属性增加的时间就越多，timeLeft 属性的时间就越少。在第一次调用 update 方法时，previousTime 属性的值是 0.0。在这里，第 178～180 行会设置 previousTime 变量和 currentTime 变量的默认值，以便第一次调用 update 方法。对于后续的调用，previousTime 属性包含的是上一动画帧的时间。第 182 行将 currentTime 和 previousTime 之间的差值加到了 elapsedTime 上。第 183 行从 timeLeft 中减去同样的值。第 184 行将 previousTime 的值存储在 currentTime 中以供下一次调用 update 方法。

更新 secondsLabel 对象

如果剩下的时间变成了负数，我们会将它设置为 0，以便第 190 行不会显示一个负数时间。第 190 行会格式化剩下的时间并将它赋值给 secondsLabel 标签的文本属性，用于在场景中显示剩下的时间。

显示 GameOverScene

如果屏幕上没有目标或者没有游戏时间，第 194 行会使用 SKScene 的 runAction 方法来执行一个 SKAction 调用我们的 gameOver 方法（第 206 ~ 199 行）。第 200 行创建了一个 SKTransition 对象，它用于 SKScenes 之间过渡的动画。flipHorizontalWithDuration 方法会返回一个 SKTransition 对象，它会以给定的时间沿着水平轴进行翻转。第 201 行创建一个 GameOverScene 对象，用当前场景的大小、一个布尔值和消耗的时间来初始化它，其中布尔值表示用户是输还是赢。第 204 行表示 GameScene 应填满整个屏幕。最后，第 205 行使用 GameScene 的视图属性来调用 SKView 的 presentScene 方法，这个属性指向 GameViewController 的 SKView，presentScene 方法接收将要被展示的 SKScene 对象和过渡动画对象。

6.10 GameOverScene 类

当游戏结束时，GameScene 类的 gameOver（见 6.9.7 节）方法会创建一个 GameOverScene 类并初始化一个转场给它。

初始化

GameOverScene 类的初始化会（第 7 ~ 40 行）设置场景的背景颜色（白色），然后创建三个 SKLabelNode 对象并添加到场景上。第 13 ~ 21 行创建并添加了 gameOverLabel 对象，它会根据初始化的 won 参数的不同，用绿色字体来显示 "You Win!"，用红色字体来显示 "You Lose!"。第 23 ~ 30 行创建并添加了 elapsedTimeLabel 对象，在获胜或者失败之前它用来显示用户玩游戏的总时间。第 32 ~ 39 创建并添加了 newGameLabel 对象，它用绿色字体来显示 "Begin New Game"。

```
1   // GameOverScene.swift
2   // Displays a game over scene with elapsed time
3   import SpriteKit
4
5   class GameOverScene: SKScene {
6       // configure GameOverScene
7       init(size: CGSize, won: Bool, time: CFTimeInterval) {
8           super.init(size: size)
9           self.backgroundColor = SKColor.whiteColor()
10          let greenColor =
11              SKColor(red: 0.0, green: 0.6, blue: 0.0, alpha: 1.0)
12
13          let gameOverLabel = SKLabelNode(fontNamed: "Chalkduster")
14          gameOverLabel.text = (won ? "You Win!" : "You Lose")
```

图 6.25　当游戏结束并且用户开始一个新游戏时，GameOverScene 便会出现

```
15          gameOverLabel.fontSize = 60
16          gameOverLabel.fontColor =
17              (won ? greenColor : SKColor.redColor())
18          gameOverLabel.position.x = size.width / 2.0
19          gameOverLabel.position.y =
20              size.height / 2.0 + gameOverLabel.fontSize
21          self.addChild(gameOverLabel)
22
23          let elapsedTimeLabel = SKLabelNode(fontNamed: "Chalkduster")
24          elapsedTimeLabel.text =
25              String(format: "Elapsed Time: %.1f seconds", time)
26          elapsedTimeLabel.fontSize = 24
27          elapsedTimeLabel.fontColor = SKColor.blackColor()
28          elapsedTimeLabel.position.x = size.width / 2.0
29          elapsedTimeLabel.position.y = size.height / 2.0
30          self.addChild(elapsedTimeLabel)
31
32          let newGameLabel = SKLabelNode(fontNamed: "Chalkduster")
33          newGameLabel.text = "Begin New Game"
34          newGameLabel.fontSize = 24
35          newGameLabel.fontColor = greenColor
36          newGameLabel.position.x = size.width / 2.0
37          newGameLabel.position.y =
38              size.height / 2.0 - gameOverLabel.fontSize
39          self.addChild(newGameLabel)
40      }
41
42      // not called, but required if you override SKScene's init
43      required init?(coder aDecoder: NSCoder) {
44          fatalError("init(coder:) has not been implemented")
45      }
46
47      // present a new GameScene when user touches screen
48      override func touchesBegan(touches: NSSet, withEvent event: UIEvent) {
49          let doorTransition =
50              SKTransition.doorsOpenHorizontalWithDuration(1.0)
51          let scene = GameScene(size: self.size)
52          scene.scaleMode = .AspectFill
53          self.view?.presentScene(scene, transition: doorTransition)
54      }
55  }
```

图 6.25 当游戏结束并且用户开始一个新游戏时,GameOverScene 便会出现(续)

初始化方法

就像这个应用程序里之前的一些类,当我们在一个 SKScene 的子类中定义任何的初始化方法时,不要继承父类的初始化方法。出于这个原因,我们在第 43~45 行提供了必要的初始化方法,虽然它从来不会被调用。

覆写 touchesBegan 方法

用户通过触摸屏幕的任何地方便可以开始一个新的游戏。此刻调用的方法是 touchesBegan(第 48~54 行)。当触摸发生时,这个方法会创建一个转场(第 49~50 行)以及一个新的 GameScene(第 51 行),指定场景应该全屏(第 52 行)并使用 SKView 类的 presentScene 方法(第 53 行)从 GameOverScene 过渡到新的 GameScene。

6.11 可编程的国际化

2.8 节展示了如何使用 Xcode 和 XLIFF 文件让欢迎应用程序完成国际化并为应用程序的用户界面提供西班牙语字符串。大多数的应用程序都包含文字型的字符串以及动态生成的显示给用户的字符串（或是 VoiceOver，它是读给用户听的）。在运行时这些字符串一定要被本地化。例如，显示在 SKLabelNode 上的一些文本，它们都是通过代码来控制本地化的。

在本节，我们将以编程的方式来定义本地化字符串，将再次提供西班牙语的翻译。我们将使用在 2.8 节中学习到技术，从源代码文件中提取字符串并转换成 XLIFF 文件，然后翻译字符串并且将其合并到我们的项目中。

在继续之前，请将当前的大炮游戏的代码做一下备份。（在本书的例子中，我们提供了最终的西班牙语本地化版本，它位于 CannonNSLocalizedString 文件夹中。）

在代码中使用 NSLocalizedString 方法本地化字符串

Foundation 框架的 NSLocalizedString 函数（以及其他几个相似名称的函数）可以根据设备的语言动态加载字符串。用代码进行本地化字符串的第一步就是检查每一个字符串文本，并确定哪些文本是用于显示的，哪些文本是和用户对话的。然后，对于每一个字符串文本，使用 NSLocalizedString 来定义键-值对。

- 这个键（必须是唯一的）在运行时用于加载本地化字符串。
- 这个值是一个注释，Xcode 将它放在 XLIEF 文件中作为一个 <note> 节点。这个注释会解释这个字符串的用途。

例如，timeRemainingLabel 的文本应被本地化（见图 6.21，第 89 行）

```
timeRemainingLabel.text = "Time remaining:"
```

为

```
timeRemainingLabel.text = NSLocalizedString("Time remaining:",
    comment: "Text of the timeRemainingLabel")
```

这里，我们使用英语字符串（基本语言）"Time remaining:"作为键。包含说明符的字符串都使用英语字符串作为键，帮助翻译者理解说明符的上下文。根据不同的语言，这些内容被放在被翻译字符串的不同位置，因此对于翻译者来说，它们的上下文是非常重要的信息。

图 6.26 展示了在 CannonNSLocalizedString 工程中，为了本地化本游戏的字符串我们所做的代码更改。虽然在这个应用程序中我们没有使用基于地区的数字格式化，对于那些打算提交到应用程序商店的应用程序，那么我们应在应用程序的本地化版本中使用它。回想一下，如何使用 NSNumberFormatter 类根据地区对数字进行格式化。

导出字符串资源

在对代码进行修改之后，如图 6.26 所示，按照在 2.8.2 节中学到的步骤，创建包含应用程序字符串资源的 XLIFF 文件。将该文件复制一份并按照它所代表的地区进行重命名，然后进行翻译。

第6章 大炮游戏应用程序

在游戏中使用 NSLocalizedString 函数

在 GameScene 类中,用
```
timeRemainingLabel.text = NSLocalizedString("Time remaining:",
    comment: "Text of the timeRemainingLabel")
```
替换图 6.21 中的第 89 行

在 GameScene 类中,用
```
secondsLabel.text =
    String(format: NSLocalizedString("%.1f seconds",
        comment: "Formatted number of seconds remaining"), timeLeft)
```
替换图 6.24 中的第 190 行

在 GameOverScene 类中,用
```
gameOverLabel.text = (won ?
    NSLocalizedString("You Win!", comment: "String indicating that the user won") : NSLocalizedString("You Lose", comment: "String indicating that the user lost"))
```
替换图 6.25 中的第 14 行

在 GameOverScene 类中,用
```
elapsedTimeLabel.text =
    String(format: NSLocalizedString("Elapsed Time: %.1f seconds",comment: "String displaying formatted elapsed time"), time)
```
替换图 6.25 中的第 24~25 行

在 GameOverScene 类中,用
```
newGameLabel.text = NSLocalizedString("Begin New Game", comment: "String for a simulated new game button")
```
替换图 6.25 中的第 33 行

图 6.26 用 NSLocalizedString 替换大炮游戏中的字符串内容

翻译字符串资源

在生成 XLIFF 文件后,复制 en.xliff 文件并将其改名为 es.xliff(es 是西班牙语的语言 ID)。就像在 2.8.3 节中所做的那样,打开该文件并将 <file> 元素的目标语言属性设置为西班牙语。接下来,找到每一个 <source> 元素,如图 6.27 所示,然后在其下面添加对应的 <target> 元素。(注意,如果想要使用完整的 XLIFF 文件,我们提供了 es.xliff 文件,它位

```
<target> elements to insert in the es.xliff file

<source>%.1f seconds</source>
<target>%.1f segundos</target>

<source>Begin New Game</source>
<target>Comience Nuevo Juego</target>

<source>Elapsed Time: %.1f seconds</source>
<target>Comience Nuevo Juego: %.1f segundos</target>

<source>Time remaining:</source>
<target>Tiempo restante:</target>

<source>You Lose</source>
<target>Perdió</target>

<source>You Win!</source>
<target>¡Ganó!</target>
```

图 6.27 es.xliff 文件中的 <target> 元素

于本书示例代码的 Localizations 目录下。）

导入翻译的字符串资源

接下来，按照 2.8.4 节的步骤导入 es.xliff 文件。Xcode 提取被翻译成西班牙语的字符串，在项目的支持文件组中创建 Localizable.strings 文件（见图 6.28）。在调用 NSLocalizedString 函数时定义的值被当成注释出现在这个文件中。每一个注释下面是一个键–值对，它包含一个在调用 NSLocalizedString 函数时定义的键和相对应的西班牙语字符串。

```
1   /* Formatted number of seconds remaining */
2   "%.1f seconds" = "%.1f seconds";
3
4   /* String for a simulated new game button */
5   "Begin New Game" = "Comience Nuevo Juego";
6
7   /* String displaying formatted elapsed time */
8   "Elapsed Time: %.1f seconds" = "Tiempo transcurrido: %.1f segundos ";
9
10  /* Text of the timeRemainingLabel */
11  "Time remaining:" = "Tiempo restante:";
12
13  /* String indicating that the user lost */
14  "You Lose" = "Perdió";
15
16  /* String indicating that the user won */
17  "You Win!" = "¡Ganó!";
```

图 6.28　当导入 es.xliff 文件时，Xcode 创建的 Localizable.strings 文件

用西班牙语测试应用程序

现在可以按照 2.8.5 节中的步骤，用西班牙语测试该应用程序。图 6.29 显示了西班牙语的游戏获胜结束画面。

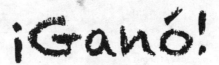

图 6.29　西班牙语版本的游戏结束画面

6.12 小结

在本章，我们创建了一个大炮游戏应用程序，玩家在给定时间之前必须摧毁九个目标。我们使用 Xcode 游戏模板作为开发基于 SpriteKit 框架游戏的起点。了解了 iOS 也提供其他的游戏开发框架，如 SceneKit、Metal 和 OpenGL ES。并在游戏中使用 AVFoundation 框架的 AVAudioPlayer 类来播放声音。

这个应用程序需要使用 SpriteKit 框架中的各种类。我们使用 SKView 来显示游戏场景并运行游戏循环。游戏的两个场景被定义为 SKScene 的子类。正如我们已经讨论的，覆写了会被游戏循环调用 SKScene 方法，在该方法里，可以为每一个动画帧指定需要改变的场景元素，以及每一帧需要的游戏逻辑。

我们了解了 SKNode 是游戏场景中用于显示元素的基本模块，并且 SKScene 是 SKNode 节点树的根节点，它定义了场景要显示的内容。使用了 SKNode 的属性来定义每一个节点的尺寸、位置和物理对象（用于定义它的物理属性）。了解了在 SKNode 对象之间的物理交互依赖于 SKScene 类的 SKPhysicsWorld 属性。

节点的位置是相对于场景的左下角，对于一个给定节点执行的变换（如旋转大炮）也会被应用到它的所有子节点。我们使用 SKLabelNode 类来显示文本，SKSpriteNode 类来显示精灵（图像），SKShapeNode 类来显示一个长方形。

当游戏结束时，我们会从游戏场景切换到游戏结束场景，并用一个过渡动画来展示一个新的场景。我们使用了一个 SKAction 对象来处理大炮的旋转和开火。也了解了 SKAction 经常被用于执行 SKNode 对象属性改变的一些动画，如缩放、旋转、透明度和位置，它们也可以用来播放声音、执行代码、添加新节点以及移除已经存在的节点。

我们讨论了 SpriteKit 的游戏循环（定义为 SKScene），为了更平缓的动画效果，它会试着以 60 帧每秒的速度（FPS）来渲染游戏动画。我们也讨论了真实的帧率依赖于游戏逻辑的复杂程度和屏幕上节点的数量。

使用像 SpriteKit 这种游戏开发框架的一个重要好处就是它内置了物理仿真功能，将一些复杂的计算封装起来。通过配置场景的 SKPhysicsWorld 属性和游戏节点 SKPhysicsBody 对象，SpriteKit 就可以帮我们处理这些问题。当碰撞发生时，SpriteKit 的物理引擎会根据这些设置来进行碰撞检测，确定元素应如何反弹，并通知应用程序的 SKPhysicsContactDelegate 对象。

为了指定 SpriteKit 类的属性的各种值，我们使用了各种 CGGeometry 类型（CGFloat、CGPoint、CGSize、CGRect 和 CGVector）和各种函数（CGPointMake、CGSizeMake CGRectMake 和 CGVectorMake）。

UIResponder 类定义了屏幕上的元素响应触摸事件的功能。我们了解了 SKNode 是 UIResponder 类的一个子类，所以所有的 SKNode 类都可以响应用户界面的事件。我们覆写了 UIResponder 类的 touchesBegan 方法用来瞄准用户触摸屏幕上的点并发射炮弹。

我们使用几个额外的 Swift 功能来创建该应用程序。我们使用可选值链来解析 Swift 的可选值类型属性，只有当可选值属性不为零时才会让表达式继续执行。我们提到 Swift 的结构体和枚举值类型和类比较相似（是引用类型），但它们不支持继承。我们定义了一个包含类型常量的结构体，它们表示的是位标志，SpriteKit 用它们来进行碰撞检测。也定义了表示名称常量集合的枚举类型，它们用于标识拦截器和目标类。最后，在源代码中使用 NSLocalizedString 函数来定义本地化字符串。

  在第 7 章，我们将介绍涂鸦应用程序，它使用了 iOS 的图形处理功能和多点触摸事件处理，并将设备的屏幕变成一个虚拟的画布。读者将学到在屏幕上一次拖动多个手指画出一些线条时，该如何处理和跟踪多个触摸点。另外，我们将展示如何将图片转变成 UIImage 对象，然后将其传递给一个 UIActivityViewController 类，它会显示分享、保存、复制和打印选项。

第 7 章
涂鸦应用程序

多点触摸事件处理、图形、UIBezierPath 类、用自定义 UIView 子类进行绘图、UIToolbar、UIBarButtonItem、加速度计传感器和运动事件处理

主题

本章，读者将学习：
- 覆写 UIResponder 的触摸事件处理方法，以便处理多点触摸事件，允许用户在屏幕上拖动多个手指来绘制线条。
- 将用户绘制的每一条线存储为一个 UIBezierPath 对象。
- 用工具栏来显示包含应用程序选项的工具栏按钮。
- 自定义一个 UIView 子类并覆写它的 drawRect 方法，在该方法中用 UIBezierPath 类来进行一些自定义绘图。
- 覆写一个 UIResponder 类的运动事件处理方法用于处理加速度事件，允许用户通过晃动设备来擦除之前的绘画。
- 用一个 UIActivityViewController 类来显示分享、保存、复制和打印选项。
- 覆写 UIView 的初始化方法，当 Storyboard 中的一个对象在运行并被重新创建时也会调用它。

7.1 介绍

使用涂鸦应用程序（见图7.1），通过在屏幕上拖动一个或者多个手指来画各种线条，从而创建一个涂鸦（也就是一幅画）。这个应用程序的设置选项显示在屏幕底部的工具栏，它可以让我们能够设置绘画的颜色、画笔的宽度、撤销操作和清除整个涂鸦。我们也可以通过 UIActivityViewController 类的选项来分享自己的涂鸦，保存到设备，复制到剪贴板或者打印它（如果打印机是可用的）。

在这个应用程序中，我们将会同时追踪多个触摸事件，每一个（一个触摸）都关联一个特定的线。我们将使用自定义的 UIBezierPath 子类来存储线的信息，然后通过自定义视图的 drawRect 方法来绘制它们。我们也会处理来自于加速计传感器的事件从而允许用户通过晃动设备来擦除绘画。最后，我们将会截取 UIView 的内容作为

图 7.1　用涂鸦应用程序完成绘画

一个图片，将会传递给 UIActivityViewController 类用于分享、保存、复制和打印。

7.2 测试涂鸦应用程序

在本节中，我们将测试涂鸦应用程序，使用它来绘制一幅在雨中的花。

打开完整的工程

找到从本书示例代码解压出来的文件夹，并在其中找到 Doodlz 的子文件夹，双击 Doodlz. xcodeproj 文件在 Xcode 中打开该工程，然后在 iOS 模拟器上或者用户的 iOS 设备上运行该应用程序。

图 7.2　显示在工具栏的涂鸦应用程序选项

理解应用程序的各个选项

图 7.2 展示了包含该应用程序的各个选项的工具条。单击"Color"按钮会显示一个用来改变绘画颜色的用户界面。单击"Stroke"按钮会显示一个可以改变线条粗细的用户界面。用户每次单击"Undo"按钮，应用程序便会移除刚刚完成的线条。单击"Clear"按钮或者晃动设备也会显示一个对话框，问用户是否选择删除整幅涂鸦，也可以选择取消。单击分享（ ） 图标会显示一个 UIActivityViewController 类，它用来分享、保存、复制和打印涂鸦。下面仔细讲述每一个选项。

将绘制的颜色修改为红色

改变刷子的颜色，首先单击在工具栏中的"Color"按钮来显示 Choose Drawing Color 对话框（见图 7.3）。颜色使用的 ARGB 的配色方案定义，其中透明度（Alpha）、红色（Red）、绿色（Green）和蓝色（Blue）都是从 0.0 到 1.0 之间的浮点数，透明度值为 0.0 意味着完全透明，1.0 意味着完全不透明。对于红色、绿色、蓝色，0.0 意味着没有颜色，1.0 意味着是该颜色的最大值。用户界面中的透明度、红色、绿色和蓝色都是由滑动条构成的，允许用户在画图中选择透明度和各种颜色，可以通过拖动滑动条来改变颜色。在这个应用程序中通过设置视图的背景色可以不断地显示新的颜色。通过拖动红色滑动条到最右端可以选择红色，如图 7.3 所示。单击"Done"按钮关闭对话框并返回到绘图区。

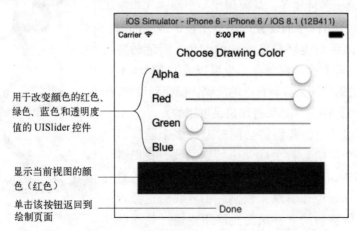

图 7.3　将绘制的颜色修改为红色

改变线条的宽度

为了改变线的粗细，需要单击工具栏的"Stroke"按钮，它会显示 Choose Stroke Width 对话框（见图 7.4）。拖动滑动条到最右端，线条就会变最粗。单击"Done"按钮，返回到绘画区域。

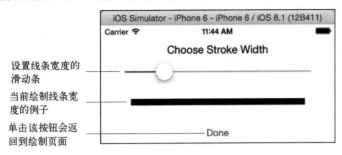

图 7.4　改变线条的宽度

绘制花的花瓣

当使用模拟器时，拖动用户的手指或者鼠标在屏幕上绘制花瓣（见图 7.5）。

将刷子的颜色改变为深绿色

单击"Color"按钮会显示选择绘制颜色的对话框。要选择深绿色，只需要拖动绿色滑动条到中间，并确保红色和蓝色的滑动条在最左边即可。

改变线条的宽度并绘制花的茎和叶

单击"Stroke"按钮会显示 Choose Stroke Width 对话框。拖动滑动条到最右端可以让线条变粗，然后开始绘制花的茎和叶子。接下来，选择轻淡的绿色和稍微粗点的线条，绘制草（见图 7.6）。

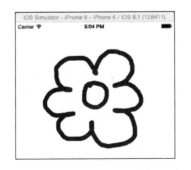

图 7.5　绘制花的花瓣

图 7.6　绘制花的茎和草

将刷子的颜色修改为半透明蓝

在图 7.7 中展示了将刷子的颜色改为半透明蓝色，且选择细线条，然后绘制雨滴来完成涂鸦，它和图 7.1 中出现的图画相似。

对于绘制的涂鸦用户可以进行的一些操作

单击工具栏中的分享（ ）图标会显示 UIActivityViewController 类，它表示对于这个涂鸦可以进行的一些操作（见图 7.8）。

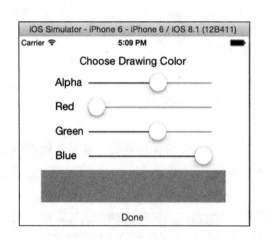

图 7.7　将线条的颜色修改为蓝色
并缩小线条的宽度

图 7.8　UIActivityViewController
显示的一些操作

根据安装应用程序的设备和用户已经登录的社交网络，显示的分享操作也会不同。有时每一行可以显示更多的图标，用户可以左右滑动来查看其他选项。底部的一行中包含对于存储图片的一些操作选项（可以查看照片应用程序或者在其他应用程序中访问设备存储的照片），主要包括复制到剪贴板（可以将图片粘贴到其他应用程序）和打印功能。可以在设备或者模拟器上实验这些功能。如果在模拟器上保存图片，可以用模拟器的硬件菜单的主页选项回到主屏幕，然后可以运行图片应用程序来查看图片。当用户试着第一次保存图片时，iOS 系统会询问用户是否允许这么做。

保存并打印的应用程序接口

在这个应用程序中，我们让 UIActivityViewController 类处理保存和打印图片的各种细节，但是 iOS 也提供了相关的接口，用户可以在应用程序中使用这些接口与文件系统和打印系统一起工作。关于文件系统应用程序接口的更多信息请查看苹果公司的文件系统编程指南：

http://bit.ly/iOSFileSystemProgramming

关于打印的应用程序接口的更多信息请查看苹果公司的 iOS 绘图和打印指南：

http://bit.ly/iOSDrawingAndPrinting

晃动擦除

正如我们前面提到的，用户可以晃动自己的设备以显示删除确认对话框（见图 7.9）。在模拟器中，用户可以单击硬件（Hardware）菜单中的晃动手势（Shake Gesture）选项来测试。单击"Delete"按钮可擦除涂鸦或者单击"Cancel"按钮保存这个涂鸦。

图 7.9　删除当前绘画的对话框

模拟多点触摸

正如我们之前提到的，用户可以一次用一个或者多个手指来绘画。在 iOS 模拟器中，用户可以一次触摸两个点来测试多点触摸。为了实现这个效果，我们可以按住 option 键并拖动鼠标来绘画。模拟器上会显示两个圆圈表示模拟的接触点（见图 7.10）。鼠标的光标会出现在其中一个上面，它会跟着鼠标一起移动。另外一个圆圈会模仿鼠标的移动。通过按住 Shift 键可以同时移动两个触摸点。

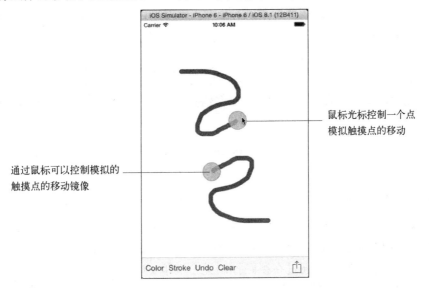

图 7.10　iOS 模拟器上的多点触摸

7.3　技术总览

本节将介绍我们在涂鸦应用程序中使用的新技术。

7.3.1　用 UIView 的子类，drawRect 方法、UIBezierPath 类和 UIKit 图形系统来进行绘图

iOS 提供 OpenGL、Quartz、UIKit 和 Core Animation 这几种绘图的技术。在苹果公司的 iOS 的绘图和打印指南中有详细描述：

> http://bit.ly/DrawingAndPrintingGuide

OpenGL 是一个开源的图形框架，它可用于许多操作系统。Quartz 和 Core Animation 是

iOS 和 OS X 系统特有的。UIKit 框架是 iOS 系统特有的，但是许多 UIKit 框架中的特性在 OS X 的 AppKit 框架中也存在。在这个应用程序中，我们将使用 UIKit 图形系统中内建的高级别的绘图功能，所有的 UIView 类通过 drawRect 方法来支持。我们也可以使用 UIKit 提供的一些图形处理函数来截取自己的涂鸦并存储为一张图片（在 7.3.4 节中讨论）。

UIView 的 drawRect 方法

为了执行自定义的绘制，用户可以创建自己的 UIView 的子类，并覆写它的 drawRect 方法，将在 7.7.4 节至 7.9.1 节中实现。当展现在屏幕上时，iOS 会调用 UIView 的 drawRect 方法。drawRect 方法接受一个 CGRect 对象，它表示 UIView 需要重绘的部分。整个 UIView 是第一次被显示时绘制的，但是可能只有很小的一部分最终才会调用 drawRect 方法。例如，如果用户画一条短线，只有这个包含线的矩形区域才会被重绘。

UIBezierPath 类和图形上下文

UIKit 框架提供了 UIBezierPath 类来表示线、弧形和曲线。这个类的 stroke 方法会绘制特定的 UIBezierPath 对象。绘制依赖于图形上下文，它提供当前的绘制颜色和要绘制的矩形区域，通常用左上角的坐标作为基准。对于一个 UIView 的子类，会创建一个 drawRect 方法，它使用图形上下文并且被绘制在 UIView 的 CALayer 对象中。CALayer 类是 Core Animation 框架的一部分（是 Quartz Core 框架的一个子集），并管理图片内容的渲染，比如自定义绘画。它也被用来做图片内容的动画。了解更多信息，请参考苹果公司的 Core Animation 编程指南：

http://bit.ly/CoreAnimationProgrammingGuide

7.3.2　处理多点触摸事件

我们可以在屏幕上通过拖动一个或者多个手指来绘画。在应用程序中将每个独立的手指的相关信息都存储在一个自定义的 UIBezierPath 子类中，它也用于储存路径的颜色。在 6.3.8 节中读者已经了解到，通过在视图控制类中继承 UIResponder 类并覆写继承的方法可以处理触摸事件。在大炮应用程序中，我们覆写了 touchesBegan 方法，当用户触摸屏幕来发射大炮时来便会被通知到。在这个应用程序中，将覆写以下方法。

- 当用户在屏幕上移动手指时，touchesMoved 方法用来追踪触摸。
- 当用户从屏幕上挪开手指时，touchesEnded 方法会完成一个涂鸦（一个 UIBezierPath 子类储存线条的颜色）。
- 如果 iOS 取消触摸事件，touchesCancelled 方法会移除正在绘制的涂鸦。例如，当用户接到一个电话。

当用户移动手指时，在用户手指触摸到屏幕至用户移除手指这一段时间内，触摸事件会被同一个 UITouch 对象维持。我们将用 UITouch 对象来追踪涂鸦的绘制，这个对象被当作字典的键传递给 touchesBegan、touchesMoved 和 touchesEnded 方法。

7.3.3　监听移动事件

在这个应用程序中，我们可以通过晃动设备来擦除自己的涂鸦，iOS 设备有一个加速度计，允许应用程序来检测设备是否在运动。目前 iOS 支持的其他传感器（但不是所有的 iOS 设备）包括距离、光强度、水分、陀螺仪、GPS、磁强计、测高计、气压计。在 7.5.4 节，我们将覆写 UIResponder 类的 motionEnded 方法来处理一个晃动事件。iOS 的 Core Motion 框架提供了额外的运动事件处理功能。要了解更多的信息，请查看苹果公司的 Core Motion 框架指南：

> http://bit.ly/CoreMotionFramework

7.3.4　将绘制作为一个图片进行显示

就像在测试应用程序时看到的那样，单击工具栏的分享（ ）图标会显示一个 UIActivityViewController 类，用于分享、保存、复制、打印涂鸦。所有这些选项需要应用程序首先生成一个代表图片的 UIImage 对象。

绘图操作总是在当前的图形上下文中进行。iOS 在一个堆栈中维护图形上下文。当在 UIView 子类的 drawRect 方法中进行绘制时，它会为我们创建图形上下文并放置在栈的顶部。也可以使用 UIKit 的函数来创建自己的图形上下文，每一个新创建的图形上下文都会被放置在堆栈的顶部，当用户在进行绘制操作时，它就会变成当前的图形上下文。

在 7.7.6 节，我们将创建一个计算属性（5.5.4 节已经介绍）来将应用程序的 DoodleView 的内容渲染成一张图片并返回。这个图片被用来初始化 UIActivityViewController 类，它会分享、保存、复制和打印这个图片。我们将会用 UIKit 的函数来创建一个绘制的上下文，让应用程序可以将绘制变成一张图片，将 DoodleView 的内容放进这个图片，并将这个图片作为一个 UIImage 对象和图形上下文环境的资源一起返回给系统。

7.3.5　Storyboard 加载初始化

读者可以看到，我们可以在 Storyboard 中设计应用程序的用户界面。当这样做时，Xcode 会将这些视图控制器的视图相关设置都归档到文件中。当一个视图控制器被创建时，它的初始化程序会接受一个 NSCoder 对象

> required init(coder aDecoder: NSCoder)

被调用去加载并反序列化归档文件，它根据用户在 Storyboard 中定义的设置来重新创建视图控制器。对于每一个被其父视图控制器序列化的视图，都会调用同样的初始化方法。对于这个应用程序中的一些类，我们将会覆写默认的初始化方法并执行一些额外的任务。

7.4　创建应用程序的用户界面和添加自定义类

在本节中，我们将创建工程，设计 Storyboard，创建 Storyboard 中视图控制器的类并为各种用户界面控件创建 Outlet 属性和行为方法。

7.4.1　创建工程

首先，创建一个新的单视图应用程序工程。在新工程的选项页中做如下设置。

- Product：Doodlz。
- Organization Name：Deitel & Associates，Inc.，或者用自己的组织名称。
- Company Identifier：com. deitel，或者使用自己公司的标识符。
- Language：Swift。
- Devices：Universal。

设置好之后，单击"Next"按钮，会出现一个保存工程的目录位置，单击"Create"按钮完成创建操作。

竖屏

这个应用程序被设计为只支持竖屏。在 Xcode 的编辑区域，选择工程设置的通用栏并滑动到发布信息那一段，在设备的方向中选中竖屏。

应用程序图标

正如在前面的应用程序所做的那样，将程序图标添加到该工程的资源目录。

7.4.2　创建初始化视图控制器的用户界面

本节，我们将创建初始化视图控制器的用户界面，它由 ViewController 类来管理（见 7.5 节）。我们将会创建一个 DoodleView 类，它是自定义的 UIView 的子类，然后指定 DoodleView 类作为用户绘画的视图。图 7.11 显示了完整的用户界面。

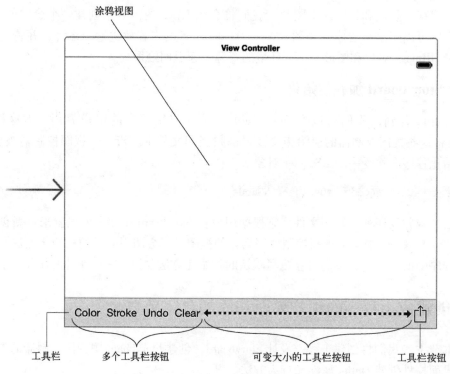

图 7.11　用于初始化视图控制器的用户界面

打开 Storyboard 并执行下面的步骤。

1. 从对象库拖动一个工具栏到视图控制器的底部。最开始，工具栏只包含一个标题。

2. 从对象库中拖动 5 个导航栏按钮到工具栏中。Interface Builder 会自动将它们从左到右按照要求的间距依次放置。

3. 选择第 1 个工具栏按钮，并设置它的标题属性为 Color。

4. 选择第 2 个工具栏按钮，并设置它的标题属性为 Stroke。

5. 选择第 3 个工具栏按钮，并设置它的标识符为 Undo。注意，Xcode 会为一些工具栏按钮提供一些预定义的标识符值。有一些显示为文本，有一些是图标。

6. 选择第 4 个工具栏按钮，设置它的标题属性为 Clear。

7. 选择第 5 个工具栏按钮，并设置它的标识符为可变间距。它意味着插入了一个可变空间，让最后一个按钮挤到了工具栏的最右边。

8. 选择最后一个工具栏按钮，并设置它的标识符为行为，它会显示一个分享图标（ ）。

9. 接下来，拖动一个视图到视图控制器上，并让它垂直和水平方向居中，这个区域就是绘制区域。Interface Builder 会自动改变视图的大小，以便填充整个空间。

配置自动布局的约束

对于这个视图控制器的自动布局约束，只需要在文档大纲中选择场景视图，然后在 Storyboard 底部的解决自动布局约束菜单中选择添加缺失的约束，然后保存 Storyboard。

添加 DoodleView 类并将它设置为一个视图类

在第 9 步添加的视图是应用程序的绘制区域。它是一个 DoodleView 类的对象，UIView 的子类（见 7.7 节）。用我们在先前学到的技术创建一个新的 Cocoa Touch 类并将其命名为 DoodleView，它继承于 UIView。接下来，选择在第 9 步添加的视图，然后在标识符查看器中设置它的类属性为 DoodleView。当 Storyboard 被加载并创建用户界面时，这个视图会被创建作为一个 DoodleView 对象。

设置 ViewController 类的 @IBOutlet 属性和 @IBActions 方法

用辅助编辑器在 ViewController 类中创建一个 DoodleView 类的 @IBOutlet 属性，将其命名为 doodleView。然后创建如下的 @IBActions 方法。

- "Undo" 按钮的 undoButtonPressed 方法。
- "Clear" 按钮的 clearButtonPressed 方法。
- "Bar Butoon Item" 按钮的 actionButtonPressed 方法。

我们将会在 7.5.3 节至 7.5.5 节看到这些方法的完整实现。

7.4.3 创建颜色视图控制器的用户界面

图 7.12 展示了 ColorViewController 类（见 7.8 节）完整的用户界面，它允许用户设置绘制颜色。

在 Storyboard 中，按照下面的步骤创建用户界面。

1. 拖动一个视图控制器到 Storyboard 中。

2. 从最初的视图控制器的 "Color" 按钮拖动到新的视图控制器，从而创建到这个新视图控制器的一个连线。在 Storyboard 中选中它，然后在属性查看器中设置它的标识符为 showColorChooser。

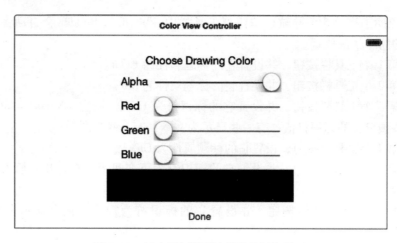

图 7.12　创建颜色视图控制器的用户界面

3. 用标签、滑动条、视图和按钮来设计图 7.12 中的用户界面。确定视图的背景色为黑色。每一个滑动条值的范围是 0.0~1.0，并且透明图滑动条的初始值是 1.0。

配置自动布局约束

对于这个视图控制器的自动布局约束：

1. 在文档大纲中选择颜色视图，然后在 Storyboard 底部的解决自动布局约束（Resolue Auto Layout Issues）菜单中选择添加缺失的约束 Add Missing Constraints 选项。我们将会移除这些约束中的 3 个，并添加其他的约束确保用户界面在其他设备上显示正确。

2. 选中 Alpha 标签，并在尺寸查看器中移除它距离父视图左间距的约束。

3. 选中被嵌套的视图，并在尺寸查看器中移除它距离父视图左间距的约束。

4. 选中"Done"按钮，并在尺寸查看器中移除它距离底部间距的约束。

5. 对于透明度、红色、绿色和蓝色标签和视图，分别控制拖动它们到选择绘制颜色的标签，并设置左间距约束。

6. 选择被嵌套的视图，并在自动布局的大头针菜单中设置高度约束。

添加 ColorViewController 类并将其定义为视图控制器类

创建一个 Cocoa Touch 类并将其命名为 ColorViewController，它继承于 UIViewController 类。接下来，选择刚刚添加的视图控制器，然后在标识符查看器中设置其类名为 ColorView-Controller。

配置 ColorViewController 类的 @IBOutlet 属性和 @IBAction 方法

用辅助编辑器，在 ColorViewController 中创建下面的 @IBOutlet 属性。

- alphaSlider 属性用于关联透明度标签右边的滑动条。
- redSlider 属性用于关联红色标签右边的滑动条。
- greenSlider 属性用于关联绿色标签右边的滑动条。
- blueSlider 属性用于关联蓝色标签右边的滑动条。
- colorView 属性用于滑动条下面的视图。

接下来，创建下面的 @IBActions 方法。

- 用于滑动条的 colorChanged 方法。我们可以控制拖动一个滑动条从而创建 colorChanged 方法，然后从其他滑动条拖动到这个方法。
- 用于"Done"按钮的 done 方法。

我们将会在 7.8.3 节看到完整的方法实现。

7.4.4 创建画笔视图控制器的用户界面

图 7.13 展示了 StrokeViewController 类（见 7.8 节）完整的用户界面，允许用户设置画笔的粗细。

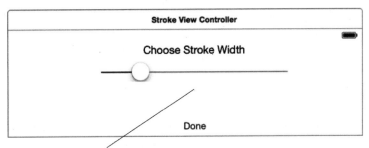

图 7.13 StrokeViewController 类的用户界面

在 Storyboard，执行以下步骤来建立用户界面。

1. 拖动一个视图控制到 Storyboard。

2. 从最初的视图控制器拖动到一个新的视图控制器从而创建新的连线。在 Storyboard 中选中它，然后在属性查看器中设置它的标识符值为 showStrokeWidthChooser。

3. 用一个标签、一个滑动条、一个视图和一个按钮来设计如图 7.13 所示的用户界面。滑动条的值应是 1～50，并且其初始值为 10，该视图的高度应为 50。

配置自动布局约束

设置这个视图控制器的自动布局约束。

1. 在文档大纲中选中场景的视图，然后在 Storyboard 底部的解决自动布局约束菜单中，选中添加丢失的约束项。

2. 选择"Done"按钮，然后在尺寸查看器中移除到底部间距的约束。

3. 选中滑动条下面的视图，然后在自动布局的大头针菜单中设置高度约束。

添加 StrokeViewController 类，并将它定义为视图控制器类

创建一个名称为 StrokeViewController 的 Cocoa Touch 类，它继承于 UIViewController。接下来，选择刚刚添加的视图控制器，在标识符查看器中设置类的名称为 StrokeViewController。

添加 SampleLineView 类，并将其定义为视图类

在 StrokeViewController 类中，滑动条下面的视图将会根据当前的线条宽度来显示一个示例线条。为了达到这个目的，我们将创建一个 UIView 的子类，其名字为 SampleLineView。在 StrokeViewController.swift 文件中，在 StrokeViewController 类中间添加以下代码。

```
class SampleLineView: UIView {
}
```

下一步，选择滑动条视图，然后在身份查看器中设置类属性为 SampleLineView。在 7.9.1 节中将完成这个类的定义。

配置 StrokeViewController 类的 @IBOutlet 和 @IBAction

用辅助编辑器设置 StrokeViewController 类的 @IBOutlet 属性和 @IBAction 方法，在 StrokeViewController 类中创建如下的 @IBOutlet 属性。

- 用于滑动条的 strokeWidthSlider 属性。
- 用于滑动条下面的 strokeWidthView 视图。

接下来，创建如下的 @IBAction 方法。

- 用于滑动条的 lineWidthChanged 方法。
- 用于"Done"按钮的 done 方法。

在 7.9.4 节将看到这些方法的完整实现。

7.4.5 添加涂鸦类

用户在应用程序中画的线作为涂鸦对象被储存。使用之前学到的技术，创建一个 Cocoa Touch 类，将其命名为 Squiggle，它继承于 UIBezierPath 类。在 7.6 节中，将会看到完整的类的定义。

7.5 ViewController 类

ViewController 类（见 7.5.1 节至 7.5.5 节）管理涂鸦应用程序的用户界面。该类提供了 @IBActions 方法来响应工具栏按钮的事件，覆写 UIResponder 类的 motionEnded 方法来响应晃动手势，它作为 ColorViewController（见 7.8 节）和 StrokeViewController 类（见 7.9 节）的委托。这两个类能够分别改变绘制的颜色和线条的粗细。

7.5.1 ViewController 类的定义、属性和委托方法

图 7.14 显示了 ViewController 类定义的开始部分。第 6~7 行表示这个类继承于 UIViewController 类并遵循 ColorViewControllerDelegate 协议（在 7.8.1 节定义）和 StrokeViewControllerDelegate 协议（在 7.9.2 节定义）。这些协议以逗号分隔紧跟在 UIViewController 的父类后面，该类提供了协议相关方法的实现（第 11~18 行）。回想一下 7.4.2 节，doodleView 属性指向 DoodleView 类，它是 UIView 的子类，我们已经在 Storyboard 中配置了。

ColorViewControllerDelegate 协议的 colorChanged 方法

第 11~13 行实现了 ColorViewControllerDelegate 协议的 colorChanged 方法，当用户设置一个新的绘画颜色时，ColorViewController 就会调用它。第 12 行设置了 doodleView 的 drawingColor 属性，将会在 7.7.1 节定义。

StrokeViewControllerDelegate 协议的 strokeWidthChanged 方法

第 16~18 行实现了 StrokeViewControllerDelegate 协议的 strokeWidthChanged 方法，当用户设置线条的粗细时就会调用 StrokeViewController 类。第 17 行设置 doodleView 的 strokeWidth 属性，在 7.7.1 节中将看到定义。

第 7 章 涂鸦应用程序

```
1   // ViewController.swift
2   // Handles the UIBarButtonItems' events and motion events;
3   // also sets DoodleView properties when user changes settings
4   import UIKit
5
6   class ViewController: UIViewController, ColorViewControllerDelegate,
7       StrokeViewControllerDelegate {
8       @IBOutlet var doodleView: DoodleView!
9
10      // called by ColorViewController when user changes the drawing color
11      func colorChanged(color: UIColor) {
12          doodleView.drawingColor = color
13      }
14
15      // called by StrokeViewController when user changes the stroke width
16      func strokeWidthChanged(width: CGFloat) {
17          doodleView.strokeWidth = width
18      }
19
```

图 7.14　ViewController 类的定义、属性和委托方法

7.5.2　覆写 UIViewController 类的 prepareForSeque 方法

正如在之前的应用程序中看到的，当应用程序将要从一个视图控制器连线到另外一个视图控制器时，UIViewController 类的 prepareForSegue 方法（见图 7.15）被调用。在这个应用程序的 storyboard 中定义两个连线标识符。

```
20      // set color or stroke width before presenting view controller
21      override func prepareForSegue(segue: UIStoryboardSegue,
22          sender: AnyObject?) {
23          // determine which segue is being performed
24          if segue.identifier == "showColorChooser" {
25              let destination = (segue.destinationViewController
26                  as ColorViewController)
27              destination.color = doodleView.drawingColor
28              destination.delegate = self
29          } else if segue.identifier == "showStrokeWidthChooser" {
30              let destination = (segue.destinationViewController
31                  as StrokeViewController)
32              destination.strokeWidth = doodleView.strokeWidth
33              destination.delegate = self
34          }
35      }
36
```

图 7.15　覆写 UIViewController 类的 prepareForSeque 方法

- "showColorChooser" 用于连线到 ColorViewController 类。
- "showStrokeWidthChooser" 用于连线到 StrokeViewController 类。

连线的目标控制器属性包含一个将要被展示的视图控制的引用。如果应用程序将要连线到 ColorViewController 类（第 24 行），第 25~26 行会将目标视图控制器转换为 ColorViewController 类，以便能设置它的颜色和委托属性（第 27~28 行）。这可以让我们传递信息到 ColorViewController 类，以便它能够配置它的用户界面并显示当前的绘制颜色（doodleView 对象的 drawingColor 属性）。ColorViewController 类使用它的委托属性来调用 colorChanged 方法

（从 ColorViewControllerDelegate 协议）。如果应用程序将要连线到 StrokeViewController 类（第 29 行），然后第 30～31 行会将目标视图控制器转换成 StrokeViewController 类，以便我们能设置它的线宽（第 32 行）和委托（第 33 行）属性。当用户设置新的线宽时，StrokeViewController 类会显示一个简单的线来呈现当前的线宽并调用 StrokeViewControllerDelegate 协议的 strokeWidthChanged 方法。

7.5.3 ViewController 类的 undoButtonPressed、clearButtonPressed 和 displayEraseDialog 方法

图 7.16 展示了在 7.4.2 节中创建的完整的 @IBActions 方法，它用于"Undo"和"Clear"按钮。当用户单击"Undo"按钮时，undoButtonPressed（第 38～40 行）方法会调用 DoodleView 的撤销方法（见 7.7.3 节）来移除最近绘制的线条。当用户单击"Clear"按钮时，clearButtonPressed 方法（第 43～45 行）会调用 displayEraseDialog 方法（第 48～67 行）来确认是否要丢弃绘画。displayEraseDialog 方法用在之前章节中学到的技术来显示一个 UIAlertController 对象，其中包含"Cancel"和"Delete"按钮。如果用户单击"Cancel"按钮，对话框就会消失。如果用户单击"Delete"按钮，deleteAction（第 61～63 行）便会调用 DoodleView 视图的清除方法（见 7.7.3 节），并移除所有绘制的线条。

```swift
37      // remove last Squiggle from DoodleView
38      @IBAction func undoButtonPressed(sender: AnyObject) {
39          doodleView.undo()
40      }
41
42      // confirm then clear current drawing
43      @IBAction func clearButtonPressed(sender: AnyObject) {
44          displayEraseDialog()
45      }
46
47      // displays a dialog asking for confirmation before deleting drawing
48      func displayEraseDialog() {
49          // create UIAlertController for user input
50          let alertController = UIAlertController(title: "Are You Sure?",
51              message: "Touch Delete to erase your doodle",
52              preferredStyle: UIAlertControllerStyle.Alert)
53
54          // create Cancel action
55          let cancelAction = UIAlertAction(title: "Cancel",
56              style: UIAlertActionStyle.Cancel, handler: nil)
57          alertController.addAction(cancelAction)
58
59          let deleteAction = UIAlertAction(title: "Delete",
60              style: UIAlertActionStyle.Default,
61              handler: {(action) in
62                  self.doodleView.clear()
63              })
64          alertController.addAction(deleteAction)
65          presentViewController(alertController, animated: true,
66              completion: nil)
67      }
68
```

图 7.16　ViewController 类的 undoButtonPressed、clearButtonPressed 和 displayEraseDialog 方法

7.5.4 覆写 UIResponder 的 motionEnded 方法

正如我们在 7.2 节讨论的，用户可以晃动设备来擦除绘画。图 7.17 显示了覆写的 motionEnded 方法。UIViewController 类间接继承于 UIResponder 类。这个方法接受如下两个参数。

- 一个 UIEventSubtype 类型的常量，表示事件的子类型。
- 表示发生事件的 UIEvent 对象。

```
69      // handles shake-to-erase
70      override func motionEnded(motion: UIEventSubtype,
71         withEvent event: UIEvent) {
72         if motion == UIEventSubtype.MotionShake {
73             displayEraseDialog()
74         }
75      }
76
```

图 7.17　覆写 UIResponder 的 motionEnded 方法

每一个 UIEvent 对象都有一个 UIEventType 枚举类型的属性，其值为触摸、运动和远程控制。UIEventSubtype 枚举提供的常量可以帮助用户进一步对事件进行分类。MotionShake 常量表示运动事件，如用户晃动设备。UIEventSubtype 也提供各种远程控制的常量，如许多耳机都集成了远程控制，用户可以控制 iOS 的音乐应用程序的播放、暂停和停止等。第 72 行判断是否事件是一个晃动手势。如果是，第 73 行会调用 displayEraseDialog 方法（见图 7.16）显示和确认对话框（见图 7.16），它和用户单击清除按钮时弹出的对话框是一样的。

7.5.5 ViewController 类的 actionButtonPressed 方法

图 7.18 展示了在第 7.5.5 节创建的完整@ IBAction 方法，它是分享按钮（）的行为方法。当用户单击这个按钮时，应用程序会显示一个 UIActivityViewController 类（在 4.6.6 节已经做了）用于分享、保存、复制和打印涂鸦。在这里，数组包含一个字符串和一个由 DoodleView 类返回的图片（见 7.7.6 节），当分享涂鸦时，这个字符串和图片会被包含在发送的消息中。

```
77      // display UIActivityViewController for saving, printing, sharing
78      @IBAction func actionButtonPressed(sender: AnyObject) {
79         let itemsToShare = ["Check out my doodle!", doodleView.image]
80         let activityViewController = UIActivityViewController(
81             activityItems: itemsToShare, applicationActivities: nil)
82         presentViewController(activityViewController,
83             animated: true, completion: nil)
84      }
85   }
```

图 7.18　ViewController 类的 actionButtonPressed 方法

7.6 Squiggle 类

Squiggle 类（见图 7.19）是 UIBezierPath 类的子类，用于存储线条的颜色（第 6 行）和路径信息，如组成路径的所有点。第 9～15 行是类的初始化程序，它设置 Squiggle 的颜色并调用父类的初始化方法，然后设置继承的 lineWidth、lineCapStyle 和 lineJoinStyle 属性。lineCapStyle 属性是一个 CGLineCap 对象，它定义路径末端点的外观，kCGLineCapRound 常量表示它们应该是圆形边框。lineJoinStyle 属性表示的是一个 CGLineJoin 常量，它定义了路径的组件是如何被连在一起的，其中 kCGLineJoinRound 常量表示它们圆形边框。关于线帽和线连接的完整常量列表，可以查看 CGPath 指南：

http://bit.ly/CGPathReference

```swift
1   // Squiggle.swift
2   // UIBezierPath subclass that also stores the drawing color
3   import UIKit
4
5   class Squiggle : UIBezierPath {
6       var color: UIColor
7
8       // configure the Squiggle's properties
9       init(color: UIColor, strokeWidth: CGFloat) {
10          self.color = color
11          super.init()
12          self.lineWidth = strokeWidth
13          self.lineCapStyle = kCGLineCapRound
14          self.lineJoinStyle = kCGLineJoinRound
15      }
16
17      // required initializer
18      required init(coder aDecoder: NSCoder) {
19          fatalError("init(coder:) has not been implemented")
20      }
21
22      // set Squiggle's color before drawing it
23      override func stroke() {
24          color.setStroke() // set the drawing color
25          super.stroke() // call superclass method to draw the UIBezierPath
26      }
27  }
```

图 7.19　存储绘制颜色的 UIBezierPath 子类

初始化方法的第 18～20 行是必需的，因为有了它们才能让类通过编译（已在 6.6 节讨论过）。

覆写 UIBezierPath 类的 stroke 方法

它根据当前的绘画颜色在当前图形上下文中绘制路径，在这个应用程序中，图形上下文环境是由 DoodleView 类控制的。第 23～26 行覆写 stroke 方法，以便它可以首先调用 UIColor 类的 setStroke 方法来设置当前的绘制颜色，然后调用父类的 stroke 方法显示绘制路径。正如在 7.7.4 节看到的，我们也覆写了 DoodleView 类的 drawRect 方法，用 DoodleView 类的图形上线文显示绘制图形。

7.7 DoodleView 类

正如我们在第 7.3 节了解的，自定义绘制主要是子类化 UIView 并覆写 drawRect 方法来定义自己的绘画。DoodleView 类（见 7.7.1 节至 7.7.6 节）是 UIView 的子类，管理 Squiggle 类并绘制它们，它也覆写了 UIResponder 类中处理触摸事件的方法。

7.7.1 DoodleView 的属性

图 7.20 显示了 DoodleView 类的属性。strokeWidth 和 drawingColor 属性没有声明为私有，当用户改变线条宽度或者绘画颜色时，ViewController 类就会设置它们。finishedSquiggles 属性将绘制的线条存储为一个数组对象。currentSquiggles 属性是一个字典，其中键是 UITouch 对象，值是绘制的对象。当用户触摸屏幕去绘制时，从用户手指触摸屏幕到从屏幕上移除，一个单独的 UITouch 对象会代表每一个手指。对于一个手指，我们用每一个 UITouch 对象来标识相应绘制对象，以便新的线条可以被放到正确的绘制对象上。

```swift
1   // DoodleView.swift
2   // UIView subclass for drawing Squiggles and handling touch events
3   import UIKit
4
5   class DoodleView: UIView {
6       var strokeWidth: CGFloat = 10.0
7       var drawingColor: UIColor = UIColor.blackColor()
8       private var finishedSquiggles: [Squiggle] = []
9       private var currentSquiggles: [UITouch : Squiggle] = [:]
10
```

图 7.20 DoodleView 的属性

7.7.2 DoodleView 的初始化方法

图 7.21 显示了 DoodleView 类的初始化方法。回想一下 7.3.5 节，Storyboard 用这个初始化方法来初始化其中创建的视图对象。第 14 行设置继承于 UIView 的 multipleTouchEnabled 属性为真，让这个类可以响应多点触摸事件（见 7.7.5 节）。默认情况下，这个属性为假，它一次只会响应一个触摸。

```swift
11      // initializer
12      required init(coder aDecoder: NSCoder) {
13          super.init(coder: aDecoder)
14          self.multipleTouchEnabled = true // track multiple fingers
15      }
16
```

图 7.21 DoodleView 的初始化方法

7.7.3 DoodleView 类的 undo 和 clear 方法

图 7.22 显示了 DoodleView 类的 undo 和 clear 方法，当用户单击 ViewController 类的"Undo"按钮和"Clear"按钮时就会调用它们。undo 方法（第 18~23 行）会在确保在最终

的绘画不为空的情况下，调用数组的 removeLast 方法来移除最近一次的绘画。所以，即便用户同时用多个手指同时绘制了多个线条，这些线条也会被单独存储在 finishedSquiggles 集合中。无论哪个线条，只是要最后一个，都会是第一个被撤销的。

```
17    // called by ViewController to remove last Squiggle
18    func undo() {
19        if finishedSquiggles.count > 0 {
20            finishedSquiggles.removeLast()
21            self.setNeedsDisplay()
22        }
23    }
24
25    // called by ViewController to remove all Squiggles
26    func clear() {
27        finishedSquiggles.removeAll()
28        self.setNeedsDisplay()
29    }
30
```

图 7.22　DoodleView 类的 undo 和 clear 方法

第 21 行调用了继承于 UIView 的 setNeedsDisplay 方法来告知系统 DoodleView 类需要重新绘制。它的 drawRect 方法（见 7.7.4 节）便会被调用来重新显示剩下的线条。通过调用数组的 removeAll 方法，clear 方法（第 26~29 行）便会清空 finishedSquiggles 数组，然后调用 UIView 类的 setNeedsDisplay 方法来告知 iOS 系统 DoodleView 类需要重新绘制。

7.7.4　覆写 UIView 的 drawRect 方法

在视图中自定义绘制就是执行 drawRect 方法（见图 7.23），当一个视图需要被显示或者重新被显示时，iOS 系统会调用这个方法。第 33~35 行是遍历 finishedSquiggles 数组并调用 stroke 方法在 DoodleView 上绘制的。接下来，第 37~39 行是遍历 currentSquiggles 字典的值，也就是当前被绘制的线条，并调用 stroke 方法来绘制它们。

```
31    // draws the completed and in-progress Squiggles
32    override func drawRect(rect: CGRect) {
33        for squiggle in finishedSquiggles {
34            squiggle.stroke()
35        }
36
37        for squiggle in currentSquiggles.values {
38            squiggle.stroke()
39        }
40    }
41
```

图 7.23　覆写 UIView 的 drawRect 方法

7.7.5　覆写 UIResponder 类的处理触摸事件的方法

UIView 类继承于 UIResponder 类，它提供了相关的属性和方法用于处理触摸、运动和远程控制事件。图 7.24 显示了 DoodleView 类中覆写了 UIResponder 类处理触摸事件的方法。

```
42          // adds new Squiggles to Dictionary currentSquiggles
43          override func touchesBegan(touches: NSSet, withEvent event: UIEvent) {
44              for touch in touches.allObjects as [UITouch] {
45                  let squiggle =
46                      Squiggle(color: drawingColor, strokeWidth: strokeWidth)
47                  squiggle.moveToPoint(touch.locationInView(self))
48                  currentSquiggles[touch] = squiggle
49              }
50          }
51
52          // updates existing Squiggles in Dictionary currentSquiggles
53          override func touchesMoved(touches: NSSet, withEvent event: UIEvent) {
54              for touch in touches.allObjects as [UITouch] {
55                  currentSquiggles[touch]?.addLineToPoint(
56                      touch.locationInView(self))
57                  setNeedsDisplay()
58              }
59          }
60
61          // adds finalized Squiggles to Array finishedSquiggles
62          override func touchesEnded(touches: NSSet, withEvent event: UIEvent) {
63              for touch in touches.allObjects as [UITouch] {
64                  if let squiggle = currentSquiggles[touch] {
65                      finishedSquiggles.append(squiggle)
66                  }
67                  currentSquiggles[touch] = nil // delete touch from Dictionary
68              }
69          }
70
71          // if touches interruped by iOS, removes in-progress Squiggles
72          override func touchesCancelled(touches: NSSet!,
73              withEvent event: UIEvent!) {
74              currentSquiggles.removeAll()
75          }
76
```

图 7.24 覆写 UIResponder 类的处理触摸事件的方法

touchesBegan 方法

回想一下 6.9.6 节的 touchesBegan 方法，当一个或者多个新的触摸行为开始时，iOS 会调用 touchesBegan 方法（第 43~50 行）并传递一个 NSSet 对象，其中包含了代表每一个触摸点的 UITouch 对象。该方法会遍历这些 UITouch 对象并对每一个对象做如下事情。

- 用当前的颜色和线条宽度创建一个新的 Squiggle 对象（第 45~46 行）。
- 调用 Squiggle 对象的 moveToPoint 方法（继承于 UIBezierPath 类）来指定绘图的起点。
- 插入一个新的键-值对到 currentSquiggle 字典，UITouch 对象是键，Squiggle 对象是值。UITouch 对象最终会被用在 touchesMoved 和 touchesEnded 方法中来查找对应的 Squiggle 对象。

每一个 UITouch 对象都包含一个表示触摸事件发生的点。当设置一个绘画的起点时，第 47 行使用了 UITouch 的 locationInView 方法来判断触摸点与自己左上角的距离（如 DoodleView 类）。

touchesMoved 方法

当一个或者更多个触摸移动时，也就是用户拖动一个或者多个手指，iOS 系统会调用

touchesMoved 方法（第 53 ~ 59 行）并传递一个 NSSet 对象，它包含表示触摸新位置的 UITouch 对象。这个方法会遍历所有的 UITouch 对象并对每一个执行如下操作。

- 获取对应于 UITouch 对象的 Squiggle 对象，通过调用 Squiggle 对象的 addLineToPoint 方法（继承于 UIBezierPath）添加从先前的点到当前点的线条。
- 调用继承于 UIView 的 setNeedsDisplay 方法表明 DoodleView 视图需要重绘。

第 55 行使用字典的下标操作符根据一个给定的 UITouch 对象来查找对应的绘图。回想一下，下标操作符会返回一个字典的可选值类型（在这里就是绘图）。正是由于这个原因，在调用 addLineToPoint 方法之前，我们使用可选值链来确保返回值不为 nil。

touchesEnded 方法

当一个或者多个触摸行为结束时，也就是用户从屏幕移除一个或者多个手指，iOS 会调用 touchesEnded 方法（第 62 ~ 69 行）并传递一个 NSSet 对象，它包含了表示新触摸点的 UITouch 对象。这个方法会遍历所有的 UITouch 对象并对每一个执行如下操作。

- 从字典（第 64 行）获取对应 Squiggle 对象并将其添加到 finishedSquiggle 数组（第 65 行）。
- 通过设置给定键对应的值为 nil，从而从字典中移除键 – 值对。

touchesCancelled 方法

当用户绘制线条时，触摸事件可能被其他资源中断，如电话。对于这种情况，iOS 系统会调用 touchesCancelled 方法（第 72 ~ 75 行）以便应用程序可以取消触摸事件。对于这个应用程序，通过调用字典的 removeAll 方法可以移除字典中所有的键 – 值对，以便我们可以取消所有的绘制线条。

7.7.6 DoodleView 的图片计算属性

当用户触摸分享图标（）显示一个 UIActivityController 类用于分享、保存、复制或者打印时，ViewController 类会访问 DoodleView 类的计算属性（见图 7.25），它会返回一个包含绘制的图片。这个属性使用了 UIKit 框架的一些函数来管理图形上下文用于 DoodleView 绘制的图片。

```
77    // computed property that returns UIImage of DoodleView's contents
78    var image: UIImage {
79        // begin an image graphics context the size of the DoodleView
80        UIGraphicsBeginImageContextWithOptions(
81            self.bounds.size, true, 0.0)
82
83        // render DoodleView's contents into the image graphics context
84        self.layer.renderInContext(UIGraphicsGetCurrentContext())
85
86        // get the UIImage from the image graphics context
87        let newImage = UIGraphicsGetImageFromCurrentImageContext()
88        UIGraphicsEndImageContext() // end the image graphics context
89        return newImage
90    }
91 }
```

图 7.25　DoodleView 的图片计算属性

UIKit 框架的 UIGraphicsBeginImageContextWithOptions（第 80～81 行）函数会创建图形上下文。第一个参数是将要被创建的位图图片的尺寸，在这里，是 DoodleView 类的尺寸。第二个参数是判断位图图片是否透明。最后一个参数是允许是通过特定的像素点来缩放图片。设置为 0.0 表示图片和屏幕有同样的缩放比例。

接下来，第 84 行访问继承自父类的 layer 属性，它是一个 CALayer 对象，DoodleView 的自定义绘制就在它上面进行。CALayer 类的 renderInContext 方法接受一个图形上下文作为它的参数，并将 UIView（这里是 DoodleView 类）的内容渲染到图形上下文中。UIKit 的 UIGraphicsGetCurrentContext 函数会返回在第 80～81 行创建的当前的图形上下文。

第 87 行调用 UIKit 的 UIGraphicsGetImageFromCurrentContext 函数，它会返回一个正在绘制的图片对象。第 88 行调用 UIKit 的 UIGraphicsEndImageContext 函数，它会终止第 80～81 行创建的图形上下文，并将资源返回给系统。最后，第 89 行会返回一个图片对象。关于 UIKit 相关函数的更多细节，请查看苹果公司的 UIKit 函数指南：

http://bit.ly/UIKitFunctionReference

7.8 ColorViewController 类

7.8.1 节至 7.8.3 节展示了 ColorViewController 类，它让用户可以选择最终绘制的线条颜色。

7.8.1 ColorViewControllerDelegate 协议和 ColorViewController 类的开始部分

图 7.26 中，第 6～8 行定义了 ColorViewControllerDelegate 协议。ViewController 类遵循这个协议，以便当用户改变颜色时它能够更新 DoodleView 视图的 drawingColor 属性，第 10 行是 ColorViewController 类定义的开始部分。我们在 7.4.3 节创建了一个 @IBOutlet 属性（第 11～15 行）。第 17～18 行定义了颜色和委托属性，当 ColorViewController 将要被执行时，

```
1   // ColorViewController.swift
2   // Manages UI for changing the drawing color
3   import UIKit
4
5   // delegate protocol that class ViewController conforms to
6   protocol ColorViewControllerDelegate {
7       func colorChanged(color:UIColor)
8   }
9
10  class ColorViewController: UIViewController {
11      @IBOutlet weak var alphaSlider: UISlider!
12      @IBOutlet weak var redSlider: UISlider!
13      @IBOutlet weak var greenSlider: UISlider!
14      @IBOutlet weak var blueSlider: UISlider!
15      @IBOutlet weak var colorView: UIView!
16
17      var color: UIColor = UIColor.blackColor()
18      var delegate: ColorViewControllerDelegate? = nil
19
```

图 7.26 ColorViewControllerDelegate 协议和 ColorViewController 类的开始部分

ViewController 类会设置它们（见 7.5.2 节）。委托属性被声明为可选值（?），因为它在 ColorViewController 对象被初始化之后才会被设置。

7.8.2 覆写 UIViewController 类的 viewDidLoad 方法

当 ColorViewController 显示时，在 viewDidLoad 方法（见图 7.27）中为用户界面设置颜色。第 25～28 行是为颜色的红、绿、蓝和透明度定义浮点数值。接下来，我们从颜色属性获得颜色组件，它们是 ViewController 类准备执行连线时设置的（见 7.5.2 节）。从第 25～28 行的变量被传递给 UIColor 类的 getRed 方法（第 29 行），它接受 4 个参数，它们会被存储在 UIColor 的组件中。这个方法将 UIColor 的红、绿、蓝和透明度组件解压，并将它们赋值给调用者。在 Swift 中，当变量作为一个引用传递时，必须用 & 符号开头，否则就会编译错误。第 31～34 行用第 29 行获取的变量来设置滑动条的值属性。第 35 行会设置 colorView 对象的背景色为当前绘制的颜色。

```
20      // when view loads, set UISliders to current color component values
21      override func viewDidLoad() {
22          super.viewDidLoad()
23
24          // get components of color and set UISlider values
25          var red: CGFloat = 0.0
26          var green: CGFloat = 0.0
27          var blue: CGFloat = 0.0
28          var alpha: CGFloat = 0.0
29          color.getRed(&red, green: &green, blue: &blue, alpha: &alpha)
30
31          redSlider.value = Float(red)
32          greenSlider.value = Float(green)
33          blueSlider.value = Float(blue)
34          alphaSlider.value = Float(alpha)
35          colorView.backgroundColor = color
36      }
37
```

图 7.27 覆写 UIViewController 类的 viewDidLoad 方法

7.8.3 ColorViewController 的 colorChanged 和 done 方法

图 7.28 展示了在 7.4.3 节创建的完整的 @IBActions 方法，用于 ColorViewController 类的滑动条和按钮。当用户移动滑动条时，colorChanged 方法（第 39～46 行）通过颜色对象的红、绿、蓝和透明度组件（第 40～44 行）初始化一个 UIColor 对象并赋值给 colorView 对象的 backgroundColor 属性。第 45 行会存储当前的颜色。UIView 的 backgroundColor 属性是一个可选值颜色对象，它的默认值是 nil（表示 UIView 是透明的）。我们用"!"来显式地拆包可选值，colorView 的 backgroundColor 属性不会为 nil，因为当 ColorViewController 被初始化显示时，在 viewDidLoad 方法中设置了它的值。当用户单击"Done"按钮，done 方法（第 49～54 行）会调用委托的 colorChanged 方法，它会更新用户在 DoodleView 中绘制的最终线条的颜色。

```
38      // updates colorView's backgroundColor based on UISlider values
39      @IBAction func colorChanged(sender: AnyObject) {
40          colorView.backgroundColor = UIColor(
41              red: CGFloat(redSlider.value),
42              green: CGFloat(greenSlider.value),
43              blue: CGFloat(blueSlider.value),
44              alpha: CGFloat(alphaSlider.value))
45          color = colorView.backgroundColor!
46      }
47
48      // returns to ViewController
49      @IBAction func done(sender: AnyObject) {
50          self.dismissViewControllerAnimated(true) {
51              self.delegate?.colorChanged(self.color)
52              return
53          }
54      }
55  }
```

图 7.28 ColorViewController 类的 colorChanged 和 done 方法

7.9 StrokeViewController 类

7.9.1 节至 7.9.4 节展示了 StrokeViewController 类，它让用户可以选择绘制线条的宽度。

7.9.1 UIView 的 SampleLineView 子类

我们需要一个自定义的 UIView 子类来允许用户进行绘制，StrokeViewController 类需要一个自定义的 UIView 子类来显示一个示例线条，用它来展示当前的线条的厚度。SampleLineView 类（见图 7.29）是一个 UIView 的子类，包含一个用于展示示例线条的 UIBezierPath 类（第 7 行）。

```
1   // StrokeViewController.swift
2   // Manages the UI for changing the stroke width
3   import UIKit
4
5   // UIView subclass for drawing the sample line
6   class SampleLineView : UIView {
7       var sampleLine = UIBezierPath()
8
9       // configures UIBezierPath for sample line
10      required init(coder aDecoder: NSCoder) {
11          super.init(coder: aDecoder)
12          let y = frame.height / 2
13          sampleLine.moveToPoint(CGPointMake(10, y))
14          sampleLine.addLineToPoint(CGPointMake(frame.width - 10, y))
15      }
16
17      // draws the UIBezierPath representing the sample line
18      override func drawRect(rect: CGRect) {
19          UIColor.blackColor().setStroke()
20          sampleLine.stroke()
21      }
22  }
23
```

图 7.29 UIView 的 SampleLineView 子类

在 Storyboard 中，我们定义了一个 SampleLineView 类对象作为 ColorViewController 类的用户界面的一部分。这个对象的初始化是通过调用，接受一个 NSCoder 对象的初始化方法。第 12 行确定 UIBezierPath 对象要显示的 y 轴坐标，它是 SampleLineView 视图高度的一半以便示例线条可以垂直居中。接下来，第 13 行定义了示例线条的起点，第 14 行添加从起点到终点的线条。覆写 UIView 的 drawRect 方法（第 18~21 行）设置绘制的颜色为黑色（第 18 行），然后调用 sampleLine 对象的 stroke 方法来显示 UIBezierPath 对象。

7.9.2 StrokeViewControllerDelegate 协议和 StrokeViewController 类的开始部分

图 7.30 中，第 25~27 行定义了 StrokeViewControllerDelegate 协议。Class ViewController 类遵循了这个协议以便当用户改变线条的厚度时，它可以更新 DoodleView 类的 strokeWidth 属性。第 29 行是 StrokeViewController 类定义的开始部分。我们在 7.4.4 节创建了 @IBOutlet 属性。第 32~33 行定义了委托和线宽属性，当连线到 StrokeViewController 类将要被执行时（见 7.5.2 节），ViewController 类会设置这两个属性。

```
24    // delegate protocol that class ViewController conforms to
25    protocol StrokeViewControllerDelegate {
26        func strokeWidthChanged(width: CGFloat)
27    }
28
29    class StrokeViewController: UIViewController {
30        @IBOutlet weak var strokeWidthSlider: UISlider!
31        @IBOutlet weak var strokeWidthView: SampleLineView!
32        var delegate: StrokeViewControllerDelegate? = nil
33        var strokeWidth: CGFloat = 10.0
34
```

图 7.30 StrokeViewControllerDelegate 协议和 StrokeViewController 类的开始部分

7.9.3 覆写 UIViewController 类的 viewDidLoad 方法

当 StrokeViewController 被显示时，在 viewDidLoad 方法（见图 7.31）中配置线条的宽度。第 38 行通过设置 strokeWidthSlider 的值属性可以改变线条的宽度，当准备执行连线时，ViewController 类会设置它（见 7.5.2 节）。第 39 行设置 strokeWidthView 视图的 sampleLine 的线宽属性，并在该视图上调用 setNeedsDisplay 方法，这表示 strokeWidthView 视图需要重绘，并调用 SampleLineView 视图的 drawRect 方法来更新示例线条。

```
35    // configure strokeWidthSlider and redraw strokeWidthView
36    override func viewDidLoad() {
37        super.viewDidLoad()
38        strokeWidthSlider.value = Float(strokeWidth)
39        strokeWidthView.sampleLine.lineWidth = strokeWidth
40        strokeWidthView.setNeedsDisplay()
41    }
42
```

图 7.31 覆写 UIViewController 类的 viewDidLoad 方法

7.9.4 StrokeViewController 类的 lineWidthChanged 和 done 方法

图 7.32 展示了在 7.4.4 节创建的完整的 @IBActions 方法，用于 StrokeViewController 类的滑动条和按钮。当用户移动滑动条时，lineWidthChanged（第 44~47 行）方法就会设置线宽并设置 strokeWidthView 的 sampleLine 属性，然后在 strokeWidthView 对象中调用 UIView 类的 setNeedsDisplay 方法，以便示例线条被重新显示。当用户单击"Done"按钮时，done 方法（第 51~56 行）会调用委托的 strokeWidthChanged 方法，它会更新用户在 DoodleView 中绘制的最终线条的厚度。

```
43      // updates strokeWidth and redraws strokeWidthView
44      @IBAction func lineWidthChanged(sender: UISlider) {
45          strokeWidth = CGFloat(sender.value)
46          strokeWidthView.sampleLine.lineWidth = strokeWidth
47          strokeWidthView.setNeedsDisplay()
48      }
49
50      // returns to ViewController
51      @IBAction func done(sender: AnyObject) {
52          dismissViewControllerAnimated(true) {
53              self.delegate?.strokeWidthChanged(self.strokeWidth)
54              return
55          }
56      }
57  }
```

图 7.32　StrokeViewController 类的 lineWidthChanged 和 done 方法

7.10　小结

本章，我们创建了涂鸦应用程序，它让用户通过在屏幕上拖动一个或者多个手指来绘制各种线条和形状。这个应用程序提供了一些选项，作为工具栏的按钮显示在屏幕的底部，这些选项让用户可以设置绘画的颜色、线条的宽度、撤销操作以及清空整个涂鸦。应用程序也提供了一个选项用来显示 UIActivityViewController，它用于分享涂鸦、保存到设备、复制到剪贴板或者打印。

我们已经提到 iOS 系统提供了几种绘制技术（OpenGL、Quartz、UIKit 和 Core Animation）。在这个应用程序中，使用了 UIKit 框架的图形系统内置的绘图功能，所有的视图都通过 drawRect 方法支持。读者也了解到当一个视图需要被显示时，iOS 会调用视图的 drawRect 方法，它可以执行自定义绘制任务，我们可以创建自己的视图子类并覆写 drawRect 方法。

为了存储用户画的这些线，我们子类化了 UIKit 框架的 UIBezierPath 类，它用于展现线条、弧线和曲线。我们知道绘制是在图形上下文中进行的，它提供了当前绘制的颜色和用于绘制的矩形区域。对于视图的子类，drawRect 方法使用的图形上下文会自动创建。

为了让 DoodleView（UIView 的子类）支持多点触摸事件，我们可以覆写 UIResponder 类的 touchesBegan、touchesMoved、touchesEnded 和 touchesCancelled 方法来响应多点触摸事件。当用户移动一个手指时，从手指触摸屏幕到手指移开，手指的触摸事件都会被同一个 UITouch 对象保持。在一个追踪绘制进度的字典中，我们使用 UITouch 作为该字典的键。

这个应用程序允许用户通过晃动自己的设备来擦除涂鸦。我们也展示了如何使用 iOS 的加速计传感器来检测设备的移动，也提及了其他一些 iOS 支持的传感器。我们重载了 UIResponder 类的 motionEnded 方法来处理晃动事件。

读者了解怎么使用 UIKit 功能来创建一个图形上下文，用于将 UIView 的内容渲染成图片。然后获取一个图片对象并用它来初始化一个 UIActivityViewController 类，它可以显示分享、保存、复制和打印图片。

我们解释了当用户在用 Storyboard 设计一个用户界面时，Xcode 会将每一个视图控制器的视图的相关设置序列化到归档文件。读者也了解了当一个视图控制器对象被创建时，每一个视图控制器和视图的初始化方法都接受一个 NSCoder 对象参数，它会从归档文件中反序列化对象。对于这个应用程序的一些类，我们覆写了默认的初始化方法并添加了一些附加任务。

在第 8 章，我们会创建一个数据驱动的地址簿应用程序，让用户可以快速而又简单地访问联系人信息和添加、删除联系人以及编辑已有联系人的功能。虽然数据是被存储在传统的关系型数据库中，我们将会用 Xcode 工具自动生成数据访问代码并用 Core Data 框架来设计一个数据模型，用管理对象来操作数据。Core Data 会自动将这些对象映射到关系型数据库中，和数据库交互的细节对用户来说都是透明的。

第 8 章
地址簿应用程序

Core Data 框架、支持 Core Data 的主 – 从应用模板、Xcode 数据模型编辑器、静态单元格的 UITableView、通过编程的方式控制 UITableView 的滑动

主题

本章,读者将学习:
- 用 Core Data 框架在数据库中存储数据。
- 创建一个支持 Core Data 的主 – 从应用程序。
- 用 Xcode 的数据模型编辑器创建一个自定义的数据模型。
- 理解 Xcode 的自动生成的 Core Data 代码,并通过自定义代码来和地址簿的数据模型进行交互。
- 创建 UITableViewController 类,它包含文本输入框的静态单元格。
- 监听 iOS 键盘出现和隐藏的通知。
- 通过编程的方式滑动一个 UITableView,以便在编辑状态时,单元格不会被键盘挡住。

8.1 介绍

地址簿应用程序(见图 8.1)为获取联系人信息提供了便利,这些信息通过 Core Data 框架存储在设备的数据库中。我们可以添加、编辑和删除联系人,也可以滑动联系人列表,它们都是按照字母顺序排列的;单击一个特定的联系人名称可以查看他的详细信息。

在这个应用程序中,我们将会使用 Core Data 框架将数据存储到数据库中。我们将再一次使用主 – 从应用程序模板,这次需要添加 Core Data 的支持,然后 Xcode 将自动生成必要的代码来与 Core Data 数据库进行交互。我们将使用 Xcode 的数据模型编辑器来创建地址簿的数据模型。我们将讨论自动生成的 Core Data 代码并对它做一些修改,以便它可以用于地址簿的数据模型。

在第 4 章,我们已经使用了 UITableViewController 类,它会根据 UITableViewCell 的原型来动态创建单元格。在这个应用程序中,我们将会再次使用它,但是这次将会选择包含两个 UILabel 控件的单元格。另外,我们将会创建一个 UITableViewController 类,它会显示一个预先设计的由静态单元格构成的 UITableView,这些单元格包含了可以让用户编辑一个联系人信息的输入框控件。之后,我们将会学到如何监听表示键盘显示和隐藏的通知。当键盘出现时,我们将会通过编程的方式来改变包含输入框的单元格的位置,以便单元格可以位于键盘上方。

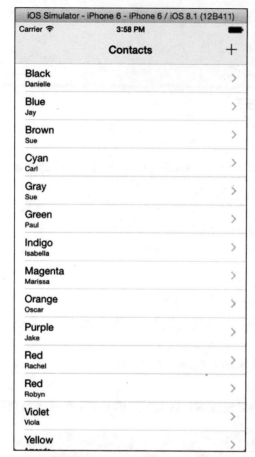

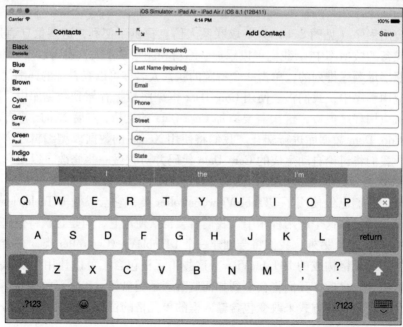

图 8.1 运行在 iPhone 6 和 iPad 模拟器上的地址簿应用程序

8.2 测试地址簿应用程序

本节，我们将会测试地址簿应用程序，将使用 iPhone 6 模拟器来进行演示。

打开完整的应用程序

在开始本节内容之前，要找到本书示例代码的文件夹。在其子文件夹 AddressBook 下，双击 AddressBook.xcodeproj 文件，在 Xcode 中打开该工程，然后在 iOS 模拟器或者在 iOS 设备上运行该应用程序。如果是第一次运行该应用程序，联系人列表将会为空（见图 8.2）。

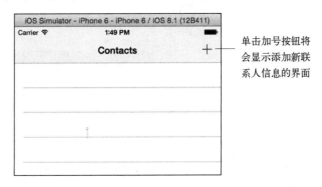

图 8.2　在 iPhone 6 模拟器上显示的空联系人列表

添加一个联系人

在联系人列表的顶部，单击加号按钮，在屏幕上会显示一个添加新条目的页面，如图 8.3（a）所示。完成联系人信息的添加之后，单击"Save"按钮，会将联系人信息保存到本地数据库并更新联系人列表。当单击每个输入框（UITextField）时，键盘就会弹出来。单击占位符为电子邮件的输入框，显示的键盘可以输入电子邮件地址；单击占位符为电话号码的输入框，显示的是数字键盘；单击其他的输入框，显示的是默认键盘。每个联系人的姓和名都是需要被填写的，当单击"Save"按钮时，一个或者多个输入框为空，应用程序就会显示一个错误信息。如果愿意的话，可以添加更多的联系人信息。

查看一个联系人

一旦添加了联系人，他们就会按姓氏的字母顺序显示在屏幕的联系人列表中。在这个应用程序中，我们选择了一个标准格式的 UITableViewCell 来显示每一行。在联系人列表中，单击刚刚添加的联系人如图 8.4（a）所示，即可查看该联系人的详细信息，如图 8.4（b）所示。

编辑一个联系人

当用户查看联系人的详细信息时，单击导航栏上的"Edit"按钮，屏幕会显示一个用联系人信息填充的输入框界面，如图 8.5（a）所示。在需要的时候，用户可以编辑这些数据，然后单击"Save"按钮，联系人信息便会更新到本地数据库。编辑联系人信息后，联系人的新的详细信息将会被展示出来，如图 8.5（a）所示。

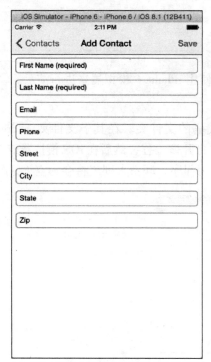

(a) 在输入数据之前空的添加联系人信息界面　　(b) 添加 Paul Green 的联系人信息

图 8.3　在用户单击任何文本输入框之前空的添加联系人界面和用户填完联系人信息之后的界面

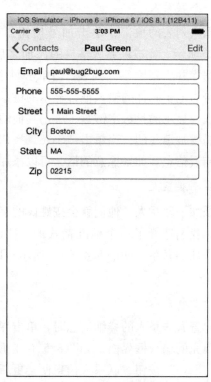

(a) 联系人列表中选中了 Paul Green　　(b) 联系人 Paul Green 的详细信息

图 8.4　包含若干联系人的联系人列表和 Paul Green 的详细信息

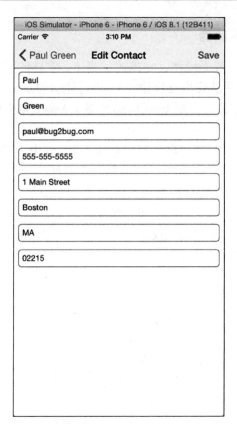 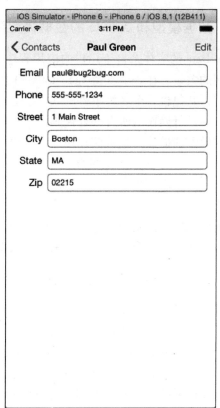

（a）在编辑电话号码之前 Paul Green 的联系人信息　　（b）在编辑 Paul Green 的信息被保存之后

图 8.5　在编辑电话号码之前 Paul Green 的联系人界面和修改了电话号码的 Paul Green 的详情界面

删除一个联系人

查看联系人列表，在联系人名称上从右往左滑动时，会出现一个"Delete"按钮，然后单击该按钮便可以删除联系人。应用程序会从本地数据库中删除联系人并更新联系人列表。

8.3　技术预览

本节我们将介绍在地址簿应用程序所用到的一些新技术。

8.3.1　添加 Core Data 支持

当创建单视图应用程序或者主－从应用程序时，在工程的选项页会包含一个使用 Core Data 的复选框（见 8.4.1 节），选中复选框就表示添加 Core Data 支持。在本章创建应用程序工程时，用户选中该复选框，Xcode 会自动生成所有必要的代码，Core Data 用它来管理应用程序的持久化数据存储（如本应用程序的数据是存储在设备上的）。虽然 Core Data 将数据存储在名为 SQLite 的关系型数据库中，但它会隐藏所有和数据库交互的细节。用户将会和一些实体（entity）进行交互，它们是 Core Data 映射到潜在的关系型数据库的一些类。

8.3.2 数据模型和 Xcode 的数据模型编辑器

Core Data 的实体来自于用户的应用程序的数据模型,它描述了实体、实体的属性以及实体之间的关系。在一个支持 Core Data 的主-从应用程序中,Xcode 会自动生成一个简单数据模型,它包含一个名为事件的实体,该实体有一个 timeStamp 属性。Xcode 也生成了能对事件实体进行操作的所有必要代码。

数据模型的描述信息被储存在一个以用户的应用程序工程名称命名的文件中,其扩展名为 .xcdatamodeld。选中该文件将会打开 Xcode 的数据模型编辑器。我们使用这个编辑器(见 8.4.2 节)将事件实体替换成联系人实体。我们还将给该实体定义一些属性,它们分别表示的是联系人的名、姓、电子邮箱、电话、街道、城市、州和邮政编码。定义完联系人实体和它的属性之后,我们将使用 Xcode 的编辑菜单自动生成一个联系人类,它包含联系人实体的每一个属性。这个类将会被用来创建联系人实体并与之交互。

8.3.3 Core Data 框架的类和协议

在地址簿应用程序中,我们将与 Core Data 框架中的各种类和协议一同工作。在这里,我们介绍几种类,它们在自动生成的 Core Data 代码中被多次使用。

- NSEntityDescription——在数据模型中表示一个实体的描述。
- NSManagedObject——在数据模型中表示一个实体。正如读者所见,从用户的数据模型实体可以自动生成 NSManagedObject 子类。
- NSManagedObjectModel——包含数据模型的 NSEntityDescriptions 对象和 NSManagedObject 对象与底层数据存储之间的映射关系。
- NSPersistentStoreCoordinator——将一个数据库文件和 NSManagedObjectModel 对象进行关联。Core Data 使用 SQLite 数据库来存储应用程序的实体。
- NSManagedObjectContext——将应用程序的实体作为 NSManagedObject 对象在内存中进行管理。这个对象会与 NSPersistentStoreCoordinator 对象进行交互以访问数据存储。
- NSFetchedResultsController——在一个主-从应用程序中,管理用于填充 MasterViewController 类的 UITableView 数据。
- NSFetchedResultsControllerDelegate——定义一些方法,当底层的数据存储发生改变时,NSFetchedResultsController 对象会调用这些方法来更新 UITableView。
- NSFetchRequest——将来自于数据存储的实体解析成 NSManagedObject 对象,利用一个集合的 NSSortDescriptor 对象对它们进行排序,它定义了用于排序的相关属性。

8.3.4 UITableViewController 的单元格样式

在第 4 章,我们使用了 UITableViewController 类,它的单元格是动态创建的,这些单元格都是基于一个在 Storyboard 中定义的原型单元格。当设计一个 UITableViewController 类的单元格时,可以从许多种样式中进行选择。在第 4 章,我们使用了默认的基本样式,每一个单元格包含一个标签对象。在 8.5.1 节,对于 MasterViewController 类的 UITableView 视图,我们将会使用副标题样式,每一个单元格包含两个标签对象,其中一个标签字体更大,它用于显示单元格主要的内容(联系人的姓),另一个标签的字体略小(联系人的名),位于主标题的下面。在 8.6.8 节，我们将通过编程的方式来设置这些标签的内容。我们将会设计另外一个使用自定义样式的 UITableViewController 类（见 8.5.3 节），以便可以为每一个单元格提供我们自己的设计。

8.3.5 包含静态单元格的 UITableViewController

在第 4 章，UITableViewController 在显示其列表内容时，是动态生成的单元格；在本应用程序中，我们也将使用同样的技术。当我们知道在 UITableViewController 中究竟有多少个单元格需要显示时，可以使用预定义的静态单元格。在 8.5.3 节，我们将使用这个技术来定义 UITableViewController，用于添加和编辑联系人信息。

8.3.6 监听表示键盘显示和隐藏的通知

这个应用程序会在各种 iOS 设备上使用。当用户正在编辑一个联系人的信息时，由于设备的大小不同，键盘可能会挡住用户正在输入的文本框。在第 4 章，已经学习了如何使用 NSNotificationCenter 来注册关于 iCloud 的通知，当应用程序的数据在另一个设备上发生改变时，iCloud 便会通知用户的应用程序。在 8.8.3 节中，我们将使用同样的技术来注册关于 iOS 键盘的通知，当键盘将要出现在屏幕上或者从屏幕上消失时，用户的应用程序便会被通知到。

8.3.7 通过编程的方式来滑动一个 UITableView

当用户单击一个输入框并准备输入文本时，键盘便会显示出来，我们假定没有一个真正的键盘连接到用户的设备上。这个应用程序会响应一些通知以确保用户当前正在编辑的文本框不会显示在键盘后面，我们将在 8.3.6 节讨论这些通知信息。我们将会使用一个 UIView 动画（见 8.8.5 节）来修改 UITableView，以便它的内容可以在键盘之上的界面滚动，之后当键盘消失时，将恢复 UITableView 之前的设置。

8.3.8 UITextFieldDelegate 协议的相关方法

当用户完成了输入框的编辑工作时，应用程序会将键盘隐藏起来。在这个应用程序中，AddEditViewController 类（见 8.8 节）遵循了 UITextFieldDelegate 协议，并实现了它的 textFieldShouldReturn 方法。如果用户按键盘上的回车键，这个方法（见 8.8.6 节）就会被调用，键盘便会隐藏起来。

8.4 创建工程并配置数据模型

本节，我们将创建一个支持 Core Data 的地址簿应用程序，然后将自定义 Xcode 自动生成的默认数据模型。

8.4.1 创建工程

首先，创建一个新的主–从应用程序工程。在新工程的选择选项页中做如下设置。

- Product Name：AddressBook。

- Organization Name：Deitel & Associates，Inc.，或者用自己的组织名称。
- Company Identifies：com.deitel，或者使用自己公司的标识符。
- Language：Swift。
- Devices：Universal，主-从应用程序模板被设计成支持横/竖屏的 iPhone 和 iPad。
- 重要信息：确保使用 Core Data 的复选框被选中，Xcode 会自动生成支持 Core Data 的代码，通过这些代码，应用程序可以与数据库进行交互。

完成这些设置之后，单击 "Next" 按钮，会出现一个保存工程的目录位置，单击 "Create" 按钮便完成了工程的创建。在第 4 章中，Xcode 自动生成的工程中预定义了 MasterViewController 和 DetailViewController 类。我们将会在 8.5 节中自定义本应用程序的 Storyboard。

8.4.2　编辑数据模型

当给主-从应用程序添加 Core Data 时，Xcode 会自动生成一个基本的数据模型并放入一个以工程名命名的文件，它的扩展名是 .xcdatamodeld，对于本应用程序，它的名称为 Addressbook.xcdatamodeld。在工程的导航栏选中，这个文件便可以看到默认的数据模型定义（见图 8.6）。在默认的情况下，数据模型包含一个名为事件的实体，该实体有一个 timeStamp 属性。Xcode 会自动生成一些必要的代码，Core Data 用它来操作数据库。对于那些代码，我们还是会使用大部分的，并且也会做一些修改，以便支持我们的自定义数据模型。大部分的 Core Data 的代码都位于 MasterViewController 类（见 8.6 节）和 AppDelegate 类（见 8.9 节）。

图 8.6　数据模型编辑器展示了默认的数据模型，它包含了事件实体

编辑数据模型

这个应用程序的数据模型由一个名为联系人的单个实体组成，它包含名、姓、电子邮箱、电话号码、街道、城市、州和邮政编码这些属性。虽然在这个程序中我们不会这么做，但可以使用数据模型编辑器来创建许多的实体，以及它们之间的相互关系。按照下面的步骤来修改默认的数据模型。

1. 在数据模型编辑器的 ENTITIES 选项下面，双击事件名称并将它改为联系人，然后按键盘上的返回键。

2. 在联系人实体被选中时，选择 timeStamp 属性，然后单击属性这一节下面的减号（－）图标，即可删除该属性。

3. 接下来，单击属性这一节下面的加号（＋）图标，然后输入名，便完成了名属性的添加。

4. 在名的右边一列是类型，选择字符串作为该属性的类型。

5. 重复步骤 3 和步骤 4，创建名称为姓、电子邮箱地址、电话号码、街道、城市、州和邮政编码这些属性。

6. 默认情况下，每一个属性的值都是可选的，意思就是在数据库中并不要求属性有一个值。在本应用程序中，我们值要求姓和名必须有值。选择名属性，然后在数据模型查看器中（工具区域），可选值的复选框为不选中状态。对于姓属性进行同样的操作，并保存数据模型。

8.4.3 生成 NSManagedObject 的子类联系人类

自动生成的操作实体的 Core Data 代码被当成一系列的 NSManagedObject 对象，它们包含一些键－值对，实体的属性名称（字符串）就是键。虽然我们将会用这个技术操作联系人类，但也可以让 Xcode 为每一个实体类型生成一个 NSManagedObject 对象的子类。在 Xcode 创建的类中，每一个实体的属性都会以类的属性形式体现出来。按照下面的步骤来生成联系人类。

1. 在工程的资源管理器中，选中 AddressBook.xcdatamodeld 文件，数据模型编辑器将会显示出来（如果它在没有显示的情况下）。

2. 选中 Editor > Create NSManagedObject Subclass…。

3. Xcode 会显示一个可以选择一个或者多个数据模型的表单，我们将会为这些数据模型生成相应的类。地址簿默认是被选中的。单击"Next"按钮。

4. Xcode 会显示一个将要生成类的实体的表单。联系人类默认是被选中的。单击"Next"按钮。

5. 默认情况下，新的类将会被添加到工程的 AddressBook 组。确保语言设置为 Swift，然后单击"Create"按钮。

6. 这时候，Xcode 会生成一个 NSManagedObject 类的子类，也就是联系人类。在 AddressBook.xcdatamodeld 文件中选中联系人实体，然后在数据模型查看器中查看。需要注意的是，Xcode 会设置联系人实体的类属性为联系人。将这个类属性修改为 AddressBook.Contact，然后保存数据模型。

完全合格的实体类的名称——Swift 类，模块和作用域

第 6 步是非常重要的。Swift 的每一个类都有一个命名空间，它限定了类的作用域。默认情况下，Swift 类的作用域被限制在它所编译的模块中，比如一个应用程序工程的模块或者类库模块。在不同的模块或者 Objective－C 代码中使用一个 Swift 类，该类所在的模块必须被引入或者 Swift 类的名称必须是完全合格的，在使用时，其名称以它所在的模块的名字开头。联系人类的完全合格的名称是 AddressBook.Contact。

Core Data 的类都是使用 Objective－C（并没有命名空间）语言来写的，因为 Core Data 的类已经存在，我们不能为了引入地址簿工程的模块而去修改它们。正是由于这个原因，当我们试图去在 Core Data 的类中使用新的联系人类时，它们并不知道有联系人类存在，它被隐藏在这个工程的模块范围内。将联系人实体的类名称属性从 Contact 修改为完全合格的 AddressBook.Contact，这样 Core Data 类就可以使用联系人类了。

自动生成的联系人类

图 8.7 显示了自动生成的联系人类。每个属性都以@NSManaged 关键字开头，它表明该属性对应于数据模型中的一个属性。我们稍微修改一下这个自动生成的类。一个联系人实体的电子邮箱、电话、街道、城市、州和邮编这些属性在数据库中的值是可选的。由于这个原因，我们将相应的属性类型修改为字符串"?"。我们的应用程序代码利用可选值绑定和可选值链接可以确保在使用它们的值之前，其值是可用的。否则，当试图访问这些属性时，就会发生运行错误。

```
1   // Contact.swift
2   // Xcode generated class for interacting with a Contact; we edited
3   // this class to make all but the lastName and firstName optionals
4   import Foundation
5   import CoreData
6
7   class Contact: NSManagedObject {
8       @NSManaged var city: String?
9       @NSManaged var email: String?
10      @NSManaged var firstname: String
11      @NSManaged var lastname: String
12      @NSManaged var phone: String?
13      @NSManaged var state: String?
14      @NSManaged var street: String?
15      @NSManaged var zip: String?
16  }
```

图 8.7　数据库的联系人实体进行交互的联系人类（我们只是修改了一点点）

8.5　创建用户界面

本节，我们将自定义地址簿应用程序的 Storyboard 并添加新的视图控制器类。在之前的章节中，我们已经展示了自定义这个应用程序的 Storyboard 的所有功能，所以这里我们只做一个大概的介绍，并指出一些关键的变化和步骤。当阅读完本节后，请记住有时候在文档大纲中选择一个对象比在 Storyboard 中要更容易。

8.5.1　自定义 MasterViewController 类

在标题为"主（Master）"的视图控制器中，在导航栏上双击"主（Master）"标题，将

其修改为"联系人（Contacts）"。添加一个导航按钮到导航栏的右边并设置它的标识符属性为添加，一个加号（+）图标将会被显示出来。在8.5.3节，当用户单击这个按钮时，一个连线将会被执行。

8.5.2 自定义 DetailViewController 类

在标题为"Detail"的视图控制器中，删除默认标签，然后在场景中加入标签和文本输入框，如图 8.8 所示。

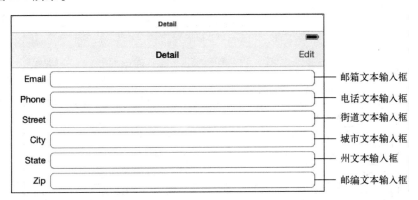

图 8.8 DetailViewController 用户界面的标签以及它们的 @IBOutlet 属性名称

给 DetailViewController 类添加一些@IBOutlet 属性并指定它们的名字。添加一个从主视图控制器到详情视图控制的连线，将其命名为"showContactDetails"。注意，我们并没有提供联系人的姓和名，在8.7.3节，我们将会通过编程的方式将联系人的名称作为导航栏的标题。给导航栏右边添加一个导航栏按钮并设置它的标识符属性为编辑。在8.5.3节，我们将会创建一个连线，当用户单击这个按钮时便会触发它。

8.5.3 添加 AddEditViewController 类

当用户选择添加或者编辑一个联系人信息时，应用程序会显示 AddEditViewController 类。我们将会在 Storyboard 中创建这个类，它被当作一个表格视图控制器，其单元格都是静态单元格，也就是说，这些单元格在设计时就已经定义好，而不是从一个 UITableView 的数据源进行动态创建。添加一个 UITableViewController 类的子类到工程中，命名为 AddEditViewController，将它设置为一个新的表格视图控制器，并为其添加@IBOutlet 属性和@IBAction 方法。请按照下面的步骤进行。

1. 拖动一个导航控制器到 Storyboard 上，回想一下之前的章节是如何创建一个表格视图控制器的。

2. 选中该表格视图控制器，然后在标识符查看器中设置类的属性为我们刚刚创建的 AddEditTableViewController 类。

3. 创建一个从主视图控制器的加号（+）按钮到新的导航控制器的连线，将其命名为"showAddContact"。当用户单击加号（+）按钮创建一个新的联系人信息时，AddEditViewController 就会显示出来。

4. 创建一个从详情控制器的编辑按钮到新的导航控制器的连线，将其命名为"showEdit-

Details"。当用户单击编辑按钮查看一个联系人详情时，AddEditViewController 类就会显示出来。

5. 选中表格视图控制器的表格视图，在属性查看器中设置内容属性为静态单元格，并设置选中属性为不选中，它的意思是当用户单击一个单元格时，避免单元格被高亮显示。

6. 在表格视图控制器的文档大纲中，选中表格视图的表格节，然后在属性查看器中设置行属性为 8。表格视图将会显示 8 个静态单元格，每一个的单元格的样式属性被设置为自定义，因此我们可以在 Storyboard 中设计单元格的内容。

7. 给每一个单元格添加文本输入框，并设置它的占位符属性，如图 8.9 所示。

图 8.9　AddEditViewController 类的用户界面

8. 对于每一个文本框，设置文本框之间的自动布局约束以及文本框到单元格左边缘、右边缘、上边缘和下边缘的间距。

9. 选中表格视图并设置它的分割线（Separator）属性为 None，文本框之间的横线将会被移除。

10. 利用辅助编辑器，创建一个名为 saveButtonPressed 的 @IBAction 方法，用于保存按钮的单击事件。然后为 8 个文本输入框创建一个名为 inputFields 的 Outlet 集合，这个技术在 5.4.4 节已经讨论过了。

8.5.4　添加 InstructionsViewController 类

当应用程序第一次加载时并没有任何联系人的信息（或者用户删除了最后一个联系人），应用程序只会显示一个简单的 InstructionsViewController 类。我们将在 Storyboard 中创建一个视图控制器，它只包含一个居中的标签，然后指定它作为分屏视图控制器的详情视图控制器。当应用程序在横屏的 iPhone 6 Plus 或者 iPad 上运行时，应用程序会通过编程的方式来决定一个 InstructionsViewController 类或者一个 DetailViewController 类是否应被显示。添加一个 UIViewController 类的子类到工程中，将其命名为 InstructionsViewController，我们将设置这个类作为一个新的表格视图控制器。在本章，我们不会展示这个类的任何代码，因为我们没有为它添加任何功能。按照如下步骤进行。

1. 拖动一个导航控制器到 Storyboard 上，然后删掉之前创建的表格视图控制器。

2. 拖动一个视图控制器到 Storyboard 上，然后从导航控制器拖动到新的视图控制器，并设置该视图控制器为根视图控制器。

3. 选中新的视图控制器，然后使用标识符查看器来设置类属性为新的 InstructionsViewController 类。

4. 拖动一个标签到新的视图控制器，并设置它的文本属性为"单击一个联系人可以查看他的详细信息"，让其在水平和垂直方向都居中。利用自动布局的对齐菜单设置"在容器中水平居中"和"在容器中垂直居中"的约束。

5. 从 Storyboard 左边的分屏视图控制器拖动到新的导航控制器，并选中详情视图控制器。

6. 从主视图控制器拖动到新的导航控制器上，并创建一个新的连线，其名称为"showInstructions"。

8.6 MasterViewController 类

MasterViewController 类（见 8.6.1 节至 8.6.9 节）管理应用程序的联系人列表以及 Xcode 自动生成的 Core Data 代码，这些代码用于和 8.4 节中创建的数据模型进行交互。其他的 Core Data 代码位于 AppDelegate 类中（见 8.9 节）。

我们已经在第 4 章展示了 UITableViewController 类、UITableView 类和 UITableViewDelegate 协议，所以这里我们不会涉及相关代码的一些细节。相反，我们主要关注 MasterViewController 类，其中包含了支持应用程序的 Core Data 代码。我们的目标是提供一个起点，让用户可以操作简单的数据驱动的应用程序，我们并不会更深层次地讨论所有 Core Data 的特性。正是因为这个原因，我们只会概述一下自动生成 Core Data 代码并指出我们在操作联系人实体时做的一些改变。苹果公司的 Core Data 编程指南

http://bit.ly/CoreDataProgrammingGuide

详细地描述了 Core Data。如果你打算创建有大量数据驱动的应用程序，并且其实体之间的关系也很复杂，一定要阅读该指南。

8.6.1 MasterViewController 类、属性和 awakeFromNib 方法

图 8.10 展示了 MasterViewController 类的开始部分，它继承于 UITableViewController 类，并实现如下协议。

- NSFetchedResultsController 类用于管理和数据模型的交互，当数据发生改变时，NSFetchedResultsControllerDelegate 协议会通知到 MasterViewController 类（如一个联系人被添加、更新或删除）。
- 当用户保存一个新的联系人信息时，通过 AddEditTableViewControllerDelegate 协议（见 8.8.1 节的定义），AddEditTableViewController 类可以通知 MasterViewController 类保存

NSManagedObjectContext 对象。
- 当用户保存一个被编辑的联系人信息时，通过 DetailViewControllerDelegate 协议（见 8.7.1 节）可以通知 MasterViewController 类保存 NSManagedObjectContext 对象。

```swift
1   // MasterViewController.swift
2   // Manages the contact list and contains various autogenerated Core Data
3   // code, some of which we modified to use the Contact class
4   import UIKit
5   import CoreData
6
7   class MasterViewController: UITableViewController,
8       NSFetchedResultsControllerDelegate,
9       AddEditTableViewControllerDelegate,
10      DetailViewControllerDelegate {
11
12      var detailViewController: DetailViewController? = nil
13      var managedObjectContext: NSManagedObjectContext? = nil
14
15      // configure popover for UITableView on iPad
16      override func awakeFromNib() {
17          super.awakeFromNib()
18          if UIDevice.currentDevice().userInterfaceIdiom == .Pad {
19              self.clearsSelectionOnViewWillAppear = false
20              self.preferredContentSize =
21                  CGSize(width: 320.0, height: 600.0)
22          }
23      }
24
```

图 8.10　MasterViewController 类、属性和 awakeFromNib 方法

第 12～13 行是 Xcode 自动生成的用于存储一个 DetailViewController 类（显示一个联系人信息）的引用，以及一个 NSManagedObjectContext 对象的引用，它在应用程序的 AppDelegate 中被定义（见 8.9 节）并被用来管理加载和存储应用程序的联系人实体。awakeFromNib 方法是（第 16～23 行）由 Xcode 自动生成的。当应用程序在竖屏 iPad 上执行时，该方法会配置一个弹出框来显示 MasterViewController 类的表格视图。回想一下，一旦一个 Storyboard 对象被创建，任何类或者对象只要实现了 awakeFromNib 方法，都会被调用。

8.6.2　覆写 UIViewController 类的 viewWillAppear 方法和 displayFirstContact-OrInstruction 方法

回想一下第 4 章，当 iPad 是竖屏时，UISplitViewController 类在显示 DetailViewController 类时，允许用户单击一个按钮在一个弹出框中查看 MasterViewController 类的内容。在这个应用程序中，我们将展示如何确保 MasterViewController 类总是显示在 DetailViewController 类的左侧，前提是那里有足够大的空间，iPad 上的设置应用程序就是这样的。在 8.9 节可以看到，我们在 AppDelegate 类中添加一个语句来开启这个功能。当应用程序在加载并被显示时，如果没有联系人信息，InstructionsViewController 类（见 8.5.4 节）将会被显示在 MasterViewController 类的右边；反之，MasterViewController 类中的第一个联系人应该被选中，并且详细信息显示在 DetailViewController 类中。

为了实现这个功能，我们要覆写 UIViewController 类的 viewWillAppear 方法（见图 8.11，第 26～29 行），该方法会在视图控制器将要显示时被调用。在这个应用程序中，我们调用了

displayFirstContactOrInstructions 方法（第 33~50 行），它决定是否 UISplitViewController 类要被挤压。同时，第 37 行会检测是否至少有一个联系人。如果有，第 38 行会创建一个 NSIndexPath 对象，它代表 UITableView 的第一个联系人（第 0 节，第 0 行），然后第 39~41 行会调用 UITableView 的 selectRowAtIndexPath 方法通过编程的方式来设置第一行的选中状态。和用户单击联系人显示其详情不同，通过编程的方式设置单元格的选中状态并不会触发选择事件。第 42~43 行会运行 "showContactDetail" 连线来显示被选择的联系人信息。如果没有联系人，第 45~46 行会运行 "showInstructions" 连线来显示 InstructionsViewController 类。

```
25      // called just before MasterViewController is presented on the screen
26      override func viewWillAppear(animated: Bool) {
27          super.viewWillAppear(animated)
28          displayFirstContactOrInstructions()
29      }
30
31      // if the UISplitViewController is not collapsed,
32      // select first contact or display InstructionsViewController
33      func displayFirstContactOrInstructions() {
34          if let splitViewController = self.splitViewController {
35              if !splitViewController.collapsed {
36                  // select and display first contact if there is one
37                  if self.tableView.numberOfRowsInSection(0) > 0 {
38                      let indexPath = NSIndexPath(forRow: 0, inSection: 0)
39                      self.tableView.selectRowAtIndexPath(indexPath,
40                          animated: false,
41                          scrollPosition: UITableViewScrollPosition.Top)
42                      self.performSegueWithIdentifier(
43                          "showContactDetail", sender: self)
44                  } else { // display InstructionsViewController
45                      self.performSegueWithIdentifier(
46                          "showInstructions", sender: self)
47                  }
48              }
49          }
50      }
51
```

图 8.11 覆写 UIViewController 类的 viewWillAppear 方法和 displayFirstContactOrInstruction 方法

8.6.3 覆写 UIViewController 类的 viewDidLoad 方法

图 8.12 展示了自动生成的 viewDidLoad 方法，在该方法中会初始化 MasterViewController 类的 detailViewController 属性，在 4.6.3 节已经讨论过。我们会移除通过编程方式显示加号

```
52      // called after the view loads for further UI configuration
53      override func viewDidLoad() {
54          super.viewDidLoad()
55
56          if let split = self.splitViewController {
57              let controllers = split.viewControllers
58              self.detailViewController =
59                  controllers[controllers.count-1].topViewController as?
60                  DetailViewController
61          }
62      }
63
```

图 8.12 覆写 UIViewController 类的 viewDidLoad 方法

（+）按钮的语句，它们是自动生成的，回想一下 8.5.1 节，我们为加号按钮添加了一个从 MasterViewController 类的导航栏到 AddEditViewController 类的连线。

8.6.4 覆写 UIViewController 类的 prepareForSegue 方法

图 8.13 显示了 prepareForSegue 方法，它根据用户的行为来配置 DetailViewController 类或 AddEditContactViewController 类。

```
64      // configure destinationViewController based on segue
65      override func prepareForSegue(segue: UIStoryboardSegue,
66         sender: AnyObject?) {
67         if segue.identifier == "showContactDetail" {
68            if let indexPath = self.tableView.indexPathForSelectedRow() {
69               // get Contact for selected cell
70               let selectedContact =
71                  self.fetchedResultsController.objectAtIndexPath(
72                     indexPath) as Contact
73
74               // configure DetailViewController
75               let controller = (segue.destinationViewController as
76                  UINavigationController).topViewController as
77                  DetailViewController
78               controller.delegate = self
79               controller.detailItem = selectedContact
80               controller.navigationItem.leftBarButtonItem =
81                  self.splitViewController?.displayModeButtonItem()
82               controller.navigationItem.leftItemsSupplementBackButton =
83                  true
84            }
85         } else if segue.identifier == "showAddContact" {
86            // create a new Contact object that is not yet managed
87            let entity =
88               self.fetchedResultsController.fetchRequest.entity!
89            let newContact = Contact(entity: entity,
90               insertIntoManagedObjectContext: nil)
91
92            // configure the AddEditTableViewController
93            let controller = (segue.destinationViewController as
94               UINavigationController).topViewController as
95               AddEditTableViewController
96            controller.navigationItem.title = "Add Contact"
97            controller.delegate = self
98            controller.editingContact = false // adding, not editing
99            controller.contact = newContact
100        }
101     }
102
```

图 8.13　覆写 UIViewController 类的 prepareForSegue 方法

配置名为 "showContactDetail" 的连线

当用户选中一个联系人时，第 68 行 UITableView 的 indexPathForSelectedRow 方法会获取被选择联系人的 NSIndexPath 对象，然后第 70～72 行会使用自动生成的 NSFetchResultsController 对象的 objectAtIndexPath 方法从数据库获取联系人。当 Xcode 生成语句后，它会将返回对象转换成一个 NSManagedObject 对象。在这个应用程序中，我们知道每一个 NSManagedObject 对象就是一个联系人，所以我们将其转换为联系人（在第 70 行改变这个常量的名称)。第 75~83 行是设置 DetailViewController 类, 指定它的委托属性为 MasterViewController 类 (self, 第 78 行), 将从第 70~72 行获取的 selectedContact 对象赋值给它的 detailItem 属性。其他一些语句用于配置导航栏按钮, 在 4.6.7 节已经讨论过。

配置名为"showAddContact"的连线

当用户单击加号(+)按钮便会添加一个新的联系人, 第 87~99 行会创建一个新的联系人实体对象并配置 AddEditTableViewController 类, 该实体还不能被 Core Data 管理, 因为用户有可能决定不添加联系人。为了创建一个联系人实体对象, 第 87~88 行使用自动生成的 NSFetchResultsController 对象(见 8.6.9 节)来获取 NSEntityDescription 对象, 它用于描述数据模型中的联系人实体。第 89~90 行是使用一个从 NSManagedObject 对象那里继承来的初始化方法, 从而创建一个新的联系人对象。该初始化方法是使用 NSEntityDescription 对象来决定应该创建哪一种类型的实体对象。在本例中, 因为只有当用户在 AddEditTableViewController 类中单击保存按钮时, 新创建联系人信息才被添加到 NSManagedObjectContext 对象中, 所以我们给 insertIntoManagedObjectContext 方法的参数设置为 nil。第 93~99 行是对 AddEditTableViewController 类进行设置。

- 第 96 行设置 navigationItem 的标题(如导航栏的标题)。
- 第 97 行将 MasterViewController 类设置为委托(self)。
- 第 98 行表示 AddEditTableViewController 类将被用来添加(不是编辑)一个联系人。
- 第 99 行指定一个新的联系人对象作为被操作的联系人。

8.6.5 AddEditTableViewControllerDelegate 协议的 didSaveContact 方法

当用户要保存一个新的联系人时, AddEditTableViewController 类会调用 didSaveContact 方法(见图 8.14)将联系人添加到 NSManagedObjectContext 对象, 然后保存并更新数据库。第 106 行使用自动生成 NSFetchResultsController 对象获取 NSManagedObjectContext 对象, 它用于管理联系人实体。只有那些被管理的对象才可以在数据库中被添加、更新和删除。在 8.6.4 节, 我们创建了一个没有被管理的新的联系人对象, 以防用户决定不添加它。第 107 行调用了 NSManagedObjectContext 对象的 insertObject 方法将新的联系人变成一个被管理的对象, 以便它能够被保存。然后第 108 行的 AddEditViewController 对象会从 UINavigationController 对象的栈中弹出, 它便不会再显示在屏幕上。注意, 我们不会为了一个新的联系人在 UITableView 中添加一行, 在 8.6.9 节自动生成的 Core Data 代码会为用户处理这些问题。

保存 NSManagedObjectContext 对象

当试图保存一个 NSManagedObjectContext 对象时, 它的任何改变都会被更新到数据库中, 那么错误就可能会出现。例如, 试图添加一个实体到数据库, 但这个实体并不满足实体描述, 如缺少了必需的字段。如果一个错误出现, NSManagedObjectContext 对象会把这个错误储存在一个 NSError 对象中(第 111 行)。第 112 行调用 NSManagedObjectContext 对象的 save 方法来试图储存一个新的联系人实体。错误变量是作为一个引用传递给方法的, 以便错误发生时可以将一个 NSError 对象赋值给它, 第 113~114 行会调用 displayError 方法(见 8.6.7 节)。

```
103      // called by AddEditViewController after a contact is added
104      func didSaveContact(controller: AddEditTableViewController) {
105          // get NSManagedObjectContext and insert new contact into it
106          let context = self.fetchedResultsController.managedObjectContext
107          context.insertObject(controller.contact!)
108          self.navigationController?.popToRootViewControllerAnimated(true)
109
110          // save the context to store the new contact
111          var error: NSError? = nil
112          if !context.save(&error) { // check for error
113              displayError(error, title: "Error Saving Data",
114                  message: "Unable to save contact")
115          } else { // if no error, display new contact details
116              let sectionInfo =
117                  self.fetchedResultsController.sections![0] as
118                      NSFetchedResultsSectionInfo
119              if let row = find(sectionInfo.objects as [NSManagedObject],
120                  controller.contact!) {
121                  let path = NSIndexPath(forRow: row, inSection: 0)
122                  tableView.selectRowAtIndexPath(path,
123                      animated: true, scrollPosition: .Middle)
124                  performSegueWithIdentifier("showContactDetail",
125                      sender: nil)
126              }
127          }
128      }
129
```

图 8.14 AddEditTableViewControllerDelegate 协议的 didSaveContact 方法

保存 NSManagedObjectContext 对象

如果没有错误发生，我们会通过编程的方式选择新的对象并显示它（如果 UISplitViewController 对象没有挤压）。首先，我们需要定位新的联系人。在一个支持 Core Data 的应用程序中，当一个 UITableViewController 对象超过一段时，相应的 NSFetchResultsController 对象的段数组会包含一些 NSFetchedResultsSectionInfo 对象，在实现和段相关的 UITableViewDelegate 协议的方法时，会用到它们。在这个应用程序中，UITableView 只有一段，因此第 116~118 行从 NSFetchResultsController 对象的段数组中获取第 0 个元素，它是一个 NSFetchedResultsSectionInfo 对象。第 119~120 行用了 Swift 的全局函数 find 在 NSFetchedResultsSectionInfo 的对象集合中查找新的联系人，该集合包含了那一段中所有的 NSManagedObject 对象。find 函数的第一个参数是一个集合，要查找的对象作为第二个参数，返回值是这个对象的索引，如果对象没找到，就返回 nil。在这里，索引对应的是联系人在 UITableView 中的行号。第 121 行是为一行创建一个 NSIndexPath 对象，然后第 122~125 行通过编程的方式选中该行并执行名为"showContactDetail"的连线来显示一个新的联系人详情。

8.6.6 DetailViewControllerDelegate 协议的 didEditContact 方法

当用户编辑一个已经存在的联系人时，调用 DetailViewController 类的 didEditContact 方法（见图 8.15），该方法会保存 NSManagedObjectContext 对象（第 134 行），它会更新数据库中的联系人信息。

```
130    // called by DetailViewController after a contact is edited
131    func didEditContact(controller: DetailViewController) {
132        let context = self.fetchedResultsController.managedObjectContext
133        var error: NSError? = nil
134        if !context.save(&error) {
135            displayError(error, title: "Error Saving Data",
136                message: "Unable to save contact")
137        }
138    }
139
```

图 8.15　DetailViewControllerDelegate 协议的 didEditContact 方法

8.6.7　displayError 方法

图 8.16 展示了 displayError 方法，它会被 MasterViewController 类的一些方法调用，该方法通过 UIAlertController 类来显示一些错误信息。

```
140    // indicate that an error occurred when saving database changes
141    func displayError(error: NSError?, title: String, message: String) {
142        // create UIAlertController to display error message
143        let alertController = UIAlertController(title: title,
144            message: String(format: "%@\nError:\(error)\n", message),
145            preferredStyle: UIAlertControllerStyle.Alert)
146        let okAction = UIAlertAction(title: "OK",
147            style: UIAlertActionStyle.Cancel, handler: nil)
148        alertController.addAction(okAction)
149        presentViewController(alertController, animated: true,
150            completion: nil)
151    }
152
```

图 8.16　displayError 方法

8.6.8　UITableViewDelegate 协议的相关方法

UITableViewDelegate 协议（见图 8.17）在第 4 章中第一次被介绍。这里，我们只讨论 Core Data 的高亮特性，Xcode 添加这些方法用来管理数据模型和 UITableView 之间的交互。

numberOfSectionsInTableView 方法

● 第 157 行会返回自动生成的 NSFetchedResultsController 对象的段的数量（在 8.6.5 节讨论过）。表达式是

```
self.fetchedResultsController.sections?.count
```

它返回一个可选值，因为段属性可能为 nil。由于这个原因，第 157 行使用了 Swift 的 nil 合并操作符 "??"。如果它包含值，它会将操作符左边的可选值进行拆包；否则，表达式的值等于操作符右边的值。

tableView：numberOfRowsInSection 方法

第 163 ~ 166 行使用了 NSFetchedResultsSectionInfo 对象来检测数据模型中对应的段中有多少行（在 8.6.5 节已经讨论过）。

tableView：commitEditingStyle：forRowAtIndexPath 方法

当用户从 UITableView 中删除一行时，第 189 ~ 193 行会获取自动生成的 NSFetchedRe-

```
153    // UITableViewDelegate methods
154    // callback that returns total number of sections in UITableView
155    override func numberOfSectionsInTableView(
156        tableView: UITableView) -> Int {
157        return self.fetchedResultsController.sections?.count ?? 0
158    }
159
160    // callback that returns number of rows in the UITableView
161    override func tableView(tableView: UITableView,
162        numberOfRowsInSection section: Int) -> Int {
163        let sectionInfo =
164            self.fetchedResultsController.sections![section] as
165                NSFetchedResultsSectionInfo
166        return sectionInfo.numberOfObjects
167    }
168
169    // callback that returns a configured cell for the given NSIndexPath
170    override func tableView(tableView: UITableView,
171        cellForRowAtIndexPath indexPath: NSIndexPath) -> UITableViewCell {
172        let cell = tableView.dequeueReusableCellWithIdentifier(
173            "Cell", forIndexPath: indexPath) as UITableViewCell
174        self.configureCell(cell, atIndexPath: indexPath)
175        return cell
176    }
177
178    // callback that returns whether a cell is editable
179    override func tableView(tableView: UITableView,
180        canEditRowAtIndexPath indexPath: NSIndexPath) -> Bool {
181        return true
182    }
183
184    // callback that deletes a row from the UITableView
185    override func tableView(tableView: UITableView,
186        commitEditingStyle editingStyle: UITableViewCellEditingStyle,
187        forRowAtIndexPath indexPath: NSIndexPath) {
188        if editingStyle == .Delete {
189            let context =
190                self.fetchedResultsController.managedObjectContext
191            context.deleteObject(
192                self.fetchedResultsController.objectAtIndexPath(
193                    indexPath) as Contact)
194
195            var error: NSError? = nil
196            if !context.save(&error) {
197                displayError(error, title: "Unable to Load Data",
198                    message: "AddressBook unable to acccess database")
199            }
200
201            displayFirstContactOrInstructions()
202        }
203    }
204
205    // called by line 174 to configure a cell
206    func configureCell(cell: UITableViewCell,
207        atIndexPath indexPath: NSIndexPath) {
208        let contact = self.fetchedResultsController.objectAtIndexPath(
209            indexPath) as Contact
210        cell.textLabel!.text = contact.lastname
211        cell.detailTextLabel!.text = contact.firstname
212    }
213
```

图 8.17 UITableViewDelegate 协议的相关方法

sultsController 对象以及它的 NSManagedObjectContext 属性，然后调用 NSManagedObjectContext 对象的 deleteObject 方法来移除相应的联系人实体。这个方法的参数是将要删除的联系人，通过 NSFetchedResultsController 对象的 objectAtIndexPath 方法会返回一个对象，我们修改这个语句将返回的这个对象转换为联系人类型，然后将其传递给该方法。从 NSManagedObject-Context 对象中移除对象并不会从数据库中删除，直到 NSManagedObjectContext 被存储（第 196 行）。

configureCell 方法

回想一下 8.5.1 节，我们将 MasterViewController 类的 UITableViewCell 的样式改为副标题，以便 UITableView 可以显示每一个联系人的名和姓。我们修改了自动生成的 configureCell 方法（第 208~211 行），它会在单元格的 textLabel 标签中显示一个联系人姓并在 detailText-Label 标签中显示名。

8.6.9 自动生成的 NSFetchedResultsController 对象和 NSFetchedResultsControllerDelegate 协议的相关方法

回想一下 8.3.3 节，一个 NSFetchedResultsController 对象（见图 8.18）为 UITableView 列表管理数据。当创建支持 Core Data 的主－从应用程序时，NSFetchedResultsController 对象所需要的全部代码都是通过 Xcode 自动生成的。

- 计算属性 fetchedResultsController（第 216~257 行）用于管理存储属性 _fetchedResultsController（第 258 行）。如果存储属性不为 nil，计算属性就返回现有的 NSFetchedResultsController 对象（第 218 行）；否则，计算属性会创建并配置一个新的 NSFetchedResultsController 对象，并返回。

- 当数据存储发生变化时，NSFetchedResultsControllerDelegate 协议的方法（第 260~310 行）会更新 UITableView 界面。我们保留了第 312~325 行自动生成的评论，它描述了一个潜在的性能问题，当许多的改变发生时，该协议的相关方法会一次更新 UITableView 界面。虽然在本应用程序中这不是一个问题，但评论中包含的一个 NSFetchedResultsControllerDelegate 协议的方法可能就会出现性能问题，我们可以使用第 260~310 行的代码替换它。

对于自动生成的代码，我们只做了三个改变以便支持我们对联系人实体的操作。

- Xcode 默认生成的是事件实体。第 224 行，我们将"事件"修改为"联系人"以便操作联系人实体。

- 对事件实体默认的排序是用 timeStamp 属性进行升序排列。当一个 NSFetchRequest 对象从数据库中获得实体后，它会用 NSSortDescriptor 对象来对数据进行排序。我们希望根据联系人的姓、名进行排序。第 233~236 行创建两个 NSSortDescriptor 对象，它们根据姓和名属性对联系人进行升序排序。我们将这两个对象放进一个数组，然后赋值给 NSFetchRequest 对象的 sortDescriptors 数组属性。最开始，NSFetchRequest 对象是用第一个 NSSortDescriptor 对象来对数组进行排序的，这里我们用的是姓。如果有超过两个实体的姓属性相同，那么 NSFetchRequest 对象会用第二个 NSSortDescriptor 对象来对它们进行排序，这里我们用的是名。

```
214    // Core Data autogenerated code for interacting with the data model;
215    // sightly modified to work with the Contact entity
216    var fetchedResultsController: NSFetchedResultsController {
217        if _fetchedResultsController != nil {
218            return _fetchedResultsController!
219        }
220
221        let fetchRequest = NSFetchRequest()
222
223        // edited to use the Contact entity
224        let entity = NSEntityDescription.entityForName("Contact",
225            inManagedObjectContext: self.managedObjectContext!)
226        fetchRequest.entity = entity
227
228        // Set the batch size to a suitable number.
229        fetchRequest.fetchBatchSize = 20
230
231        // edited to sort by last name, then first name;
232        // both using case insensitive comparisons
233        let lastNameSortDescriptor = NSSortDescriptor(key: "lastname",
234            ascending: true, selector: "caseInsensitiveCompare:")
235        let firstNameSortDescriptor = NSSortDescriptor(key: "firstname",
236            ascending: true, selector: "caseInsensitiveCompare:")
237
238        fetchRequest.sortDescriptors =
239            [lastNameSortDescriptor, firstNameSortDescriptor]
240
241        // Edit the section name key path and cache name if appropriate.
242        // nil for section name key path means "no sections".
243        let aFetchedResultsController = NSFetchedResultsController(
244            fetchRequest: fetchRequest,
245            managedObjectContext: self.managedObjectContext!,
246            sectionNameKeyPath: nil, cacheName: "Master")
247        aFetchedResultsController.delegate = self
248        _fetchedResultsController = aFetchedResultsController
249
250        var error: NSError? = nil
251        if !_fetchedResultsController!.performFetch(&error) {
252            displayError(error, title: "Error Fetching Data",
253                message: "Unable to get data from database")
254        }
255
256        return _fetchedResultsController!
257    }
258    var _fetchedResultsController: NSFetchedResultsController? = nil
259
260    func controllerWillChangeContent(
261        controller: NSFetchedResultsController) {
262        self.tableView.beginUpdates()
263    }
264
265    func controller(controller: NSFetchedResultsController,
266        didChangeSection sectionInfo: NSFetchedResultsSectionInfo,
267        atIndex sectionIndex: Int,
268        forChangeType type: NSFetchedResultsChangeType) {
269        switch type {
270        case .Insert:
271            self.tableView.insertSections(NSIndexSet(index: sectionIndex),
272                withRowAnimation: .Fade)
273        case .Delete:
274            self.tableView.deleteSections(NSIndexSet(index: sectionIndex),
275                withRowAnimation: .Fade)
276        default:
277            return
278        }
279    }
280
```

图 8.18　自动生成的 NSFetchedResultsController 对象和 NSFetchedResultsControllerDelegate
协议的相关方法

```
281     func controller(controller: NSFetchedResultsController,
282         didChangeObject anObject: AnyObject,
283         atIndexPath indexPath: NSIndexPath?,
284         forChangeType type: NSFetchedResultsChangeType,
285         newIndexPath: NSIndexPath?) {
286         switch type {
287         case .Insert:
288             tableView.insertRowsAtIndexPaths(
289                 [newIndexPath!], withRowAnimation: .Fade)
290         case .Delete:
291             tableView.deleteRowsAtIndexPaths(
292                 [indexPath!], withRowAnimation: .Fade)
293         case .Update:
294             self.configureCell(
295                 tableView.cellForRowAtIndexPath(indexPath!)!,
296                 atIndexPath: indexPath!)
297         case .Move:
298             tableView.deleteRowsAtIndexPaths(
299                 [indexPath!], withRowAnimation: .Fade)
300             tableView.insertRowsAtIndexPaths(
301                 [newIndexPath!], withRowAnimation: .Fade)
302         default:
303             return
304         }
305     }
306
307     func controllerDidChangeContent(
308         controller: NSFetchedResultsController) {
309         self.tableView.endUpdates()
310     }
311
312     /*
313     // Implementing the above methods to update the table view in response
314     // to individual changes may have performance implications if a large
315     // number of changes are made simultaneously. If this proves to be an
316     // issue, you can instead just implement controllerDidChangeContent:
317     // which notifies the delegate that all section and object changes
318     // have been processed.
319
320     func controllerDidChangeContent(
321         controller: NSFetchedResultsController) {
322         // In the simplest, most efficient, case, reload the table view.
323         self.tableView.reloadData()
324     }
325     */
326 }
```

图 8.18　自动生成的 NSFetchedResultsController 对象和 NSFetchedResultsControllerDelegate 协议的相关方法（续）

- 最后，我们在自动生成的代码中，原本是调用 abort 方法的地方，我们将其替换为 displayError 方法（第 252～253 行）。

8.7　DetailViewController 类

DetailViewController 类（见 8.7.1 节至 8.7.5 节）主要是显示一个联系人的数据，当用户选择编辑联系人时，便会切入到 AddEditTableViewControllerl 类（见 8.8 节），用户编辑完联系人信息后会更新用户界面并通知 MasterViewController 类保存更改。

8.7.1　DetailViewControllerDelegate 协议

图 8.19 所示中声明了 DetailViewControllerDelegate 协议，它包含一个 didEditContact 方

法，MasterViewController 类实现了这个协议，当用户保存一个已经被编辑的联系人信息时，它会被通知。

```
1   // DetailViewController.swift
2   // Shows the details for one Contact
3   import CoreData
4   import UIKit
5
6   // MasterViewController conforms to be notified when contact edited
7   protocol DetailViewControllerDelegate {
8       func didEditContact(controller: DetailViewController)
9   }
10
```

图 8.19　DetailViewControllerDelegate 协议

8.7.2　DetailViewController 类的属性

DetailViewController 类（见图 8.20）继承于 UIViewController 类并遵循 AddEditTableViewControllerDelegate 协议，当用户保存已经被编辑的联系人信息时，可以更新用户界面。第 15～20 行为 UITextField 控件声明了 @IBOutlet 属性，这些控件用于展示联系人信息，联系人的名字将被放在 DetailViewController 类的导航栏上。

```
11  class DetailViewController: UIViewController,
12      AddEditTableViewControllerDelegate {
13
14      // outlets for UITextFields that display contact data
15      @IBOutlet weak var emailTextField: UITextField!
16      @IBOutlet weak var phoneTextField: UITextField!
17      @IBOutlet weak var streetTextField: UITextField!
18      @IBOutlet weak var cityTextField: UITextField!
19      @IBOutlet weak var stateTextField: UITextField!
20      @IBOutlet weak var zipTextField: UITextField!
21
22      var delegate: DetailViewControllerDelegate!
23      var detailItem: Contact!
24
```

图 8.20　DetailViewController 类的属性

delegate 属性（被设置为 MasterViewController 类）是一个 DetailViewControllerDelegate 协议的引用，当用户编辑联系人时，它会被通知到。在这种情况下，AddEditTableViewController 类会通知 DetailViewController 类以便它可以更新屏幕上的联系人的详细信息，然后 DetailViewController 类会通知它的委托（也就是 MasterViewController 类），以便它能将这个改变保存到数据库中。

Contact 属性表示的是 DetailViewController 类要显示的联系人。当 Xcode 生成 DetailViewController 类时，它声明了一个 detailItem 变量，作为一个强制拆包的 NSManagedObject 对象。正如我们在 8.4.3 节讨论的，联系人类是 NSManagedObject 类的子类，它包含的属性可以和联系人实体的属性进行交互。在这个应用程序中，我们知道每一个 NSManagedObject 对象就是一个联系人，我们希望使用联系人类的属性（在 8.7.3 节将会看到）来访问数据，因此我们将其类型转换为联系人。

8.7.3 覆写 UIViewController 类的 viewDidLoad 和 displayContact 方法

当 DetailViewController 类被加载时，iOS 系统会调用 viewDidLoad 方法（见图 8.21）来配置用户界面。如果 detailItem 变量不为 nil（第 29 行），第 30 行会调用 displayContact 方法（第 35~47 行）来显示联系人数据；我们把这段代码放在一个单独的方法中，当用户编辑完联系人信息后，可以调用它来更新用户界面。displayContact 方法使用联系人类自动生成的属性来访问每一块数据。第 37~38 行是设置 DetailViewController 类的导航栏的标题，其标题通过一个空格把联系人的名和姓连接起来。第 41~46 行使用联系人的电子邮箱、电话号码、街道、城市、州和邮编属性，来设置相应的 UITextField 控件的文本属性。回想一下 8.4.3 节，这些属性被声明为字符串可选值是因为数据库中相应的属性都是可选的，因此从数据库中解析数据可能为 nil。只要对应的属性不是 nil，每一个语句都会执行赋值操作。

```
25      // when DetailViewController is presented, display contact's data
26      override func viewDidLoad() {
27          super.viewDidLoad()
28
29          if detailItem != nil {
30              displayContact()
31          }
32      }
33
34      // show selected Contact's data
35      func displayContact() {
36          // display Contact's name in navigation bar
37          self.navigationItem.title =
38              detailItem.firstname + " " + detailItem.lastname
39
40          // display other attributes if they have values
41          emailTextField.text = detailItem.email?
42          phoneTextField.text = detailItem.phone?
43          streetTextField.text = detailItem.street?
44          cityTextField.text = detailItem.city?
45          stateTextField.text = detailItem.state?
46          zipTextField.text = detailItem.zip?
47      }
48
```

图 8.21　覆写 UIViewController 类的 viewDidLoad 和 displayContact 方法

8.7.4 AddEditTableViewControllerDelegate 协议的 didSaveContact 方法

当用户在 AddEditTableViewController 类中（见 8.8 节）编辑一个联系人，然后单击保存按钮时，AddEditTableViewController 类便会调用它委托的 didSaveContact 方法（见图 8.22）并用新的联系人数据（第 51 行）来更新用户界面。回想一下，DetailViewController 类是被嵌入到 UINavigationController（维护着一个视图控制器的堆栈）中的，当 didSaveContact 方法被调用时，AddEditTableViewController 对象是在堆栈的顶部。第 52 行是弹出顶部的视图控制器，以便应用程序可以返回到 DetailViewController 类的界面。然后 DetailViewController 会调用它委托的 didEditContact 方法（第 53 行），它会告知 MasterViewController 类将编辑过的联系人信息保存到数据库中。

```
49      // called by AddEditTableViewController when edited contact is saved
50      func didSaveContact(controller:AddEditTableViewController) {
51          displayContact() // update contact data on screen
52          self.navigationController?.popViewControllerAnimated(true)
53          delegate?.didEditContact(self)
54      }
55
```

图 8.22　AddEditTableViewControllerDelegate 协议的 didSaveContact 方法

8.7.5　覆写 UIViewController 类的 prepareForSegue 方法

当用户单击 DetailViewController 类的编辑按钮时，prepareForSegue 方法（见图 8.23）就会被调用，它用来设置 AddEditTableViewController 类。第 62~64 行获得了一个 AddEditTableViewController 类的引用，然后第 65~71 行会配置它。这里的关键几行（第 65~68 行）是给 AddEditTableViewController 类的导航栏设置标题，指定 DetailViewController 类（self）作为委托对象，它表明 AddEditTableViewController 类是用来编辑现有的联系人并指定要编辑的联系人。

```
56      // called when user taps Edit button
57      override func prepareForSegue(segue: UIStoryboardSegue,
58          sender: AnyObject?) {
59
60          // configure destinationViewController for editing current contact
61          if segue.identifier == "showEditContact" {
62              let controller = (segue.destinationViewController as
63                  UINavigationController).topViewController as
64                  AddEditTableViewController
65              controller.navigationItem.title = "Edit Contact"
66              controller.delegate = self
67              controller.editingContact = true
68              controller.contact = detailItem
69              controller.navigationItem.leftBarButtonItem =
70                  self.splitViewController?.displayModeButtonItem()
71              controller.navigationItem.leftItemsSupplementBackButton = true
72          }
73      }
74  }
```

图 8.23　覆写 UIViewController 类的 prepareForSegue 方法

8.8　AddEditTableViewController 类

AddEditTableViewController 类（见 8.8.1 节至 8.8.7 节）为添加新的联系人和编辑现有的联系人提供了用户界面。

8.8.1　AddEditTableViewControllerDelegate 协议

图 8.24 声明了 AddEditTableViewControllerDelegate 协议，它包含 didSaveContact 方法，MasterViewController 类和 DetailViewController 类都实现了它，当用户保存一个新的联系人或保存已经修改的联系人信息时，这两个类都会被通知到。

```
1   // AddEditTableViewController.swift
2   // Manages editing an existing contact or editing a new one.
3   import CoreData
4   import UIKit
5
6   // MasterViewController and DetailViewController conform to this
7   // to be notified when a contact is added or edited, respectively
8   protocol AddEditTableViewControllerDelegate {
9       func didSaveContact(controller: AddEditTableViewController)
10  }
11
```

图 8.24　AddEditTableViewControllerDelegate 协议

8.8.2　AddEditTableViewController 类的属性

图 8.25 显示了 AddEditTableViewController 类的开始部分，它继承于 UITableViewController 类，这样我们可以在 Interface Builder 中使用静态的 UITableViewCell，并且该类也遵循 UITextFieldDelegate 协议。第 14～23 行定义了类的一些属性。

- inputFields 数组是 Outlet 集合，在 8.5.3 节中已经创建过类似的，利用它们通过编程的方式可以访问视图控制器的用户界面中的 UITextField 控件。
- 在 DetailViewController 类中，操作每一个联系人是通过生成的联系人类的属性实现的。在 AddEditTableViewController 类中，出于演示的考虑，我们将会使用一些来自于 NSManagedObject 类的方法。通过 NSManagedObject 对象的 valueForKey 和 setValue 方法，遍历 fieldNames 数组可以分别获取和设置联系人的属性值。
- delegate 属性是 AddEditTableViewControllerDelegate 协议的一个引用，当用户单击视图控制器导航栏的保存按钮时，它会被通知到。
- contact 属性表示的是当前正在被操作的联系人。
- editingContact 属性让我们可以判断联系人是正在被编辑还是被添加，在编辑时，我们需要显示已经存在的联系人数据。

delegate、contact 和 editingContact 属性可以在 MasterViewController 类或者 DetailViewController 类的 prepareForSegue 方法中设置。

```
12  class AddEditTableViewController: UITableViewController,
13      UITextFieldDelegate {
14      @IBOutlet var inputFields: [UITextField]!
15
16      // field names used in loops to get/set Contact attribute values via
17      // NSManagedObject methods valueForKey and setValue
18      private let fieldNames = ["firstname", "lastname", "email",
19          "phone", "street", "city", "state", "zip"]
20
21      var delegate: AddEditTableViewControllerDelegate?
22      var contact: Contact? // Contact to add or edit
23      var editingContact = false // differentiates adding/editing
24
```

图 8.25　AddEditTableViewController 协议

8.8.3 覆写 UIViewController 类的 viewWillAppear 和 viewWillDisappear 方法

当 AddEditTableViewController 类将要显示在屏幕上时，iOS 系统会调用 UIViewController 类的 viewWillAppear 方法（见图 8.26，第 26~38 行）。当用户在 UITableViewController 类中单击输入框时，它自己会进行滑动以便被选择的输入框可以位于键盘上方。在写作本书时，我们发现在不同的设备和方向上并不总是能很好地工作。由于这个原因，我们才在 viewWillAppear 方法中用 NSNotificationCenter 对象来注册这个视图控制器，以便它可以接收 UIKeyboardWillShowNotification（第 30~33 行）和 UIKeyboardWillHideNotification（第 34~37 行）通知（我们已经在第 4 章介绍了通知）。当键盘将要出现时，keyboardWillShow（见 8.8.5 节）方法将会被调用去滑动 UITableView，以便被选中的输入框位于键盘的上方。当键盘将要隐藏时，keyboardWillHide（见 8.8.5）方法会被调用去滑动 UITableView 到它原来的位置。当 AddEditTableViewController 类将要从屏幕上消失时，iOS 系统会调用 UIViewController 类的 viewWillDisappear 方法（见图 8.26，第 41~49 行），我们会在这个方法中取消对键盘通知的注册，当键盘在其他视图控制器中显示和隐藏时，AddEditTableViewController 类不会被通知到。注意，只需要为这个类定义一个反初始化方法就可以取消所有的通知注册，如下：

```swift
deinit {
    NSNotificationCenter.defaultCenter().removeObserver(self)
}
```

```swift
25      // called when AddEditTableViewController about to appear on screen
26      override func viewWillAppear(animated: Bool) {
27          super.viewWillAppear(animated)
28
29          // listen for keyboard show/hide notifications
30          NSNotificationCenter.defaultCenter().addObserver(self,
31              selector: "keyboardWillShow:",
32              name: UIKeyboardWillShowNotification,
33              object: nil)
34          NSNotificationCenter.defaultCenter().addObserver(self,
35              selector: "keyboardWillHide:",
36              name: UIKeyboardWillHideNotification,
37              object: nil)
38      }
39
40      // called when AddEditTableViewController about to disappear
41      override func viewWillDisappear(animated: Bool) {
42          super.viewWillDisappear(animated)
43
44          // unregister for keyboard show/hide notifications
45          NSNotificationCenter.defaultCenter().removeObserver(self,
46              name: UIKeyboardWillShowNotification, object: nil)
47          NSNotificationCenter.defaultCenter().removeObserver(self,
48              name: UIKeyboardWillHideNotification, object: nil)
49      }
50
```

图 8.26　覆写 UIViewController 类的 viewWillAppear 和 viewWillDisappear 方法

8.8.4 覆写 UIViewController 类的 viewDidLoad 方法

当 AddEditTableViewController 类出现在屏幕上时，在 viewDidLoad 方法中（见图 8.27）设置 AddEditTableViewController 类作为每一个 UITextField 控件的委托（第 56~58 行），以便它能响应和 UITextField 控件的交互并通过编程的方式来隐藏键盘。如果用户正在编辑一个已经存在的联系人信息（第 61 行），第 62~68 行会用 NSManagedObject 对象的 valueForKey 方法来为 fieldNames 数组中的每一个键获取对应的联系人对象的值。valueForKey 方法会返回一个可选值，如果被给定的键在 NSManagedObject 对象中没有值，那么它就是 nil。因此，第 64~65 行的意思是在设置相应的 UITextField 控件的文本属性之前，利用可选值绑定来确保其值不为空。

```
51      // if editing an existing Contact, display its info
52      override func viewDidLoad() {
53          super.viewDidLoad()
54
55          // set AddEditTableViewController as the UITextFieldDelegate
56          for textField in inputFields {
57              textField.delegate = self
58          }
59
60          // if editing a Contact, display its data
61          if editingContact {
62              for i in 0..<fieldNames.count {
63                  // query Contact object with valueForKey
64                  if let value: AnyObject =
65                      contact?.valueForKey(fieldNames[i]) {
66                      inputFields[i].text = value.description
67                  }
68              }
69          }
70      }
71
```

图 8.27　覆写 UIViewController 类的 viewDidLoad 方法

8.8.5 keyboardWillShow 和 keyboardWillHide 方法

当键盘将要显示在屏幕上时，NSNotificationCenter 对象会发送 UIKeyboardWillShowNotification 的通知给 AddEditTableViewController 类，然后调用它的 keyboardWillShow 方法（见图 8.28，第 73~89 行），我们在 8.8.3 节已经注册过该方法。对于这个通知，NSNotification 类的 userInfo 字典中包含了名为 UIKeyboardFrameEndUserInfoKey 的键（第 75 行），其值是一个 NSValue 对象，表示键盘在屏幕上的大小和位置。第 76 行是从 NSValue 对象中获取一个 CGRect 值，然后获取它的大小（CGSize 包含键盘的高和宽）。为了确保 AddEditTableViewController 类的滑动动画和键盘滑动动画的时间间隔一样，我们需要获取键盘动画的时间间隔（第 79~80 行），它被存储在 NSNotification 类的 userInfo 字典属性中，获取该值的键是 UIKeyboardAnimationDurationUserInfoKey。第 83~88 行执行一个视图动画，它获取 UITableView 当前的 contentInset 属性并修改它，回想一下，UIView 的 animateWithDuration 方法会自动在原始值和新值之间插入动画。

```
72   // called when app receives UIKeyboardWillShowNotification
73   func keyboardWillShow(notification: NSNotification) {
74       let userInfo = notification.userInfo!
75       let frame = userInfo[UIKeyboardFrameEndUserInfoKey] as NSValue!
76       let size = frame.CGRectValue().size // keyboard's size
77
78       // get duration of keyboard's slide-in animation
79       let animationTime =
80           userInfo[UIKeyboardAnimationDurationUserInfoKey]!.doubleValue
81
82       // scroll self.tableView so selected UITextField above keyboard
83       UIView.animateWithDuration(animationTime) {
84           var insets = self.tableView.contentInset
85           insets.bottom = size.height
86           self.tableView.contentInset = insets
87           self.tableView.scrollIndicatorInsets = insets
88       }
89   }
90
91   // called when app receives UIKeyboardWillHideNotification
92   func keyboardWillHide(notification: NSNotification) {
93       var insets = self.tableView.contentInset
94       insets.bottom = 0
95       self.tableView.contentInset = insets
96       self.tableView.scrollIndicatorInsets = insets
97   }
98
```

图 8.28 keyboardWillShow 和 keyboardWillHide 方法

当键盘将要从屏幕上消失时，NSNotificationCenter 对象会给 AddEditTableViewController 类发送一个 UIKeyboardWillHideNotification 的通知，并且会调用它的 keyboardWillHide 方法（第 92～97 行），我们在 8.8.3 节中已经注册过了该方法。

8.8.6 UITextFieldDelegate 协议的 textFieldShouldReturn 方法

图 8.29 定义了 UITextFieldDelegate 协议的 textFieldShouldReturn 方法。这个协议有七个可选方法，这里只实现我们需要的一个方法。当输入框正在被编辑时，用户按键盘的返回键，textFieldShouldReturn 方法就会被调用。一个文本框就是第一个响应者，当事件发生时第一个响应者会收到通知（3.2.7 节已经讨论过）。UIView 是 UIResponder 类的子类，因此所有的 UIView 类都可以收到事件通知。如果一个给定的 UIResponder 对象不能够处理一个事件，它会被投递到响应链的下一个 UIResponder 对象，大多数 UIResponder 对象的父亲都是 UIVew。关于响应链的更多细节，请访问：

http://bit.ly/iOSResponderChain

```
99    // hide keyboard if user touches Return key
100   func textFieldShouldReturn(textField: UITextField) -> Bool {
101       textField.resignFirstResponder()
102       return true
103   }
104
```

图 8.29 UITextFieldDelegate 协议的 textFieldShouldReturn 方法

textFieldShouldReturn 方法的参数是输入框当前的第一个响应者。第 101 行调用输入框的 resignFirstResponder 方法，可以让键盘消失。

8.8.7 返回值为 @IBAction 的 saveButtonPressed 方法

当用户在导航栏单击保存按钮时，saveButtonPressed 方法（见图 8.30）便会执行。在保存一个联系人时，用户必须至少输入联系人的名和姓。第 108 行是检查输入框的名和姓是否为空，如果是空，则在 UIAlertViewController 类中显示一个错误消息（第 110~117 行）；否则，第 120~124 行会遍历 fieldNames 数组，通过 NSManagedObject 对象的 setValue 方法来为每一个键设置其对应联系人的文本值。在 MasterViewController 类中添加一个联系人或者在 DetailViewController 类中编辑一个联系人时（单击了保存按钮），第 126 行的委托对象便会通知它们。如果委托的对象是 MasterViewController 类，它会保存一个新的联系人。如果委托对象是 DetailViewController 类，它会更新显示在该类界面上的数据。

```
105     // called to notify delegate to store changes in the model
106     @IBAction func saveButtonPressed(sender: AnyObject) {
107         // ensure that first name and last name UITextFields are not empty
108         if inputFields[0].text.isEmpty || inputFields[1].text.isEmpty {
109             // create UIAlertController to display error message
110             let alertController = UIAlertController(title: "Error",
111                 message: "First name and last name are required",
112                 preferredStyle: UIAlertControllerStyle.Alert)
113             let okAction = UIAlertAction(title: "OK",
114                 style: UIAlertActionStyle.Cancel, handler: nil)
115             alertController.addAction(okAction)
116             presentViewController(alertController, animated: true,
117                 completion: nil)
118         } else {
119             // update the Contact using NSManagedObject method setValue
120             for i in 0..<fieldNames.count {
121                 let value = (!inputFields[i].text.isEmpty ?
122                     inputFields[i].text : nil)
123                 self.contact?.setValue(value, forKey: fieldNames[i])
124             }
125
126             self.delegate?.didSaveContact(self)
127         }
128     }
129 }
```

图 8.30　返回值为 @IBAction 的 saveButtonPressed 方法

关于 NSManagedObjectMethod 类的 valueForKey 和 setValue 方法的一个注意事项

我们在 AddEditTableViewController 类中使用了 NSManagedObjectMethod 对象的 valueForKey（见图 8.27）和 setValue（见图 8.30）方法。在 MasterViewController 和 DetailViewController 类中，Xcode 自动生成的 Core Data 代码也都使用了它们。这些代码是脆弱的，因为联系人实体的名称字段在数据模型中是可以改变的，或者在字段名数组中，用户可能弄错了字段的名称。无论是哪种情况，Core Data 都会出现运行时错误。一般来说，使用生成的联系人类与联系人实体进行交互是比较安全的。

8.9 AppDelegate 类

回想一下第 4 章，每个应用程序都有一个 AppDelegate 类，它遵循 UIApplicationDelegate 协议，包含了 iOS 系统响应事件调用的一些方法，例如：
- 用户运行应用程序；
- 应用程序进入后台，其他的应用程序正在前台运行；
- 应用程序从后台返回。

对于支持 Core Data 的应用程序，Xcode 会在 AppDelegate 类中生成附加代码。在本节，我们将讨论在实现 UIApplicationDelegate 协议的方法中所做出的两个改变，并概述 Core Data 的一些其他知识。

8.9.1 UIApplicationDelegate 协议的 application：didFinishLaunchingWithOptions：方法

当应用程序已经运行并且将要开始执行时，这个方法会被调用。在主-从应用程序中，该方法中 Xcode 生成的代码用来配置 UISplitViewController 类和它的子视图控制器。我们添加如下语句：

```
splitViewController.preferredDisplayMode =
    UISplitViewControllerDisplayMode.AllVisible
```

它表示如果屏幕有足够大的空间，UISplitViewController 类会让 MasterViewController 类和 DetailViewController 类同时显示。在竖屏显示的 iPad 中，MasterViewController 类显示在 DetailViewController 类的左边，而不是在一个弹出框中。

Xcode 用下面的语句来设置 MasterViewController 类的 managedObjectContext 属性：

```
controller.managedObjectContext = self.managedObjectContext
```

这里，我们简短地说明一下，AppDelegate 类包含的自动生成的代码创建了 NSManagedObjectContext 对象，MasterViewController 类用它来管理联系人实体。

8.9.2 UISplitViewControllerDelegate 协议的相关方法

在自动生成的代码中，AppDelegate 类遵循 UISplitViewControllerDelegate 协议并定义了 splitViewController：collapseSecondaryViewController：ontoPrimaryViewController 方法。如果想在某些场景中决定哪个视图控制器显示在 MasterViewController 类的右边，这个方法应返回真。当这个应用程序运行在横屏的 iPhone 6 Plus 或 iPad 上时，我们可以选择哪个视图控制器可以显示在 MasterViewController 类的右边，这要取决于当前是否有联系人信息被存储。如果有，我们会显示 DetailViewController 类；否则，我们会显示 InstructionsViewController 类。为了实现后者，我们用高亮的 else if 子句来修改 UISplitViewControllerDelegate 协议的委托方法，如图 8.31 所示。

```
77          // ADDED the check for InstructionsViewController
78          func splitViewController(splitViewController: UISplitViewController,
79              collapseSecondaryViewController
80                  secondaryViewController:UIViewController!,
81              ontoPrimaryViewController primaryViewController:UIViewController!)
82                  -> Bool {
83              if let secondaryAsNavController =
84                  secondaryViewController as? UINavigationController {
85                  if let topAsDetailController =
86                      secondaryAsNavController.topViewController as?
87                      DetailViewController {
88                      if topAsDetailController.detailItem == nil {
89                          // Return true to indicate that we have handled the
90                          // collapse by doing nothing; the secondary controller
91                          // will be discarded.
92                          return true
93                      }
94                  } else if let topAsDetailController =
95                      secondaryAsNavController.topViewController as?
96                      InstructionsViewController {
97                      return true
98                  }
99              }
100             return false
101         }
```

图 8.31　更新 UISplitViewControllerDelegate 协议的方法，它表示应用程序处理了
InstructionsViewController 类该如何显示

8.9.3　支持应用程序的 Core Data 功能的一些属性和方法

AppDelegate 类的末尾有四个属性和一个 Xcode 生成的方法，它被当作应用程序 Core Data 支持的一部分。

- applicationDocumentsDirectory 属性是一个 NSURL 对象，它包含了 Core Data 数据存储的位置。
- managedObjectModel 属性是一个 NSManagedObjectModel 对象，它表示应用程序数据模型以及 NSManagedObject 和底层数据存储之间的映射关系。
- persistentStoreCoordinator 属性是一个 NSPersistentStoreCoordinator 对象，将一个数据库文件关联到 NSManagedObjectModel 对象。Core Data 使用 SQLite 数据库来存储应用程序的实体。
- managedObjectContext 属性是 NSManagedObjectContext 对象，用于管理应用程序的实体。这个对象和 persistentStoreCoordinator 对象进行交互，从而访问数据存储。
- saveContext 方法会保存 NSManagedObjectContext 对象所做的改变。这个方法会被 AppDelegate 类的 applicationWillTerminate 方法调用，当应用程序将要被终止时，iOS 系统会调用这个委托方法。这里调用 saveContext 方法是为了在应用程序被终止之前，确保对 NSManagedObjectContext 所做的任何改变都被保存下来。

8.10　小结

在本章中，我们创建了一个地址簿应用程序，它可以让用户非常方便地访问存储在数据

库中的联系人信息。这个应用程序可以让用户添加、编辑和删除联系人，以及查看联系人的详细信息。

我们使用了支持 Core Data 的主 – 从应用程序模板，它会自动产生所有必要的代码，用于管理 Core Data 和应用程序的持久化存储数据之间的交互。Core Data 隐藏了与底层 SQLite 数据库进行交互的细节。

读者已经了解了 Core Data 的实体是来自于用户的应用程序数据模型（存储在一个以用户工程名称命名的文件中，其扩展名为 .xcdatamodeld），它描述了实体、实体的属性，以及它们之间的关系。我们使用 Xcode 的数据模型编辑器将一个默认的事件实体替换成联系人实体，并定义一个联系人的相关属性。然后自动生成的联系人类属性分别对应于实体的属性。我们使用的联系人对象实际上是 Core Data 映射到底层的关系型数据库。它们和 Core Data 框架的各种类和协议一同工作，这其中主要包括 NSEntityDescription、NSManagedObject、NSManagedObjectModel、NSPersistentStoreCoordinator、NSManagedObjectContext、NSFetchedResults – Controller、NSFetchedResultsControllerDelegate 和 NSFetchRequest。

当设计一个 UITableViewController 类的单元格时，可以从几种样式中进行选择。我们使用了副标题样式的单元格，它包含两个标签，字体大一点的标签显示主要内容，字体小一点标签显示在主要内容之下。然后通过编程的方式来设置标签的内容。也可以设计一个 UITableViewController 类使用自定义的样式，为每一个单元格提供自己的设计。

读者已经了解了当自己确切知道一个 UITableViewController 类有多少个单元格需要显示时，可以使用预定义的静态单元格。我们使用这种技术来定义 UITableViewController 类的添加和编辑联系人页面。

我们使用 NSNotificationCenter 类来注册 iOS 键盘的通知，当键盘从屏幕上出现和消失时，通知就会被发出。这个应用程序会响应这些通知，以确保正在编辑的文本输入框不会被键盘挡住。如果用户按键盘上的返回键，我们也可以使用 UITableViewDelegate 协议的方法来让键盘消失。

第 9 章是关于应用程序商店和一些应用程序业务相关的问题，讨论如何准备将用户的应用程序提交到应用程序商店，这其中就包括在模拟器或者 iOS 设备上测试应用程序、创建应用图标和启动图片。我们展示了一些能让应用程序通过苹果公司审核的一些相关要求。我们给应用程序的定价提供了一些提示，提供一些资源让应用程序赚钱，其中主要是通过应用内广告和应用内销售虚拟商品。我们提供了一些推广资源，一旦应用程序通过了苹果应用程序商店的审核，用户就可以使用它们了。读者将会学到如何使用 iTunes Connect 来管理自己的应用程序以及追踪应用程序的销量。

第 9 章
应用商店和应用业务问题

介绍 iOS 开发者计划和 iTunes Connect

主题

本章,读者将学习:

- 设置一个 iOS 开发者计划账号,以便可以在 iOS 设备上测试自己的应用程序并将应用程序提交到应用程序商店。
- 介绍 iOS 人机界面指南并帮助设计应用程序。
- 了解如何准备将应用程序发布到应用程序商店和进行 Ad Hoc 发布。
- 了解应用程序的价格以及付费和免费应用程序之间的优劣。
- 了解《iTunes Connect 开发者指南》,它展示了应用程序通过审核并发布到应用程序商店的每一个步骤。
- 学习如何推广并为应用程序定价。
- 学习使用 iTunes Connect 来追踪销量和趋势。
- 可以将应用程序推广到其他流行的平台,以便拓宽应用程序的市场。

9.1 介绍

在本书中,我们开发了各种各样的可以正常使用的完整 iOS 应用程序。

一旦完成了应用程序的开发,那么我们可以在 iOS 的模拟器或者设备上进行测试,下一步就是要提交应用程序到苹果公司的应用程序商店(App Store)获得批准发布。应用程序商店审核的时间是 7~14 天。这么多年来,苹果公司频繁地更新提交应用程序需要的相关信息以及提交步骤。正是由于这个原因,我们只会概述一些关键问题,然后关于每一步的详细说明,苹果公司在它的 iOS 开发者文档会实时更新。

在本章,我们将讨论如何设置用户的 iOS 开发者账号,以便用户能在 iOS 设备上测试自己的应用程序并且直接将它提交到应用程序商店。我们将讨论苹果公司的《iOS 人机界面指南》,在设计应用程序用户界面时要遵循这个指南。我们将会思考一些伟大的应用程序的共性。我们将会概述《iTunes Connect 指南》,该指南详细地介绍了如何使用 iTunes Connect 提交应用程序到应用程序商店,追踪应用程序的销量和支付情况等。我们将讨论提交的应用程序是免费的还是收费的,如果收费,那么应该怎么定价。同时,我们也会讨论通过在应用程序中放一些广告或者通过应用内付费的方式销售一些虚拟的商品来盈利。我们会提供一些相关资源以及其他一些可以用来推广的应用程序平台,通过这些操作可以扩大应用程序的市场。我们会提供许多额外的在线资源,它们大多数是免费的。

261

9.2 iOS 开发者计划：为了测试和提交应用程序，设置用户的开发者账号

正如读者所见，我们可以在 iOS 模拟器上测试许多应用程序。然而，某一些功能却只能在 iOS 设备上进行测试（见图 9.1）。即使有些功能也被 iOS 模拟器支持，但是表现出来的效果和在设备上的测试结果可能会稍微有些不同，所以在提交审核自己的应用程序之前，苹果公司要求用户在各种 iOS 设备上进行测试。

在 iOS 模拟器上不支持的功能		
指南针	相机	地图
蓝牙数据传输	3D 图形	iPod 音乐库访问
加速度计（只允许方向变化和模拟设备晃动）		

图 9.1　在 iOS 模拟器上不可用但在 iOS 设备上可用的一些功能

为了在 iOS 设备上测试应用程序和提交应用程序到应用程序商店，用户必须加入付费的 iOS 开发者计划，网址如下：

> https://developer.apple.com/programs/

无论是个人开发者，还是公司都可以注册。作为公司来注册，允许将其他成员加入开发队伍。在编写本书时，个人开发者的费用是每年 99 美元。付费的 iOS 开发者计划成员可以：

- 访问应用程序商店的资源中心。
- 在设备上测试应用程序和每个应用程序多达 1000 个 Beta 版本。
- 提交应用程序到应用程序商店审核并发布。
- 每一年可以享受两次预付费技术支持事件（TSI），它们是苹果公司的工程师提供的基于代码级别的帮助（关于 TSI 的更多信息请访问 https://developer.apple.com/support/technical/submit/）。

9.2.1　设置你的开发者团队

为了在 iOS 设备上测试应用程序，用户必须设置自己的开发者团队，它由用户及其团队中的其他成员组成。这些成员可以登录付费 iOS 开发者计划网站，在 iOS 设备上测试应用程序序，在账户中添加设备以供测试等。图 9.2 描述了团队成员各自的角色。

当用户以公司名义来注册付费的 iOS 开发者计划时，用户会被自动指定为公司开发团队的代理人。代理人对该账户负有很重要的责任。如果以公司名义来注册，用户可以在成员中心（Member Center）中添加成员到自己的开发团队中。在浏览器中输入网址 https://developer.apple.com，并在该页面顶部的工具栏中单击成员中心。如果不能正常的登录，可以按照苹果公司的步骤进行操作，请访问：

> http://bit.ly/nAddiOSTeamMembers

想要了解更多信息，请阅读《应用程序发布指南的管理团队》章节，该书在 iOS 开发者库中可以找到。

iOS 开发者计划中的各种角色
团队代理
负责管理账户，分配加入 iOS 开发者计划的人员
通过 iTunes Connect 可以阅读并接受相关的法律条款
分配管理员和团队成员
创建和接受开发者证书签名请求（见 9.2.2 节）。开发证书是作为用户的数字识别签名。用户会用它来对自己的应用程序进行签名，以便它可以在设备上进行安装和测试
下载并创建授权概要文件，它包含了用户的开发者证书、设备和应用 ID
获得 iOS 发布证书，可以对应用程序进行数字签名以确保它们可以用于提交应用程序商店和 Ad Hoc 分发（如让应用程序可以被 100 个设备进行测试）
如果团队由两个或更多的人组成，可以被指定为管理员
在设置好的设备上测试各种应用程序
提交新的应用程序并更新到 iTunes Connect
管理员
分配管理员和团队成员，他们将有资格在 iOS 设备上测试应用程序
创建和接受开发证书签名请求
添加 iOS 设备到账户中用于测试并注册应用程序 ID
获取用于提交应用程序商店和 Ad Hoc 分发的 iOS 发布证书
下载并创建授权文件
在指定设备上测试应用程序
团队成员
获取开发者证书签名请求
下载并创建授权文件
在指定设备上测试应用程序

图 9.2　iOS 开发者计划中的各种角色（https://developer.apple.com/programs/roles/index.php）

9.2.2　为测试应用程序配置一个设备

当在设备上测试一个应用程序之前，它必须被授权——在大多数情况下，Xcod 已经为我们处理了这个事情。授权文件（Provisioning Profile）和应用程序 ID 都被用来作为授权的一部分。一个授权文件决定谁可以安装应用程序进行测试。应用程序 ID 决定哪个应用程序可以被安装。Xcode 提供了一个默认的 iOS 团队授权文件和 iOS 通配符应用程序 ID，它们可以构建和安装大多数的应用程序。应用程序使用 iCloud、应用内付费、消息推送或者游戏中心都需要一个明确的应用程序 ID（见 9.2.4 节）。

开发和发布证书

苹果公司使用数字证书来验证一个应用程序是否由用户创建。整个识别的过程称为代码签名。我们将会使用两种证书，即开发证书和发布证书。一个开发证书允许用户对自己的应用程序进行签名，以便它可以在一个设备上进行安装并测试。一个发布证书允许用户对自己的应用程序进行签名，以便它可以分发用于测试，甚至提交到应用程序商店（见 9.9 节）。

要在一个设备上测试应用程序。首先在 Xcode 的 Scheme 选择器中选择一个设备（见图 1.23），然后运行应用程序。在 Xcode 的偏好设置中选择用户的开发者账号去请求一个开发者证书（查看在开始之前要做的事的相关章节），然后使用它对应用程序进行签名，以便用户可以在设备上进行安装和测试。

9.2.3 使用 TestFlight 进行 Beta 测试

在应用程序还没发布在应用程序商店之前，TestFlight（和 iOS 8 一起发布）允许邀请（通过电子邮件）1000 个用户对应用程序进行 Beta 测试。在使用 TestFlight 分发应用程序之前，它必须通过测试应用程序审核并遵循同样的应用程序商店审核指南：

> https://developer.apple.com/app-store/review/guidelines/

测试者只需要安装 TestFlight 的应用程序，当应用程序有一个新的版本要测试时，它会通知测试者。它会安装这个应用程序的更新程序，将开发者提供的说明告知测试者，并允许他们发送反馈信息。在测试期间，应用内付费是免费的，但在测试结束后，就需要收费了。测试者一般用 30 天完成测试。图 9.3 列出 Beta 测试的一些优点。

Beta 测试应用程序的优点	
找到并修复漏洞	发现性能问题
获得应用程序改进的建议（如添加、更改或者去除一些特性）	获得用户界面和可用性反馈
	为未来的客户支持问题做准备
多个用户和各种 iOS 设备及版本的测试	让关键用户或者评论家更早使用应用，让他们感觉自己参与了整个开发过程
能更好地理解用户以及他们怎样与应用程序进行交互	应用程序发布在应用程序商店，收集用户评论

图 9.3 在发布应用程序之前进行 Beta 测试的优点

TestFlight 还允许最多 25 个开发团队成员或管理员来测试应用程序。更多信息请阅读 TestFlight 的常见问题解答：

> https://itunesconnect.apple.com/docs/TestFlightFAQ.pdf

关于设置 Beta 测试的每一个步骤，请阅读《iTunes Connect 开发者指南》的使用 TestFlight 进行 Beta 测试章节：

> http://bit.ly/TestFlightBetaTesting

创建一个 Ad Hoc 授权文件用于 Beta 测试

在 TestFlight 出现之前，Beta 测试是通过 Ad Hoc 授权文件实现的，在开发者账户里面只允许注册最多 100 个设备。现在仍然可以使用这种机制来进行测试。使用 Ad Hoc 授权文件分发测试应用程序文章（是应用程序分发指南的一章）中，详细介绍了创建 Ad Hoc 授权文件的步骤：

> http://bit.ly/AdHocBetaTesting

在设备被用于 Beta 测试之前，需要在付费的 iOS 开发者计划的账户中注册每个设备。每年最高可以注册 100 个设备。

9.2.4 创建明确的应用程序 ID

应用程序 ID 是授权文件的一部分，它标识了一个应用程序或者一套相关的应用程序。当开发者提交应用程序到应用程序商店并且应用程序需要使用 iCloud、应用内购买、消息推送或者游戏中心时，那么需要创建一个明确的应用程序 ID。

一个应用程序 ID 包含 10 个字符，它的前缀被称为一个 bundle 的种子 ID，紧随其后的一个句号（.）和一个应用程序 ID 的后缀，这个后缀称为 bundle ID 的搜索字符串。bundle 的种子 ID 是由苹果公司生成的——用这个 ID 可以和开发者团队进行关联。bundle ID 搜索字符串是开发者创建的一个标识符。苹果公司推荐使用反向域名（如 com.DomainName.AppName）来作为 bundle ID 的搜索字符串。一旦一个应用程序 ID 被创建，它就不能够被删除。在应用程序分发指南的维护标识符、设备和授权文件的章节中，可以找到创建新的应用程序 ID 的步骤，网址如下：

http://bit.ly/CreatingAppIDs

9.3 iOS 人机界面指南

创建 iOS 的应用程序遵循苹果公司的《iOS 人机界面指南（HIG）》是很重要的：

https://developer.apple.com/library/ios/documentation/
    UserExperience/Conceptual/MobileHIG/index.html

该文档讨论的内容如下。
- 平台特点。
- 人机界面原则。
- 应用程序设计策略。
- 从其他平台转移到 iOS 平台的应用程序案例。
- 用户体验指南。
- iOS 技术使用指南。
- iOS 用户界面元素使用指南。
- 自定义图标和图片创建指南。

记住，在应用程序被添加到应用程序商店之前，一定要提交开发者的应用程序让苹果公司审核。图 9.4 列举了一些为了能让应用程序给苹果公司审核所需要的一些特性和功能。我们整本书都会讨论 HIG 的各部分。不遵守这些指南，苹果公司将会拒绝开发者的应用程序。在应用程序商店资源列表中提供了应用程序审核指南文档，它提供了一个应用程序被拒绝的原因列表。

功能和特性	
兼容最新版的 iOS	不使用过高的带宽下载数据
Xcode 中有效的签名	
遵循苹果公司的人机界面指南	网页应用程序使用 iOS 的 WebKit 框架和 WebKit JavaScript
不复制已经存在的 iOS 功能	应用程序商店中应用程序的描述不包括其他平台
表里如一	
不崩溃	
只使用公有 API	当网络不可用时显示一个错误信息
大图标和小图标是相似的，以便用户可以在不同上下文中识别图标	不侵犯他人的版权或商标

图 9.4 应用程序商店审核需要的功能和特性（https://developer.apple.com/app-store/review/guidelines/）

苹果公司已经公布了在审核过程中一些常见的可能会被拒绝的原因（https://developer.apple.com/app-store/review/rejections/）。图9.5列举了一些常见原因。

应用程序被拒绝的原因	
软件漏洞——在提交应用程序获得批准之前，应确保它能正常运行，开发者必须在各种iOS设备上测试应用程序	缺少支持和联系信息——应用程序必须包括客户支持的链接和开发者的联系信息，缺少支持和联系信息，应用会被拒绝。儿童应用和提供订阅服务的应用还必须包括一个开发者的隐私策略的链接
用户交互界面设计较差——当创建应用程序用户界面时，必须遵循苹果公司的人机界面指南	坏掉的超链接——应该检查每一个超链接
最终内容缺失——对于丢失的文本或者图片应用程序使用占位符的都会被拒绝，所以要确保最终的所有内容都被包含在应用程序中	缺少值——如果缺少功能或值，应用程序可能会被拒绝

图9.5 苹果公司拒绝应用程序提交到iTunes的一些常见原因
（https://developer.apple.com/app-store/review/rejections/）

9.4 通过 iTunes Connect 提交应用程序

当通过iTunes Connect提交应用程序进行审核时，开发者会被要求提供一个应用程序名称和描述、关键词、图标、截图和预览（可选）。如果打算让应用程序在多个国家进行销售，那么必须为本地化版本的应用程序提供已经翻译的应用程序数据。在本节中，我们将告诉开发者需要准备些什么，这些要求都可以在《iTunes Connect开发者指南》的应用程序属性附录里找到：

    http://bit.ly/iTunesConnectAppProperties

本章后面的部分将概述提交苹果公司审核所需要的东西以及苹果公司的一些操作指南。

关键字

当提交应用程序时，开发者将提供一个以逗号分隔的关键字列表，它们将帮助用户在应用程序商店找到开发者的应用程序。这有点类似于YouTube和Pinterest这类网站的标签，只有开发者（不是一般大众）可以给自己的应用程序提供关键字。关键字列表限制在100个字符以内。对于关键字苹果公司不会给开发者提供任何的指导和建议，但是要遵循下面的约定。

- 不能使用别人应用程序的名字。
- 不能使用别人的商标。

图标

为应用程序设计一个图标（它们通常是开发者公司的标志，它也可以来自于其他应用程序的图片或者一张自定义的图片），它将会出现在应用程序商店以及用户的iOS设备上。图标和图形并不总是能够很好地进行缩放。因此，开发者需要创建不同的尺寸以便它们能够像预期的那样进行显示。开发者可能希望雇一个有经验的图形设计师帮助你创建一个迷人的、专业的图标，虽然这个价格会很高（见图9.6）。关于应用程序图标的一些要求，可以查看

《iOS 人机界面指南》的应用程序图标章节：

http://bit.ly/HIGAppIcons

公司	URL	服务项目
Fast Icon	http://www.fasticon.com/icon-design/	给应用程序提供自定义、系列、免费图标
Glyphish	http://glyphish.com/	提供用于工具栏和标签栏的免费和收费的系列图标
iPhone-icon	http://iphone-icon.com/	为 iPhone 和 iPad 自定义图标
icondesign	http://www.icondesign.dk/	除了付费的自定义服务外，他们还提供了一些收费和免费的图标包，可以在 http://www.tabsicons.com/ 下载
AimUp Apps	http://www.appicondesigner.com/icondesignerservice	自定义应用程序图标和启动图片
The Iconfactory	iconfactory.com/home	自定义和系列图标。也提供图标创建软件（比如 Adobe® Creative Suite®）用于创建多个尺寸和格式的图片
The Noun Project	http://thenounproject.com	来自于许多艺术家数以千计的图标

图 9.6　一些自定义应用程序图片设计公司

启动图片

当应用程序被加载时，开发者必须显示一个启动屏幕或者启动图像，以便用户在等待应用程序加载时可以看到一个立即响应。比如，单击 iOS 设备上的任何默认的图标（如股票、相机、联系人），用户会发现它们立即显示了一个启动图片，它类似于应用程序的用户界面——通常这个用户界面的背景元素只是一张图片而已。iOS 8 的应用程序工程现在包括一个动态的可调整大小的启动屏幕用户界面，开发者可以根据自己的应用程序进行自定义，或者可以继续使用启动图片。

截屏

在应用程序商店，应用程序描述中将会包括 1～5 张开发者的应用程序截图。因为在下载一个应用程序之前，用户不能够使用它，所以只能通过这些预览图片了解开发者的应用程序。要获得高分辨率屏幕截图，需要使用高清屏幕的 iOS 设备。同时按住电源键和主屏键来完成屏幕截图并保存到开发者设备的相册应用程序。也可以使用 Xcode 来获取屏幕截图，在 Xcode 中选择窗口 > 设备，然后选择开发者连接的 iOS 设备并在设备窗口中单击截屏。

应用程序预览

应用程序预览是应用程序商店的另外一个销售工具——显示在应用程序商店的视频为 15～30s，这可以让潜在的用户能够更详细地了解开发者的应用。因为他们在购买之前不能够试用应用程序，所以高质量的视频预览可以向用户展示开发者应用程序的相关特性，从而帮助增加销量。这个视频显示在应用程序产品页面，它位于应用程序截图的前面。

为了录制应用程序预览视频，开发者需要将自己的 iOS 8 设备连接到一台运行了优胜美地操作系统的 Mac 计算机。使用 QuickTime 播放器录制视频。当视频准备好后，上传到 iTunes Connect 以供预览。虽然应用程序预览会出现在每一个开发者销售应用程序的国家的应用程序商店中，但是现在开发者只能选择一种语言来提交。

合同信息

为了通过应用程序商店销售应用程序，团队代理人必须接受 iOS 付费应用程序合同的各项条款——苹果公司确认开发者的财务信息可能要花一些时间。如果应用程序是免费提供的，团队代理人必须接受 iOS 免费应用程序合同。为了查找并管理合同，可以单击 iTunes Connect 的合同、税收和银行业务选项。

其他语言（可选）

开发者可以将自己的应用程序提交到各个国际化的 iTunes 应用程序商店。同时把应用程序的描述性文本根据不同的应用商店进行翻译（见图 9.7）。否则，这些信息只会以英文显示。开发者会被要求输入翻译文本，这是 iTunes Connect 提交过程的一部分（见 9.8 节）。应用程序本身可以本地化成多种语言，但是应用商店显示的文本只能是一种语言，如图 9.7 所示。

语言			
澳大利亚英语	芬兰语	韩语	西班牙语
巴西葡萄牙语	法语	拉丁美西班牙语	瑞典语
加拿大英语	德语	马来语	泰语
加拿大法语	希腊语	挪威语	繁体中文
丹麦语	印度尼西亚语	葡萄牙语	土耳其语
荷兰语	意大利语	俄语	英式英语
英语	日语	简体中文	越南语

图 9.7　在国际化的应用程序商店中本地化应用程序元数据的相关语言
（https:// itunesconnect. apple. com）

9.5　给应用程序定价：收费还是免费

当应用程序通过应用程序商店进行分发时，就需要给应用进行定价了。许多开发者将应用程序免费视为市场推广、品牌宣传的一个工具。他们也有许多赚钱的方式，如增加产品的销售和服务，同样的应用程序却带有不同功能的版本以及通过应用内付费和应用内广告来销售一些其他内容。图 9.8 列出了让应用程序赚钱的一些方式。

一个应用程序赚钱的方式
在应用程序商店销售该应用程序
应用内付费（见 9.6.1 节）
销售一个应用程序给公司，该公司有所有权
使用 iAd 作为应用内广告（见 9.6.2 节）
销售应用内广告空间
用它来销售应用程序中其他更丰富的功能

图 9.8　让应用程序赚钱的一些方式

9.5.1 付费的应用程序

根据 Flurry 的研究表明，所有 iPhone 应用程序的平均价格（免费和付费）是 0.19 美元，iPad 应用程序的平均价格是 0.50 美元。在本书写作之时，我们查看了 iPhone 和 iPad 付费排行榜前 100 名，下面是我们的发现：

- iPhone 的平均付费价格是 2.33 美元，iPad 的平均价格是 3.29 美元。屏幕越大，应用程序的价格就越高。
- 在前 100 个付费的 iPhone 应用程序中，其中 40 个是 0.99 美元，29 个是 1.99 美元，12 个是 2.99 美元，8 个是 3.99 美元，7 个是 4.99 美元，2 个是 6.99 美元，1 个是 8.99 美元，另 1 个是 9.99 美元。
- 在前 100 个付费的 iPad 应用程序中，大部分的价格都是 0.99 美元（29 个）、2.99 美元（18 个）、1.99 美元（16 个）和 4.99 美元（16 个）。价格最高的是 9.99 美元（4 个）。大多数的应用程序价格都在 0.99～4.99 美元之间。

这些价格可能有点低，但成功的应用可以卖数千甚至数百万个副本！Roivo 公司出品的愤怒的小鸟自从 2009 年发售以来已经卖出了超过 6.48 亿个副本——价格从 0.99 美元（iPhone 版本）到 2.99 美元（iPad 版本）。当设定一个价格后，首先要研究竞争对手。他们的应用程序的成本是多少？我们的应用程序有更多的功能吗？我们的应用程序将提供比竞争对手更低的价格，从而吸引用户吗？我们的目标是收回开发成本并获得一些额外的收入吗？

付费应用程序的所有金融交易都是由应用程序商店来处理的。苹果公司会将销售价格的 70% 给开发者，自己保留剩下的 30%。收益会在 45 天内支付，也就是每月的月末，当开发者的收益超过 10 美元时，苹果公司才会支付。在某些国家，支付的最高额度是 150 美元。更多信息请查看 iTunes Connect 的常见问题解答：

https://itunesconnect.apple.com

9.5.2 免费的应用程序

根据 Distimo 公司的研究，手机用户更有可能在免费的应用程序中进行购买而不是去购买付费应用程序。在本书出版时，iPhone 和 iPad 畅销应用排行榜中前 100 名中只有 4 个是赚钱的。开发者应该考虑提供一个免费的"精简"版应用程序，其功能和特性都有所限制，鼓励用户去试玩这个应用程序。比如，如果这个应用程序是一个游戏，可以提供一个只有前几个关卡的免费版本。一旦用户完成这些关卡后，应用程序将弹出一个消息，鼓励他们通过应用程序商店去购买带有更多关卡的完整版。从"精简"版升级是用户购买付费应用程序的主要原因。许多公司使用免费的应用程序来建立品牌知名度，从而推动其产品和服务的销售。图 9.9 显示了使用这种策略的一些公司。

当然，我们可以创建一个非常受欢迎的免费应用程序并通过出售它来从中获利。2012 年，Facebook 以 10 亿美元的价格收购了照片分享应用 Instagram。然后在 2014 年，Facebook 以 190 亿美元的价格购买了 WhatsApp，它是一个消息传递应用程序，第一年是免费的（之后每一年收取 0.99 美元）！

免费应用程序	功能
Amazon® Mobile	在亚马逊上浏览和购买商品
Bank of America	找到用户附近区域的自动取款机和银行分支机构，查询余额和支付账单
Best Buy®	在 Best Buy 上浏览和购买商品
Epicurious Recipe	来自于 Conde Nast 杂志的成千上万的食谱，其中包括 Gourmet 和 Bon Appetit
ESPN® ScoreCenter	设置个性化的记分牌并追踪用户最喜爱的大学和专业运动队
Nike Training Club	无数来自耐克的健身专家定制的训练
NFL Mobile	获得最新 NFL 的新闻和更新、现场直播、NFL 重播等
Taco Bell®	查找附近的 Taco Bell 餐厅并签到，查看菜单和营养信息，还可以玩游戏等
Red Bull Augmented Racing Reloaded	由红牛创建的增强现实的赛车游戏，红牛是一种流行的功能性饮料
UPS® Mobile	跟踪货物，找到卸货地点，估算运输成本等
NYTimes	阅读《纽约时报》头条新闻文章
ING Direct ATM Finder	通过 GPS 或者地址找到免费的 ATM
Pocket Agent™	国家农业保险应用可以帮助用户联系一个代理人员进行索赔、查找当地的维修中心，检查用户的国家农业银行和共同基金账户等
Progressive® Insurance	提交车祸现场照片和索赔报告，当用户购买一辆新车时可以帮用户找到一个当地的销售商并获得汽车安全的相关信息
USA Today®	阅读来自于《今日美国》的文章并获取最新的各种体育赛事排行榜
Wells Fargo® Mobile	找到用户附近区域的 ATM 和银行分支机构，查询余额、转账和支付账单

图 9.9　公司使用免费的 iOS 应用程序来建立品牌知名度

免费增值服务

开发者也可能会考虑现在越来越受欢迎的免费增值商业模式，免费提供自己的应用程序，然后通过收费来增加其他功能。对于某些分类的应用程序，免费增值服务是最成功的定价策略，尤其是游戏、新闻、杂志、书籍和社交网络类应用程序。2013 年收入最高的 iPhone 和 iPad 应用程序是 Candy Crush Saga，它是一个免费的应用程序，通过应用内购买和应用内广告来赚钱，就一个美国市场每天的收入就超过 99.4 万美元！

9.6　应用程序如何赚钱

本节将讨论如何通过应用程序来赚钱，其中包括出售虚拟商品、应用内广告和为企业开发定制应用程序。

9.6.1　使用应用内购买来销售虚拟商品

让应用程序赚钱的一个非常有效的方法就是用这个应用程序销售虚拟商品（如数字内容）。应用内购买是 iOS 的 Store Kit 框架的一部分，无论是免费的应用程序，还是付费的应用程序，都可以销售虚拟商品（见图 9.10）。每一个应用内购买都要经过苹果公司的审核。例如，如果通过书店应用程序销售书籍，每本书在上架之前都要通过苹果公司的审核。根据 Distimo 的研究，带有应用内购买的免费应用程序获得了大部分收入，在 2013 年 11 月，它们占据了应用程序商店总收入的 92%。

虚拟商品		
杂志订阅	本地指南	头像
虚拟服装	额外的游戏水平	游戏的风景
可安装功能插件	铃声	图标
电子贺卡	电子礼物	虚拟货币
墙纸	图片	虚拟宠物
音频	视频	电子书和更多

图 9.10 虚拟商品

销售虚拟商品的收入要比应用内广告多。一些应用程序销售虚拟商品非常成功,这其中主要包括 Angry Birds、Candy Crush Saga、DragonVale、Zynga Poker、Bejeweled Blitz 和 NYTimes。在手机游戏中,虚拟商品尤其受欢迎。

iOS 应用内购买

使用应用内购买有如下两种方式。

- 可以在应用程序里面添加一些额外的功能。当用户选择购买时,应用程序会通知应用程序商店,它会处理该交易并将确认付款的消息返回给应用程序。然后应用程序就会解锁这些额外的功能。
- 应用程序在必要时可以下载一些额外的内容。这些内容可以托管在自己的服务器或者苹果公司的服务器上。当用户选择购买时,应用程序会通知应用程序商店处理此交易。然后,应用程序会通知相应的服务器将新内容发过来。在新内容被发送之前,服务器(开发者的或苹果公司的)会验证应用程序是否从应用程序商店获得了有效的收据。要想了解更多的消息,请阅读开发者文档中的《收据验证编程指南》。

如果应用程序提供了购买界面,那么开发者就需要控制用户体验。Store Kit 框架通过 iTunes 商店处理付款请求,然后将购买确认发送给应用程序。要想了解更多关于使用 Store Kit 框架完成应用内购买的相关信息,请阅读《Store Kit 编程指南》和《Store Kit 框架参考》。

如果应用程序使用了应用内购买功能,那么开发者最好为自己的产品选择好分类(见图 9.11),因为之后就不能再修改这个设置了。关于如何逐步设置应用内购买,请阅读《iTunes Connect 的应用内购买配置指南》:

http://bit.ly/InAppPurchaseConfiguration

种 类	描 述
消耗品	用户每次下载时都需要重新付费,不能在多个 iOS 设备上下使用
非消耗品	用户为内容付费一次。后续的下载都是免费的,而且可以跨多个 iOS 设备使用
自动可更新订阅	用户支付访问的内容会在一个固定的时间间隔内更新。除非用户明确地选择不续费,否则一直续订
免费订阅	和自动可更新订阅类似,只不过用户不收费
不可更新订阅	用户支付的内容只在一段时间内可更新(如六个月订阅)

图 9.11 使用应用内购买需要对开发者出售的产品进行分类
(参看创建应用内购买产品 http://bit.ly/InAppPurchaseConfiguration)

9.6.2 应用内广告服务 iAd

许多开发者免费提供他们的应用程序，通过应用内广告来盈利。移动广告网络（如苹果公司的 iAd 网络）可以在应用程序中加入广告（横幅和视频）来让开发者获取广告收益。当用户单击了一个 iAd 的横幅时，广告产品便会在弹出的网页视图上运行，用户可以和这个广告进行交互而不需要离开开发者的应用程序。之后，用户可以继续使用应用程序。iAd 根据广告浏览量和点击量（CTR）来综合计算广告收入。在前 100 名免费应用程序中，它们每天从应用内广告中获得的收入从几百美元到几千美元不等。据估计，广受欢迎的 Flappy Bird 应用程序每一天有超过 1600 万次的广告浏览量，它每一天从应用内广告获得收入为 50 000 美元！但是对于大多数应用程序而言，应用内广告并不会带来巨大的收入。如果开发者的目标是收回开发成本并获得利润，那么应考虑销售付费的应用程序或者销售虚拟商品（请查看 9.6 节）。除非应用程序被大规模下载和使用（当然大多数并没有），否则开发者获取的广告收入十分有限。也可以使用 iAd 来推广应用程序。更多信息请查看《iAd 编程指南》。

9.6.3 App Bundles

苹果公司在 2014 年的全球开发者大会（WWDC）上介绍了 App Bundles，用户可以以折扣价购买最多 10 个付费的应用程序。用户可以购买这些应用程序中的一个或多个，或者直接购买 App Bundle，它们之间只是总价有差异。虽然是打折销售，但是这样卖出了更多的应用程序，收益也会更高。

开发者一次最多可以创建 10 个 App Bundles。一个单独的应用程序最多可以包含在 3 个 App Bundles 中。按照下面的步骤可以在 iTunes Connect 中创建自己的 App Bundles。

- 给 App Bundle 取名。苹果公司建议将名称限制在 23 个字符内，并且要避免使用"编辑推荐"、"精选"、"合集"这些词。
- 选择最多 10 个应用程序。从应用程序中选择最受欢迎的前 4 个应用程序，它们的图标将会在应用程序商店显示。App Bundles 中的应用程序必须在全球范围内的每一个应用商店单独销售。
- 描述。介绍 App Bundles 里面包含哪些应用程序以及为什么用户要购买（如写出开发者所提供的折扣以及这些应用程序如何互补等）。
- 定价。App Bundles 的总价必须高于单个应用程序的最高价格，低于单独购买这些应用程序的总价。

想了解更多关于 App Bundles 的相关信息，请查看《iTunes Connect 开发者指南》。

9.6.4 为企业开发定制应用程序

通过给公司提供定制的企业对企业的应用程序，开发者的应用程序开发技能也可以获利。应用程序商店的批量购买计划（VPP）允许其他公司批量购买开发者的 B2B 应用程序并分发给用户。当上传一个定制的应用程序到 iTunes Connect 进行审核时，只是表明一些公司有资格购买应用程序和查看它的发布日期。只有那些授权的购买者通过 VPP 网站才可以看到。图 9.12 列出了一些关键的 VPP 资源。

第 9 章 应用商店和应用业务问题

URL	描述
https://developer.apple.com/programs/volume/b2b/	批量购买业务的基本信息
http://www.apple.com/business/vpp/	参加这个项目,登录到用户的账户并更多地了解它是如何工作的
http://images.apple.com/business/docs/VPP_Business_Guide_USA_EN_Feb14.pdf	批量购买计划指南讨论如何采购、分发和管理内容、定制 B2B 应用程序等
http://www.apple.com/legal/internetservices/itunes/vpp-business/ww/	批量购买计划的相关条款和条件
https://ssl.apple.com/support/itunes/vpp/	批量购买计划支持

图 9.12　关于企业批量购买计划的一些资源

9.7　用 iTunes Connect 管理应用程序

iTunes Connect（https://itunesconnect.apple.com/）是 iOS 付费开发者计划的一部分,允许开发者管理自己的账户和应用程序、追踪销售记录、获取产品促销码等(见图 9.13)。应用程序每更新一次,可以最多发放 100 个免费的产品促销码。

iTunes Connect 的各个模块	描述
我的应用程序	添加新的应用程序给应用程序商店审核。输入应用程序的信息,其中包括应用程序描述、关键字、支持网址、营销网址、隐私政策网址、联系信息、定价、为应用程序创建应用内购买、打开游戏中心(游戏应用程序)、查看顾客评论、请求促销码,它允许用户通过免费的方式下载开发者的付费应用程序(见 9.10 节,营销应用程序)等
销售和趋势	查看每日、每周、每月、每年和全部的销售报告。还可以查看销售的地区、平台、类别、内容类型和事务类型
支付和财务报告	访问支付信息和月度财务报告
iAd	链接到 iAd 工作台,在那里可以创建一个广告来推广开发者的应用程序并为其网站带来流量。开发者的广告将会出现在应用程序商店中已经审核通过的 iOS 应用内,可以指定目标受众并设置一个广告预算
用户和角色	在 iTunes Connect 账户中添加或删除用户,并为每个用户指定能够访问的模块
协议、税收和银行信息	签署支付应用程序协议后,可以通过应用程序商店来销售应用程序。也可以设置银行信息、税收扣缴和管理 iTunes 合同
资源和帮助信息	和应用程序商店联系解决遇到的问题,查看常见问题的列表,并与全球开发人员一起咨询和回答 iTunes Connect 的相关问题。开发者也会找到一些 iTunes Connect 的文档

图 9.13　iTunes Connect 的各个模块(https://itunesconnect.apple.com/)

崩溃报告

iTunes 会将设备的崩溃报告传送给 iTunes Connect,这些设备都已经安装了应用程序——我们假设用户使用的设备都能成功发送数据给苹果公司。在 iTunes Connect 中管理应用程序时,开发者只需要单击查看崩溃报告按钮,便可以在应用程序的详情页中查看崩溃信

273

息。这些信息可以帮助开发者及时修复应用程序里面的 bug。开发者可能也要考虑使用第三方的实时崩溃报告服务（见图 9.14）。

公司	URL
Crashlytics	http://try.crashlytics.com/
BugSense	https://www.bugsense.com
Crittercism	https://www.crittercism.com
HockeyApp	http://hockeyapp.net/features

图 9.14　第三方的实时崩溃报告服务

9.8　iTunes Connect 需要的一些信息

一旦开发者准备提交应用程序到应用程序商店进行审核时，需要先在 iTunes Connect 中创建应用程序记录。首先需要遵循如下的信息。

- 一个应用程序的可用日期——开发者将会选择一个日期，开发者希望在那个日期应用程序在应用程序商店是可用的。应用程序商店将会显示应用程序的发布日期，它要么是开发者选择的日期，要么是应用程序审核通过的日期，反正是两者中最晚的那一个。
- 一个应用程序的描述——iTunes 会向应用程序商店的用户展示该描述。
- 一个应用程序图标——iTunes 会将它和程序的描述一起展示。
- 一张或者多张应用程序的截图用来展示应用程序。
- 一个版本号——这是用于内部版本管理的版本号。
- 一个和应用程序 ID 相匹配的 bundle ID。
- 一些下面我们将讨论的其他信息。

应用程序评级

在应用程序商店发布应用程序之前，开发者必须提供一个评级用于家长控制，它将会显示在应用程序价格的下方。家长根据评级来限制他们的孩子可以使用哪些应用程序。在评级页面，开发者将被询问应用程序是否包含暴力、性内容、亵渎、成人内容、赌博或恐怖内容。接下来根据这些内容在应用程序中出现的频度进行单选——没有、不频繁/轻微或者频繁/强烈。苹果公司将会给应用程序一个如图 9.15 所示的评级。当开发者完成了每一个分类的问题之后，应用程序的评级将会出现在屏幕上，单击继续按钮，跳转到上传页面。

年龄评级	描述
4+	没有受限制内容
9+	适合九岁儿童和九岁以上的儿童
12+	适合十二岁儿童和十二岁以上的儿童
17+	有强烈频繁的受限制内容，适合十七岁儿童和十七岁以上的成人

图 9.15　应用程序评级

价格

开发者必须为应用程序设定价格区间。

- 单击查看价格模型，可以查看各个价格区间和每一个应用程序对应的价格。选择一个区间，可以看到一个关于应用程序价格的表格，这些价格都是应用程序商店根据当地的货币进行计算的，并且开发者所获得收益也是基于这个价格的。
- 最后，单击每个国家名称旁边的复选框，选择开发者需要销售应用程序的应用商店。单击继续按钮跳转到地区页面。

应用程序运行中的截屏

获取截屏：

1. 在设备上运行应用程序。
2. 在运行这个应用程序的同时，连接开发者的设备到你的 Mac，打开 Xcode 的设备窗口。
3. 选择开发者的设备。
4. 单击截屏按钮，保存应用程序当前状态的截屏。

同时按住主屏键和电源键，在 iOS 设备上直接完成截屏。同时，通过选择 File > Save Screen Shot 菜单，开发者也可以在模拟器上截屏。

应用程序的 Bundle ID

在 iTunes Connect 中，应用程序使用的 Bundle ID 必须和开发者的工程目录中定义的 Bundle ID 一致。定义 Bundle ID：

1. 在 Xcode 的左边一列中选择工程的名称。
2. 在 Target 中选择应用程序的名称。
3. 选择信息那一栏。
4. 当开发者在 iTunes Connect 中创建应用程序时，bundle 标识符那一行必须和开发者在工程中使用的一样。Bundle ID 应以开发者公司的反向域名作为开头（如 com. deitel），紧随其后的是应用程序名称。对于小费计算器，我们使用的 Bundle ID 是 com. deitel. TipCalcutor。

9.9　iTunes Connect 开发者指南：提交应用程序到苹果公司的步骤

在提交应用程序给苹果公司审核时，《iTunes Connect 开发者指南》（http://bit.ly/iTunesConnectDeveloperGuide）会给开发者细致到每一步的指导。一旦应用程序通过了苹果公司的审核就可以立即发布。当应用程序还没有准备好要提交时，这些操作步骤就不要进行了，因为苹果公司在创建应用程序和提交该应用程序之间有一个时间限制。一种例外的情况是对于那些使用了游戏中心或者应用内付费的应用程序，它们要求在 iTunes Connect 必须有一个应用程序记录，以便在开发阶段可以测试这些特性。

登录 iTunes Connect

在默认情况下，只有 iOS 开发团队的代理人才可以登录到 iTunes Connect，但是代理人可以使用 iTunes Connect 来为其他团队成员建立账户。要登录到 iTunes Connect，首先要登录

iOS 开发者中心（http://developer.apple.com/ios），然后在 iOS 开发者计划中单击 iTunes Connect 并登录到该网站。

iTunes Connect 开发者指南概述

iTunes Connect 开发者指南主要分为三类步骤。
- 提交应用程序审核之前的步骤。
- 提交过程中的步骤。
- 应用程序在应用程序商店发布后的步骤。

该指南的关键部分是在 iTunes Connect 中识别应用程序和提交应用程序去审核，图 9.16 进行了简单总结。

章 节	描 述
iTunes Connect 概览	展示了 iTunes Connect 和每一部分的用处，并提供了各种相关支持的链接，包括常见问题、论坛和视频教程
第一步：在 iTunes Connect 中识别应用程序	讨论如何使应用程序出现在应用程序商店中，包括选择应用程序的名字、如何编写应用程序的营销文本、如何选择合适的应用分类和关键字，应用图片、应用评级等
为一个应用程序创建一个 iTunes Connect 记录	描述一个应用程序在可以提交审核之前的一些关键步骤。一个应用程序记录包含了应用程序出现在应用程序商店的所有信息
配置应用商店的相关技术	描述了在应用程序中使用到的一些应用程序商店技术，主要包括游戏中心、应用内购买、iCloud、iAd 和报刊亭
在应用商店中展示多种语言	如果你打算将应用程序发布到多个国家和地区的应用程序商店并带有多国语言，它描述了上传应用程序本地化信息的一些相关步骤
提交应用程序	讨论如何验证你提供的应用程序的信息记录，如何使用 Xcode 或者应用程序加载器来上传应用程序的二进制文件（即可执行文件）以及美国对加密技术的出口限制
设置用户账户	讨论了如何在 iTunes Connect 中设置用户账户，包括能帮助你测试应用内购买和游戏中心的测试用户

图 9.16　iTunes Connect 开发者指南总结

9.10　推广应用程序

一旦应用程序通过了苹果公司的审核，就需要考虑市场推广了。首先登录到 iOS 开发中心网站（https://developer.apple.com/devcenter/ios/index.action），然后进入应用程序商店资源中心，单击市场推广资源链接。在这里开发者会发现一个链接，它指向应用程序商店推广指南（见图 9.17）以及其他一些相关资源。当开发者推广应用程序时必须遵守指南要求。

通过社交媒体网站 Facebook、Twitter、Google + 和 YouTube 进行病毒式营销可以更快地扩散消息。这些网站有巨大的访问量。根据 Pew 研究中心的研究表明，72% 的成年人在互联网上使用社交网络，这其中 67% 的人使用 Facebook。图 9.18 列出了一些最受欢迎的社交媒体网站。同时，电子邮件和电子通信仍然是非常有效和廉价的营销工具。

资源	描述
在应用程序商店中下载的徽章	在宣传资料中使用"App Store 下载"的徽章（图标）时要注意必须遵守苹果公司对于它们的使用、放置位置等要求
苹果公司的产品图片	可以下载 iPad、iPhone 和 iPod Touch 设备的图片在应用程序商店的宣传资料中使用。也可以使用这些图片来显示应用程序正运行在 iOS 设备上
自定义摄影作品和视频	只有从苹果公司获得书面批准，才可以使用苹果公司产品的视频和摄影作品。也可以使用它来展示应用程序
消息和写作风格	讨论如何将苹果公司的产品、商标和 URL 复制到开发者的营销中
应用配件和产品包装	包括在营销和展示硬件配件与应用程序协同工作时使用苹果公司产品的指南。主要包括配件名称、包装、应用商店徽章位置等
应用商店图标	了解什么时候使用应用程序商店图标是可接受的，什么时候必须使用应用程序商店下载的徽章
法律要求	讨论使用苹果公司商标的法律要求，在出版物和营销材料中的信用底线，以及用其他语言翻译商标等

图 9.17 推广应用程序指南（https://developer.apple.com/appstore/resources/marketing/index.html）

名字	URL	描述
Facebook	http://www.facebook.com	社交网络
Twitter	http://www.twitter.com	微博，社交网络
Google+	http://plus.google.com	社交网络
Groupon	http://www.groupon.com	团购服务
Foursquare	http://www.foursquare.com	签到
Pinterest	http://www.pinterest.com	在线钉板
YouTube	http://www.youtube.com	视频分享
LinkedIn	http://www.linkedin.com	商务联络的社交网络
Tumblr	https://www.tumblr.com	微博和社交网络
Instagram	http://www.instagram.com	照片分享

图 9.18 一些流行的社交媒体网站

Facebook

Facebook 是排名第一的社交网站，它有超过 13 亿的活跃用户，平均每个人有 130 个朋友链接。它是虚拟市场最有效的资源。首先为应用程序或者业务建立一个官方的 Facebook 页面。使用这个页面去发布应用程序的信息、新闻、更新、预览、提示、视频、截图、游戏分数、用户反馈和用户可以直接下载应用程序的链接。比如，我们会在自己的 Facebook 页面（http://www.facebook.com/DeitelFan）上发布一些新闻并更新 Deitel 公司的出版信息。

接下来需要传播该信息。鼓励开发者的同事和朋友"关注"其 Facebook 页面并邀请他们的朋友参与进来。当人们浏览了开发者的页面，这些信息将会出现在他们朋友的新闻页面，这样开发者的用户群就会越来越多。

Twitter

Twitter 是一个微型博客，它拥有超过 6.45 亿注册激活用户。开发者发布的微博字数必须在 140 个字以内，开发者所有的粉丝都可以看到它（在撰写本书时，一位著名的流行歌星有超过 5000 万人的粉丝）。许多人使用 Twitter 来追踪新闻和趋势。对于新版本发布公告、应用使用提示、应用描述和来自于用户的评论等都可以发微博。同时开发者也可以鼓励同事和朋友通过发微博来介绍其应用程序。新建一个主题标签（#）引用开发者的应用程序。例如，在@deitel的Twitter页面发表关于本书的微博时，我们将使用#iOS 8FP1作为主题标签。其他人也可以使用这个主题标签发表关于本书的评论。这样开发者就能够轻而易举地搜索到关于本书的相关微博了。

病毒式的推广视频

将病毒式的推广视频通过电子邮件分享到视频网站（如YouTube、Bing Videos、Yahoo! Video、Popscreen、BuzzFeed），或者社交网站（如Facebook、Twitter和Google+）等。这是传播应用程序非常好的一种方式。如果开发者创建了一个引人注目的视频，也许是幽默的或是令人吃惊的，那么该视频可能会很快流行起来，并且可能被多个社交网站的用户进行推荐。

电子邮件通信

如果开发者有电子邮件通信，可以用它来推广其应用程序。在开发者的邮件中提供一个链接，用户通过这个链接可以下载其应用程序。也可以提供一个开发者的社交网络页面的链接，用户可以获取其应用程序的最新消息。

应用程序预览

联系有影响力的博客作者和应用评论网站（见图9.19），向他们介绍应用程序。并给他们提供促销码，让他们免费下载应用程序进行试用（见9.7节）。他们的网站或博客有巨大的访问量，所以保持应用简洁并且不要带有太多的营销性。许多应用评论者会将他们试用的应用程序视频发布到YouTube上。

名 字	URL
Macworld AppGuide	www.macworld.com/category/ios-apps
TouchArcade	toucharcade.com/
Cult of Mac	www.cultofmac.com/
AppAdvice	appadvice.com/appnn
148Apps	www.148apps.com/
Gamezebo	www.gamezebo.com/iphone
Appolicious™	www.appolicious.com/
The Daily App Show	dailyappshow.com/
The iPhone App Review	www.theiphoneappreview.com/
AppCraver	www.appcraver.com/
What's on iPhone	www.whatsoniphone.com/
Apple iPhone School	www.appleiphoneschool.com/
Fresh Apps	www.freshapps.com/
Appvee	www.appvee.com/
iPhone App Reviews	www.iphoneappreviews.net/

图9.19 iOS应用程序预览和推荐的相关博客和网站（按流行程度排名）

互联网公共关系

公共关系行业就是利用媒体机构帮助公司将消息传递给他们的消费者。公共关系的从业人员将博客、微博、播客、RSS 源和社交媒体都纳入了他们的公共关系活动。图 9.20 列出了一些免费的和付费的网络公共关系资源，包括新闻稿分发站点、新闻稿写作服务等。

互联网公共关系资源	URL	描述
Free Services PRWeb®	http://www.prweb.com	提供免费和付费的在线新闻稿分发服务
ClickPress™	http://www.clickpress.com	提交新闻故事去审核（免费）。如果审核通过，可以在 theClickPress 网站和新闻搜索引擎中找到它们。对于付费的，ClickPress 会将新闻稿分发到全球顶尖的金融媒体
PRLog	http://www.prlog.org/pub/	免费的新闻稿提交和分发服务
i-Newswire	http://www.i-newswire.com	免费和付费的新闻稿提交和分发服务
openPR®	http://www.openpr.com	免费的新闻稿发布
Fee-Based Services PR Leap	http://www.prleap.com	在线的新闻稿分发服务
Marketwire	http://www.marketwire.com	通过地理位置和产业来确定新闻稿读者群体
Mobility PR	http://www.mobilitypr.com	针对企业在移动行业的公共关系服务
Press Release Writing	http://www.press-releasewriting.com	新闻稿分发和包括新闻稿写作、校对和编辑服务。可以查看写作有效新闻稿的一些技巧

图 9.20　互联网公共关系资源

移动广告网络

购买广告位（如在其他应用程序、在线网站、在报纸和杂志或者在电台和电视台）对于应用程序来说是另一种营销方式。移动广告网络（见图 9.21）利用的是移动平台上的 iOS（和其他）应用程序。这些网络通过地理位置、无线运营商、移动平台（如 iOS、Android、Windows、黑莓）等可以定位目标用户群。大多数应用程序都赚不了多少钱，所以要估算好在广告上要花多少钱。

移动广告网络	URL
AdMob (by Google)	http://www.google.com/ads/admob/
iAd	http://advertising.apple.com
Leadbolt	http://www.leadbolt.com/
Tapjoy®	http://home.tapjoy.com
Nexage™	http://www.nexage.com
Millennial Media®	http://www.millennialmedia.com/
Smaato®	http://www.smaato.com
mMedia™	http://mmedia.com
Conversant	http://www.conversantmedia.com/
Inneractive	http://inner-active.com/
Mobclix™	http://http://axonix.com/
InMobi™	http://www.inmobi.com
Flurry™	http://www.flurry.com

图 9.21　移动广告网络

开发者也可以利用移动广告网络让其免费应用程序赚钱,只需要在应用程序中加入广告(如横幅、视频)。苹果公司并没有公布iOS应用程序广告的eCPM(平均每1000个观看所花费的实际成本)平均值,然而,我们发现了一份资料,它声称在2013年,iPhone应用程序的eCPM花费是0.97美元,iPad应用程序的eCPM花费是1.38美元(相较于Android智能手机和平板电脑,其eCPM的花费分别是0.88美元和1.05美元)。大多数iOS广告都是基于点击付费的(CTR),而不是根据观看数量。Jumptap的调查报告显示,手机应用内广告点击付费率平均为0.65%,虽然这要依赖于不同的应用、设备以及广告所在的广告网络等。如果应用程序有很多用户,并且应用内广告点击付费率很高,那么开发者可以赚取可观的广告收入,并且其广告网络可能会提供价格更高的广告,进一步增加收益。

9.11 其他一些流行的移动应用平台

根据Portio研究,到2017年,每年会有超过2000亿个移动应用程序被下载(虽然评估结果有点夸大)。如果开发者的iOS应用程序能被移植到其他移动应用平台上,特别是Android,那么开发者会有更多的用户(见图9.22)。

平台	URL	全球应用程序下载的市场份额
iOS(Apple)	http://developer.apple.com/ios	33%智能手机的应用程序 75%平板电脑的应用程序
Android	http://developer.android.com	58%智能手机的应用程序 17%平板电脑的应用程序
Windows Phone 8	http://dev.windows.com	4%智能手机的应用程序 2%平板电脑的应用程序
BlackBerry(RIM)	http://developer.blackberry.com	3%智能手机的应用程序
Amazon Kindle	http://developer.amazon.com	4%平板电脑的应用程序

图9.22 流行的移动应用平台

(http://www.abiresearch.com/press/android-will-account-for-58-of-smartphone-app-down)

9.12 跨平台的应用程序开发工具

许多的跨平台开发工具可以有效地帮助开发者同时开发多个平台。其中一个就是PhoneGap(http://phonegap.com),它允许开发者用标准的Web技术来开发其应用程序(HTML5、CSS3和JavaScript)。提交应用程序到他们的构建服务上,他们会针对各个移动平台返回对应的版本,这些版本可以直接提交到对应的应用程序商店。访问http://phonegap.com可以了解他们的收费情况。图9.23列举了几个跨平台的移动开发工具。跨平台开发工具的一个弊端就是,不是所有的平台都支持同样的特性,一些平台的最新特性可能就不能支持。

工具	URL
PhoneGap	http://phonegap.com
QT	http://qt.digia.com
Adobe Air	https://get.adobe.com/air
Sencha Touch	http://www.sencha.com/products/touch
RhoMobile	http://docs.rhomobile.com/en/5.0.0
Appcelerator	http://www.appcelerator.com/

图 9.23　跨平台的移动开发工具

9.13　小结

在第 9 章，我们讨论了在提交应用程序到应用程序商店时，开发者需要准备些什么，这其中主要包括测试应用程序、创建图标和启动图片，并且遵循《iOS 人机界面指南》。我们讨论了应用程序进行审核并且被发布的步骤。我们为应用程序定价提供了一些提示，通过利用应用内广告和应用内付费购买虚拟商品可以让应用程序赚钱。我们为应用程序推广提供了一些资源，一旦应用程序通过了应用程序商店的审核，这些资源都可以用。我们概述了《iTunes Connect 开发者指南》，展示了如何通过 iTunes Connect 来管理应用程序并追踪销售情况。我们还提供了一个关于其他移动平台和网页平台的列表，通过这些平台可以帮助开发者拓宽应用程序的市场。我们也介绍了一些跨平台的移动应用程序开发工具。

和 Deitel & Associates 公司保持联系

我们希望读者能享受阅读本书的过程，就像我们享受写作它的过程一样。我们会很感激读者的反馈信息。请将问题、意见、建议和修正发送到我们的邮箱 deitel@deitel.com。要想及时了解关于 Deitel 公司出版作品的最新消息和参加企业培训，可以免费注册 Deitel Buzz 在线电子邮件通信系统，地址是：

http://www.deitel.com/newsletter/subscribe.html

并且，请关注我们。

- Facebook——http://www.facebook.com/DeitelFan。
- Twitter——@deitel。
- Google+——http://google.com/+DeitelFan。
- YouTube——http://youtube.com/DeitelTV。
- LinkedIn——http://linkedin.com/company/deitel-&-associates。

想要更多地了解 Deitel & Associates 公司针对全球范围内的企业和组织进行的现场编程培训，请访问：

http://www.deitel.com/training

或者发电子邮件：deitel@deitel.com。

反侵权盗版声明

电子工业出版社依法对本作品享有专有出版权。任何未经权利人书面许可，复制、销售或通过信息网络传播本作品的行为；歪曲、篡改、剽窃本作品的行为，均违反《中华人民共和国著作权法》，其行为人应承担相应的民事责任和行政责任，构成犯罪的，将被依法追究刑事责任。

为了维护市场秩序，保护权利人的合法权益，本社将依法查处和打击侵权盗版的单位和个人。欢迎社会各界人士积极举报侵权盗版行为，本社将奖励举报有功人员，并保证举报人的信息不被泄露。

举报电话：(010) 88254396；(010) 88258888
传　　真：(010) 88254397
E – mail： dbqq@phei.com.cn
通信地址：北京市海淀区万寿路173信箱
　　　　　电子工业出版社总编办公室
邮　　编：100036